家电下乡电器维修系列丛书

一线师傅上门维修案例精选

YIXIAN SHIFU SHANGMEN WEIXIU

ANLI JINGXUAN

何晓帆 刘丽 ● 主编

——数码影音器材篇

U0336623

国防工业出版社

·北京·

内 容 简 介

本书共整理和选编了各种新型家庭数码器材（数码相机、摄录像机、MP3、MP4等）和激光播放机（DVD、VCD等）及影音电器（投影机、AV功放、卫星接收机等）的各类故障维修700多例。这些维修实例集中反映了数码影音器材维修一线高手的实践经验和理论智慧，书中每一个故障案例都根据电路原理，分析发生故障的具体原因，并精心介绍检修故障的步骤和方法，达到快速修复机器的目的。这些维修实例集常见故障与疑难故障、一般故障与特殊故障于一体，具有一定典型性和启发性。本书通俗易懂，查找方便，是一本方便快捷、实用性强的数码影音器材维修参考资料。为了方便读者查阅，本书所有实例均按机型分类编排，语言通俗易懂，形式图文并茂。

本书适于广大数码影音器材维修人员、初学电子维修技术者以及职高培训班学员阅读与参考。

图书在版编目（CIP）数据

一线师傅上门维修案例精选. 数码影音器材篇/何晓帆,刘丽主编. —北京:国防工业出版社,2014.5
（家电下乡电器维修系列丛书）
ISBN 978-7-118-09400-8

Ⅰ.①—⋯ Ⅱ.①何⋯ ②刘⋯ Ⅲ.①数码技术–视听设备–维修 Ⅳ.①TM925.07

中国版本图书馆 CIP 数据核字（2014）第 061776 号

※

国防工业出版社出版发行

（北京市海淀区紫竹院南路 23 号　邮政编码 100048）
北京奥鑫印刷厂印刷
新华书店经售

*

开本 787×1092　1/16　印张 12½　字数 278 千字
2014 年 5 月第 1 版第 1 次印刷　印数 1—2500 册　　定价 29.00 元

（本书如有印装错误,我社负责调换）

国防书店:(010)88540777　　发行邮购:(010)88540776
发行传真:(010)88540755　　发行业务:(010)88540717

前　言

随着家电下乡活动的深入开展和人们生活水平的不断提高,家用电器在城乡的普及率越来越高。彩电、冰箱、空调、洗衣机、小家电、数码影音电器、通信电器、电脑设备等各类新型电子产品都已成为人们生活中不可缺少的家用电器。这些家用电器极大地提高了社会效率,并方便和丰富了人们的家庭生活。因此,目前各类电器产品在社会中的拥有量已越来越大。由于这些新型电器设备均为精密机械结构与电子电路结合而成,特别是最新产品的电路大多采用数字技术、微处理器电路控制,一旦发生故障,维修难度很大。而目前,不少维修人员由于电路原理知识缺乏、实践经验不足,在检修这些电器时,会遇到很多困难,因此如何快速掌握这些电器设备的维修方法和技巧,是广大电器维修人员面临的新课题。为了满足电子技术培训学校和电器设备维修专业人员的需要,我们编写了这套《家电下乡电器维修系列丛书》,供广大电器维修技术人员阅读与参考。

《一线师傅上门维修案例精选——数码影音器材篇》是该套书其中之一。本书精心选编了各种新型家庭数码器材(数码相机、摄录像机、MP3、MP4 等)和激光播放机(DVD、VCD 等)及影音电器(投影机、AV 功放、卫星接收机等)的各类故障维修 700 多例,这些实例集中反映了目前各种品牌数码影音电器技术服务部和维修一线高手的实践经验和理论智慧。书中每一个故障案例都根据电路原理分析发生故障的具体原因,并精心介绍检修故障的步骤和方法,达到快速修复机器的目的。这些维修实例集常见故障与疑难故障、一般故障与特殊故障于一体,具有一定典型性和启发性,本书介绍机型的电路、检修思路和方法涉及国内外众多机型,维修人员在遇到不同型号的数码影音电器时均能借鉴与参考。本书通俗易懂,查找方便,是一本方便快捷、实用性强的新型数码影音电器维修参考资料。为了方便读者查阅,本书所有实例均按机型分类编排,语言通俗易懂,形式图文并茂。

本书由何晓帆、刘丽主编,参加本书编写和文字录入的工作人员有何建军、何明生、何爱萍、张为、彭琼、蒋丽、刘燕、刘运等。另外,书中参考了部分老师和维修同行的宝贵经验,在此,一并向他们表示诚挚的敬意和由衷的感谢。

由于编者水平所限,书中可能存有不足与疏漏之处,欢迎广大读者批评指正。

编者
2014 年 1 月

目　录

第1章　数码相机故障分析与维修实例 ·· 1

  第1节　佳能数码相机故障分析与维修实例 ································· 1

    例 1　佳能 A60 数码相机,向电脑传输照片时,LCD 显示屏突然出现错误提示 ······ 1

    例 2　佳能 A60 数码相机,变焦镜头的光阑叶片被油污沾染 ······················· 1

    例 3　佳能 A60 数码相机,变焦机构的运动有明显的自由滑移 ···················· 1

    例 4　佳能 A60 数码相机,变焦镜头晃动过多 ································· 1

    例 5　佳能 A60 数码相机,变焦镜头外力损伤 ································· 2

    例 6　佳能 A60 数码相机,变焦镜头螺钉松动 ································· 2

    例 7　佳能 A60 数码相机,变焦镜头螺纹磨损 ································· 2

    例 8　佳能 A70 数码相机,相机开机,但是屏幕不显 ···························· 2

    例 9　佳能 A70 数码相机,相机黑屏 ····································· 2

    例 10　佳能 A70 数码相机,花屏,黑屏有菜单和文字显示,回看照片正常 ··········· 3

    例 11　佳能 A70 数码相机,室内拍摄正常,室外曝光过度 ························ 3

    例 12　佳能 A70 数码相机,取景和拍摄照片全黑 ······························ 3

    例 13　佳能 A70 数码相机,镜头无法伸出或无法缩回 ··························· 3

    例 14　佳能 A70 数码相机,不开机 ····································· 3

    例 15　佳能 A70 数码相机,无法对焦,拍摄的照片全部是模糊的 ················· 3

    例 16　佳能 A70 数码相机,闪光灯损坏 ··································· 3

    例 17　佳能 A70 数码相机,某个或某几个按键失灵 ···························· 4

    例 18　佳能 A70 数码相机,开机后出现 E18 错误报警,无法拍照 ················· 4

    例 19　佳能 A85 数码相机,照片底色泛紫色,模糊不清 ························· 4

    例 20　佳能 A85 数码相机,不开机,没有任何反应 ···························· 4

    例 21　佳能 A95 数码相机,从 LCD 上看照片正常,但是照出来发白,放大有横条 ····· 4

    例 22　佳能 A610 数码相机,花屏,黑屏有菜单和文字显示 ······················ 4

    例 23　佳能 A610 数码相机,照出来的照片发白,放大有横条 ···················· 4

    例 24　佳能 A610 数码相机,液晶屏显示图像扭曲,偏色,模糊,混乱 ··············· 4

    例 25　佳能 A610 数码相机,取景显示屏黑屏或花屏 ···························· 5

    例 26　佳能 A620 数码相机,镜头却无法伸出并发出异响 ························ 5

    例 27　佳能 A620 数码相机,在室内拍摄成像有横条纹,室外拍摄画面发白 ········· 5

    例 28　佳能 A400 数码相机,在拍照时突然自动关闭 ···························· 5

    例 29　佳能 A400 数码相机,相机显示 E18 ································· 5

    例 30　佳能 300d 型数码相机,机器工作时,不对焦(或者叫焦点漂移) ············ 5

例 31　佳能 300d 型数码相机,拍摄的照片只有上半部分正常,照片的下半部分
　　　　都是黑影 ·· 5

例 32　佳能 300d 型数码相机,不对焦(或者叫焦点漂移) ························· 6

例 33　佳能 300d 型数码相机,相机显示 ERR99 ·································· 6

例 34　佳能 300d 型数码相机,相机显示 ERR05 ·································· 6

例 35　佳能 300d 型数码相机,相机显示 ERR04 ·································· 6

例 36　佳能 300d 型数码相机,相机显示 ERR01 ·································· 6

例 37　佳能 300d 型数码相机,模式盘乱跳或失灵 ······························ 6

例 38　佳能 300d 型数码相机,在室内成像有条纹,室外画面发白 ············ 6

例 39　佳能 300d 型数码相机,取景模糊,无法正确对焦 ······················ 6

例 40　佳能 300d 型数码相机,不能照相 ·· 7

例 41　佳能 300d 型数码相机,拍摄时使用闪光灯,图片出现白点或白圈 ····· 7

例 42　佳能 300d 型数码相机,拍摄出来的照片模糊不清 ······················ 7

例 43　佳能 300d 型数码相机,使用的 CF 卡无法插入或插入 CF 卡无法开机 ····· 7

例 44　佳能 300d 型数码相机,成像的四角出现明暗不一的现象 ·············· 7

例 45　佳能 300d 型数码相机,不能正常显示图像 ······························ 8

例 46　佳能 300d 型数码相机,数码相机在拍照时突然自动关闭 ·············· 8

例 47　佳能 300d 型数码相机,SIM 卡无法删除旧照片 ························· 8

例 48　佳能 1000d 型数码相机,监视器里显示的景物有位移 ·················· 8

例 49　佳能 1000d 型数码相机,图片出现白点或白圈 ·························· 8

例 50　佳能 1000d 型数码相机,显示菜单,无图像 ····························· 8

例 51　佳能 1000d 型数码相机,近距拍摄效果不好 ····························· 8

例 52　佳能 1000d 型数码相机,夜间拍摄照片时只能拍摄到人物,背后夜景在
　　　　相片上消失 ·· 9

例 53　佳能 1000d 型数码相机,在拍照时,按快门释放键时不能拍照 ········· 9

例 54　佳能 1000d 型数码相机,无法识别其存储卡 ····························· 9

例 55　佳能 1000d 型数码相机,拍摄的照片,有漏光痕迹,色彩渐变,偏色现象 ······· 9

第 2 节　三星数码相机故障分析与维修实例 ··· 10

例 1　三星 I5/I6 型数码相机,从显示屏上看照片正常,但是照出来发白,
　　　放大有横条 ·· 10

例 2　三星 Dig Imax i50 数码相机,USB 连接发生故障 ························· 10

例 3　三星 Dig Imax i50 数码相机,USB 连接发生故障 ························· 10

例 4　三星 Dig Imax i50 数码相机,USB 连接发生故障 ························· 10

例 5　三星 Dig Imax i50 数码相机,文件传输过程中出现错误 ················· 10

例 6　三星 Dig Imax i50 数码相机,无法确认电脑是否支持 USB 界面 ······· 10

例 7　三星 Dig Imax i50 数码相机,无法使用 USB Hub ······················ 11

例 8　三星 Dig Imax i50 数码相机,电脑无法与其它设备的 USB 线缆连接 ····· 11

例 9　三星 Dig Imax i50 数码相机,出现黄色问号(?)或惊叹号(!) ·········· 11

例 10　三星 Dig Imax i50 数码相机,电脑不能把相机识别为可移动磁盘 ·········· 11

例 11　三星 Dig Imax i50 数码相机,动态影像在电脑上不能播放 ……………… 11

例 12　三星 i85 数码相机,不能充电 ……………………………………………… 11

例 13　三星 NV10 型数码相机,拍照成像有条纹、曝光过度 ………………… 12

例 14　三星 S500 型数码相机,开机镜头不出,3 ~ 5s 后报警 ……………… 12

例 15　三星 S500 型数码相机,照片上布满横纹,曝光过度,摄像正常 ……… 12

例 16　三星 S500 型数码相机,室内拍摄正常,室外曝光过度 ……………… 12

例 17　三星 S500 型数码相机,取景和拍摄照片全黑 ………………………… 12

例 18　三星 S500 型数码相机,室外拍摄画面发白 …………………………… 12

例 19　三星 S500 型数码相机,取景显示屏是花屏或黑屏 ………………… 13

例 20　三星 S500 型数码相机,取景白屏,拍摄及其它功能正常 …………… 13

例 21　三星 S500 型数码相机,开机无任何反应 …………………………… 13

例 22　三星 350SE 数码相机,室外画面发白,录像正常 …………………… 13

例 23　三星 350SE 数码相机,开机无反应 ………………………………… 13

例 24　三星 350SE 数码相机,取景白屏,成像及其它功能正常 …………… 13

例 25　三星 350SE 数码相机,显示图像时有明显瑕疵或出现黑屏 ……… 13

例 26　三星 350SE 数码相机,不能正常下载照片 …………………………… 13

例 27　三星 350SE 数码相机,用专用照相纸打印出来的照片不清楚 ……… 14

例 28　三星 350SE 数码相机,打印出来的图像模糊不清、灰暗和过度饱和 … 14

例 29　三星 S800 数码相机,图像扭曲、偏色、模糊、混乱,甚至黑屏 ……… 14

例 30　三星 S800 数码相机,开闪光灯不拍照,关闭闪光灯能拍照 ……… 14

例 31　三星 S800 数码相机,液晶屏黑屏或显示错乱,照片正常 ………… 14

例 32　三星 S800 数码相机,不识别卡 ……………………………………… 14

例 33　三星 S800 数码相机,某个或某几个按键失灵 ……………………… 14

例 34　三星 S800 数码相机,闪光灯损坏 …………………………………… 15

例 35　三星 S800 数码相机,无法对焦,拍摄的照片全部是模糊的 ……… 15

例 36　三星 S800 数码相机,镜头内部机械部分卡住 ……………………… 15

例 37　三星 S800 数码相机,取景和拍摄照片全黑 ………………………… 15

例 38　三星 S800 数码相机,室内拍摄正常,室外曝光过度 ……………… 15

例 39　三星 S800 数码相机,镜头不伸出,液晶屏无显示 ………………… 15

例 40　三星 S800 数码相机,镜头不能伸出或伸出后不能缩回 ………… 15

第 3 节　尼康数码相机故障分析与维修实例 ……………………………… 16

例 1　尼康 5400 型数码相机,镜头不能伸缩 ……………………………… 16

例 2　尼康 5400 型数码相机,机身剧烈振动,画面模糊不清 …………… 16

例 3　尼康 5400 型数码相机,开机提示镜头错误 ………………………… 16

例 4　尼康 5400 型数码相机,取景模糊,无法正确对焦 ………………… 16

例 5　尼康 5400 型数码相机,使用的 CF 卡无法插入或插入 CF 卡无法开机 … 16

例 6　尼康 5400 型数码相机,部分或全部按键失灵 ……………………… 16

例 7　尼康 5700 型数码相机,拍摄模式下,液晶屏黑屏无显示 ………… 16

例 8　尼康 5700 型数码相机,不能对焦 …………………………………… 17

例 9　尼康 5700 型数码相机,不开机 …………………………………………… 17

例 10　尼康 Coolpix885 数码相机,能开机,镜头有点卡,不能关机 ………… 17

例 11　尼康 Coolpix885 数码相机,LCD 无法显示,其它功能正常 …………… 17

例 12　尼康 Coolpix885 数码相机,室内拍摄成像有横条纹…………………… 17

例 13　尼康 Coolpix885 数码相机,取景显示屏是黑屏或花屏 ……………… 18

例 14　尼康 Coolpix885 数码相机,不闪光 ………………………………… 18

例 15　尼康 Coolpix885 数码相机,不能存储图像 ………………………… 18

第 4 节　索尼数码相机故障分析与维修实例 ………………………………… 18

例 1　索尼 F505/F707/F717 型数码相机,图像变绿 ……………………… 18

例 2　索尼 F505/F707/F717 型数码相机,打开电源开关,镜头无法打开 … 18

例 3　索尼 F505/F707/F717 型数码相机,出现取景偏黄或红色,成像正常 … 18

例 4　索尼 T10/T20/T30 型数码相机,机身振动,画面模糊不清 ………… 18

例 5　索尼 T10/T20/T30 型数码相机,显示屏显示"E:62:10" …………… 19

例 6　索尼 DSC－W7/ DSC－S90/DSC－W5 型数码相机,镜头不能缩回
　　　正常状态 …………………………………………………………… 19

例 7　索尼 DSC－W7/ DSC－S90/DSC－W5 型数码相机,电源关闭,镜头
　　　不能缩回 …………………………………………………………… 19

例 8　索尼 A60/A70 型数码相机,关机开机时出现 E18 错误报警 ………… 19

例 9　索尼 A60/A70 型数码相机,相机进水 ……………………………… 19

例 10　索尼 A60/A70 型数码相机,CF 卡及卡座损坏时显示 E50 警示 …… 20

例 11　索尼 A60/A70 型数码相机,出现 E18 和 E50 显示 ……………… 20

例 12　索尼 T77 型数码相机,取景显示屏黑屏或花屏 …………………… 20

例 13　索尼 T77 型数码相机,开机后提示存储卡出错 …………………… 20

例 14　索尼 W690 型数码相机,显示屏上显示"C:32:01" ………………… 20

例 15　索尼 W690 型数码相机,屏幕上会显示"C:13:01" ………………… 20

例 16　索尼 W690 型数码相机,开机后镜头不停地来回伸缩 ……………… 20

例 17　索尼 P8 型数码相机,镜头内部有异响 …………………………… 20

例 18　索尼 HX30 型数码相机,快门钮失灵,脱落 ………………………… 21

例 19　索尼 SM82T 型数码相机,室内拍摄成像有横条纹 ………………… 21

第 5 节　松下数码相机故障分析与维修实例 ………………………………… 21

例 1　松下 FX8 型数码相机,相机黑屏 …………………………………… 21

例 2　松下 FX8 型数码相机,照片感觉曝光过度 ………………………… 21

例 3　松下 FX8 型数码相机,液晶屏不能正常显示当前状态 ……………… 21

例 4　松下 FX8 型数码相机,传送资料至电脑时出现出错信息 …………… 21

例 5　松下 FX8 型数码相机,液晶显示屏模糊不清 ……………………… 22

例 6　松下 FX8 型数码相机,拍摄的相片不能在液晶显示屏上呈现 ……… 22

例 7　松下 DMC 型数码相机,显示屏不能显示,或图像很暗 ……………… 22

例 8　松下 DMC 型数码相机,室外拍摄画面发白 ………………………… 22

例 9　松下 DMC 型数码相机,开机镜头内部有异响 ……………………… 22

例 10　松下 ZS1 型数码相机,显示屏是花屏或黑屏 ………………………………… 22

例 11　松下 ZS1 型数码相机,闪光灯不发光 …………………………………………… 22

例 12　松下 ZS3 型数码相机,相机不动作 ……………………………………………… 23

例 13　松下 ZS3 型数码相机,相机自动关闭 …………………………………………… 23

例 14　松下 LX3 型数码相机,按快门释放键时不能拍照 …………………………… 23

例 15　松下 LX3 型数码相机,相机无法识别存储卡 ………………………………… 23

第 6 节　柯达数码相机故障分析与维修实例 ………………………………………… 24

例 1　柯达 V530/V550/V603 数码相机,开机显示屏花屏或黑屏 ………………… 24

例 2　柯达 V530/V550/V603 数码相机,拍摄的照片出现"红眼"现象 …………… 24

例 3　柯达 V530/V550/V603 数码相机,照片中出现亮斑、光晕现象 …………… 24

例 4　柯达 LS443 数码相机,镜头无法正常伸缩 ……………………………………… 25

例 5　柯达 LS443 数码相机,电脑无法与数码相机通信 …………………………… 25

例 6　柯达 LS443 数码相机,数码照片中出现黑斑现象 …………………………… 25

例 7　柯达 LS443 数码相机,显示 E00 故障代码 ……………………………………… 25

例 8　柯达 LS443 数码相机,显示 E12 故障代码 ……………………………………… 25

例 9　柯达 LS443 数码相机,显示 E15 故障代码 ……………………………………… 25

例 10　柯达 LS443 数码相机,显示 E20 故障代码 …………………………………… 25

例 11　柯达 LS443 数码相机,显示 E22 故障代码 …………………………………… 26

例 12　柯达 LS443 数码相机,显示 E25 故障代码 …………………………………… 26

例 13　柯达 LS443 数码相机,显示 E41 故障代码 …………………………………… 26

例 14　柯达 3600 数码相机,屏幕出现提示"Ed2",不能再正常使用 …………… 26

例 15　柯达 3600 数码相机,通电指示闪亮一下,随即熄灭 ……………………… 26

例 16　柯达 3600 数码相机,LCD 显示屏不显示 …………………………………… 27

第 2 章　摄录像机故障分析与维修实例 ………………………………………………… 28

第 1 节　三星数码摄录机故障分析与维修实例 ……………………………………… 28

例 1　三星 SMX - C10 数码摄像机,有时不走带,发出嗡嗡声,数秒后自动断电 … 28

例 2　三星 SMX - C10 数码摄像机,拍摄或重放时画面有水平束状线条 ………… 28

例 3　三星 SMX - C10 数码摄像机,磁带装不进去或取不出来 …………………… 28

例 4　三星 SMX - C10 数码摄像机,整机不工作 ……………………………………… 28

例 5　三星 SMX - C10 数码摄像机,显示"出仓"D 故障代码 …………………… 28

例 6　三星 SMX - C10 数码摄像机,显示"出仓"R 故障代码 …………………… 28

例 7　三星 SMX - C10 数码摄像机,显示"出仓"C 故障代码 …………………… 29

例 8　三星 SMX - C20 数码摄像机,液晶显示屏模糊不清 ………………………… 29

例 9　三星 SMX - C20 数码摄像机,图像上有马赛克出现 ………………………… 29

例 10　三星 SMX - C20 数码摄像机,无法从带仓中取出数码摄像带 …………… 29

例 11　三星 SMX - C20 数码摄像机,功能均不能操作 ……………………………… 29

例 12　三星 SMX - C20 数码摄像机,电池充电时充电指示灯不亮 ……………… 29

例 13　三星 HMX - U10 数码摄像机,逆光拍摄时主画面太黑 …………………… 29

例 14　三星 HMX - U10 数码摄像机,图像模糊不清 ………………………………… 30

例 15　三星 HMX – U10 数码摄像机,图像清晰度差,彩色不实 ……………… 30

例 16　三星 HMX – U10 数码摄像机,日期和时间无法设定 ……………… 30

例 17　三星 HMX – U10 数码摄像机,取景器不能显示日期和时间 ……… 30

例 18　三星 SMX – F34 数码摄像机,取景器光栅异常 …………………… 30

例 19　三星 SMX – F34 数码摄像机,重放时,屏幕上没有图像显示 ……… 30

例 20　三星 SMX – F34 数码摄像机,自动停机保护 ……………………… 31

例 21　三星 VP – D351 型数码摄像机,无法开机 ………………………… 31

例 22　三星 VP – D351 型数码摄像机,无法操纵 START/STOP(开始/停止)按钮 …… 31

例 23　三星 VP – D352 型数码摄像机,自动关机 ………………………… 31

例 24　三星 VP – D352 型数码摄像机,电量迅速耗尽 …………………… 32

例 25　三星 VP – D353 型数码摄像机,播放时看到蓝屏 ………………… 32

例 26　三星 VP – D353 型数码摄像机,黑色背景下出现垂直条纹 ……… 32

例 27　三星 VP – D354 型数码摄像机,取景器中的图像模糊 …………… 32

例 28　三星 VP – D354 型数码摄像机,自动聚焦功能失灵 ……………… 32

例 29　三星 VP – D355(i)型数码摄像机,播放快进和快倒等按钮失灵 … 32

例 30　三星 VP – D355(i)型数码摄像机,在播放搜索过程中,看到"马赛克"

　　　 图形 ……………………………………………………………………… 32

第 2 节　索尼数码摄录机故障分析与维修实例 ………………………………… 32

例 1　索尼 HC21E 型数码摄像机,回放图像有条纹,回放声音断断续续 … 32

例 2　索尼 HC21E 型数码摄像机,显示"E:91:01"故障代码 …………… 33

例 3　索尼 HC21E 型数码摄像机,显示"E:94:00"故障代码 …………… 33

例 4　索尼 HC21E 型数码摄像机,电池报警 …………………………… 33

例 5　索尼 HC21E 型数码摄像机,备份电池报警 ……………………… 33

例 6　索尼 HC21E 型数码摄像机,无磁带或磁带记录禁止显示 ……… 33

例 7　索尼 HC21E 型数码摄像机,结露报警 …………………………… 33

例 8　索尼 HC43E 型数码摄像机,液晶触摸屏不亮 …………………… 34

例 9　索尼 HC43E 型数码摄像机,黑屏,显示屏功能正常 …………… 34

例 10　索尼 PC7E 型数码摄像机,磁带到头报警 ……………………… 34

例 11　索尼 PC7E 型数码摄像机,聚焦模糊,显示 E6100 故障代码 … 34

例 12　索尼 DCR – PC 105E 型数码摄像机,重放时无声音 …………… 34

例 13　索尼 DCR – PC 105E 型数码摄像机,磁带装不进去 …………… 34

例 14　索尼 DCR – PC 105E 型数码摄像机,转录的影像有图像无伴音 … 34

例 15　索尼 325P 型摄像机,寻像器有光栅无图像 …………………… 35

例 16　索尼 DXC – 325P 型摄录像机,摄录一会儿,寻像器图像消失 … 35

第 3 节　松下数码摄录机故障分析与维修实例 ………………………………… 36

例 1　松下 DS30 数码摄像机,放带时电源指示闪烁 ………………… 36

例 2　松下 DS30 数码摄像机,摄像时寻像器无图像 ………………… 36

例 3　松下 DS30 数码摄像机,找不到电源 …………………………… 36

例 4　松下 DS50 数码摄像机,放带时电源指示闪烁后熄灭,不能使用 … 36

例 5 松下 DS50 数码摄像机,不能看到磁带的照片 ·· 36

例 6 松下 DS50 数码摄像机,摄像键不起作用 ··· 37

例 7 松下 DS50 数码摄像机,取景时看到的影像模糊不清 ····································· 37

例 8 松下 DS50 数码摄像机,拍摄景物时出现竖条 ·· 37

例 9 松下 DS50 数码摄像机,图像上有横线或马赛克出现 ····································· 37

例 10 松下 DS50 数码摄像机,无法正常开机 ··· 37

例 11 松下 DS50 数码摄像机,无法正确录像 ··· 37

例 12 松下 DS50 数码摄像机,拍摄时取景器无图像显示 ······································ 38

例 13 松下 DS50 数码摄像机,拍摄质量差,图像模糊、失真 ······························· 38

例 14 松下 DS50 数码摄像机,回放无图像 ··· 38

例 15 松下 DS50 数码摄像机,回放时图像正常,无声音 ······································ 38

例 16 松下 DS50 数码摄像机,屏幕变暗或者不显示 ·· 38

例 17 松下 DS50 数码摄像机,不能开始拍摄,磁带不走动 ·································· 38

例 18 松下 DS60 数码摄像机,开机后显示菜单,按动其它键无动作 ··················· 39

例 19 松下 DS60 数码摄像机,重放图像质量时好时坏 ··· 39

例 20 松下 DS60 数码摄像机,录放后磁带出现折痕 ·· 39

例 21 松下 GS400/GS11/GS15/GS30 数码摄像机,LCD 上无任何显示 ·············· 40

例 22 松下 NV – DL1 型摄录像机,开机后无任何反应 ·· 40

例 23 松下 NV – M3 型摄录像机,开机后指示灯亮后即灭 ····································· 40

例 24 松下 NV – M3 型摄录像机,磁鼓不转 ··· 40

例 25 松下 NV – M3 型摄录像机,重放自摄或其它像带时,画面上部分有空白带 ··· 40

例 26 松下 NV – MS4 型摄录像机,寻像器电路失调 ·· 40

例 27 松下 NV – MS4E 型摄录像机,摄录时自动停机保护 ···································· 41

例 28 松下 NV – M5 型摄录像机,按下出盒(EJECT)键,带仓不能弹出 ············· 41

例 29 松下 NV – M7 型摄录像机,记录中突然断电 ·· 42

例 30 松下 NV – M7 型摄像机,开机后无任何反应 ·· 42

例 31 松下 NV – M7 型摄录像机,镜头对较亮景物时,光圈不断关闭与打开 ········· 42

例 32 松下 NV – M7 型摄录像机,快速倒带时转速较慢 ······································· 42

例 33 松下 NV – M7 型摄录像机,摄录时,变焦环时转时不转 ····························· 43

例 34 松下 NV – M7 型摄录像机,摄录时,寻像器中无图像 ································· 43

例 35 松下 NV – M7 型摄录像机,寻像器中图像闪动不稳 ···································· 43

例 36 松下 NV – M7 型摄录像机,插入磁带即进入快速卷带状态 ························· 43

例 37 松下 NV – M7 型摄录像机,摄录及放像时,自动停机 ································· 44

例 38 松下 NV – M7 型摄录像机,主轴电机不转 ··· 44

例 39 松下 NV – M7 型摄录像机,重放摄录及其它像带均无图像 ························· 45

例 40 松下 NV – M7 型摄录像机,光圈在阳光较强时反复跳动 ···························· 45

例 41 松下 NV – M7 型摄录像机,摄录时图像无彩色 ·· 45

例 42 松下 NV – M7 型摄录像机,按 T 键,变焦镜环不转动 ································ 45

例 43 松下 NV – M7 型摄录像机,带仓弹出困难 ··· 46

例 44　松下 NV – M7 型摄录像机,图像有红绿两色面交替移动 ·············· 46

例 45　松下 NV – M7 型摄录像机,室外摄录时,寻像器呈一片白光 ·········· 46

例 46　松下 NV – M7 型摄录像机,镜头推拉功能失灵 ························ 47

例 47　松下 NV – M7 型摄录像机,重放时 RF 及 AV 端均无信号输出 ······· 47

例 48　松下 AG – DP200B 型摄录像机,磁带不能取出 ······················ 47

例 49　松下 AG – DP200 型摄录像机,开机显示 F05 代码 ··················· 47

例 50　松下 AG – 455 型摄录像机,重放时图像上下抖动 ··················· 47

例 51　松下 NV – AG455 型摄录像机,电源指示灯不亮,机器无任何反应 ····· 48

例 52　松下 AG – 455 型摄录像机,装带后,不能摄录 ······················ 48

例 53　松下 NV – S500EN 型摄录像机,不出盒,自动断电保护 ·············· 48

例 54　松下 NV – R500 型摄录像机,自动关机,不收带 ····················· 48

例 55　松下 NV – M600 型摄录像机,带仓按下后自动弹出 ·················· 48

例 56　松下 NV – S850 型掌中宝摄录像机,不能摄录,重放正常 ············ 49

例 57　松下 NV – M1000 型摄录像机,工作时,不定时出现自动卸载 ········· 49

例 58　松下 NV – M1000 型摄录像机,寻像器图像模糊无层次 ·············· 49

例 59　松下 NV – M1000 型摄录像机(适配器),指示灯亮,无电压输出 ······· 50

例 60　松下 NV – M1000 型摄录像机,摄录数分钟后,寻像器图像逐渐暗淡,
　　　光栅消失 ·· 50

例 61　松下 NV – M1000 型摄录像机,摄录高亮度及晴天室外景物时,图像发白
　　　且拉毛 ·· 50

例 62　松下 NV – M1000 型摄录像机,无出盒动作 ························· 50

例 63　松下 NV – M1000 型摄录像机,按动变焦开关,寻像器中图像无变化 ······ 52

例 64　松下 NV – M1000 型摄录像机,摄录时有图像无声音 ················ 52

例 65　松下 NV – M1000 型摄录像机,摄录及重放 3s 后自动停机保护 ······· 53

例 66　松下 NV – M3000 型摄录像机,摄录时,图像边缘有一条黑线 ·········· 54

例 67　松下 NV – M3000 型摄录像机,开机后指示灯不亮 ··················· 54

例 68　松下 NV – M3000 型摄录像机,摄录时主导轴电机时转时停 ··········· 54

例 69　松下 NV – M3000 型摄录像机,加载后即自动卸载停机 ··············· 55

例 70　松下 NV – M3500 型摄录像机,开机 10min 即告警关机 ·············· 55

例 71　松下 NV – M3500 型摄录像机,指示灯一闪即灭 ····················· 56

例 72　松下 NV – M5500 型摄录像机,变焦功能失效 ······················· 56

例 73　松下 NV – 5500 型摄录像机,摄录时,变焦功能失效,图像模糊不清 ······ 56

例 74　松下 NV – M8000 型摄录像机,3s 后自动断电 ······················ 56

例 75　松下 NV – M8000 型摄录像机,开机后指示灯不亮 ··················· 56

例 76　松下 NV – M8000 型摄录像机,不能进入摄录状态 ··················· 56

例 77　松下 NV – M8000 型摄录像机,开机后指示灯一闪即灭 ··············· 57

例 78　松下 NV – M8000 型摄录像机,开机后主轴电机即转动 ··············· 57

例 79　松下 NV – M8000 型摄录像机,摄录后重放无图像 ··················· 58

例 80　松下 NV – M9000 型摄录像机,带仓不能正常压下 ··················· 58

例 81　松下 NV - M9000 型摄录像机,摄录时无伴音 ·· 58

例 82　松下 NV - M9000 型摄录像机,摄录时聚焦不良 ·· 58

例 83　松下 NV - 9000 型摄录像机,插入磁带后,发出"嗡嗡"声 ·································· 59

例 84　松下 NV - M9000 型摄录像机,加载后自动断电停机 ·· 59

例 85　松下 NV - M9000 型摄录像机,摄录后重放,屏幕上半部分无图像 ···················· 59

例 86　松下 NV - M9000 型摄录像机,摄录重放时,无伴音 ··· 59

例 87　松下 NV - M9000 型摄录像机,摄录或重放时,寻像器屏幕上信号微弱
　　　　不同步 ··· 60

例 88　松下 NV - M9000 型摄录像机,寻像器屏幕上显示数字变焦状态 100 倍 ·········· 60

例 90　松下 NV - M9000 型摄录像机,寻像器无图像或光栅时亮时暗 ························· 60

例 91　松下 NV - M9000 型摄录像机,运转失灵,磁带不能出盒 ······························· 61

例 92　松下 NV - M9000 型摄录像机,开机后指示灯一闪即灭 ···································· 61

例 93　松下 NV - M9000 型摄录像机,带仓经常自动弹起 ·· 61

例 94　松下 NV - M9000 型摄录像机,在其它录像机上重放时,图像彩色
　　　　时有时无 ·· 62

例 95　松下 NV - M9500 型摄录像机,机器不能压下盒仓 ··· 62

第 3 章　DVD、VCD 机故障分析与维修实例 ··· 63

　第 1 节　万利达 DVD、VCD 机故障分析与维修实例 ··· 63

例 1　万利达 N960 型 DVD,5.1 声道输出无声 ·· 63

例 2　万利达 N980 型 DVD,重放时图像被分成两幅 ··· 63

例 3　万利达 N980 型 DVD,重放时有伴音无图像 ·· 63

例 4　万利达 N996 型(逐行扫描)DVD,图像边缘呈齿轮状 ···································· 63

例 5　万利达 VCP - A3 型超级 VCD,重放时图声停顿 ·· 64

例 6　万利达 A26 型超级 VCD,重放时图像异常,光栅暗淡 ··································· 64

例 7　万利达 S223 型超级 VCD,托盘不能进仓 ··· 64

例 8　万利达 CVD - A1 型超级 VCD,开机后不工作,显示异常 ······························ 65

例 9　万利达 VCD - A3 型超级 VCD,有伴音无图像 ··· 65

例 10　万利达 N10 型 VCD,托盘不能出盒 ··· 65

例 11　万利达 N10 型 VCD,按进出盒键,托盘不动作 ·· 66

例 12　万利达 N28 型 VCD,显示"DISC"死机 ··· 66

例 13　万利达 N28 型 VCD,碟片飞速旋转不读盘 ··· 66

例 14　万利达 N28 型 VCD,重放时无图无声 ··· 66

例 15　万利达 N28 型 VCD,机内有异响不读盘 ·· 66

例 16　万利达 N28 型 VCD,碟片有时反转 ··· 66

例 17　万利达 N28 型 VCD,VCD 碟读成"CDDA" ·· 67

例 18　万利达 N28 型 VCD,重放时无图像、无伴音 ··· 67

例 19　万利达 N28 型 VCD,重放时图像无彩色 ·· 67

例 20　万利达 N28 型 VCD,碟片转动一下即停机 ··· 67

例 21　万利达 N28 型 VCD,托盘不能出盒 ··· 68

例 22　万利达 N28B 型 VCD,不读盘,显示紊乱 ·················· 68

例 23　万利达 N28K 型 VCD,热机状态下不能出盒 ·············· 68

例 24　万利达 N30 型 VCD,无规律自动停机 ····················· 68

例 25　万利达 N30 型 VCD,不能重放 ··························· 68

例 26　万利达 N30 型 VCD,碟片转速太快不能读盘 ············· 69

例 27　万利达 N30 型 VCD,卡拉 OK 状态有噪声干扰 ·········· 69

例 28　万利达 N30 型 VCD,遥控及面板操作均失效 ············· 69

例 29　万利达 N30 型 VCD,重放时有伴音无图像 ··············· 69

例 30　万利达 N30 型 VCD,显示"NO DISC"不工作 ··········· 69

例 31　万利达 N30 型 VCD,重放无图像无显示 ················· 70

例 32　万利达 N30 型 VCD,重放时图像布满"马赛克"方块 ····· 70

例 33　万利达 N30 型 VCD,不能读出 TOC 目录 ··············· 70

例 34　万利达 N30 型 VCD,不能读盘,自动关机 ··············· 70

例 35　万利达 N30 型 VCD,重放时图声时有时无 ··············· 71

例 36　万利达 VCP N30B 型 VCD,重放时无规律出现"影剧院"声场转换 ·············· 71

例 37　万利达 S223 型 VCD,重放时图像模糊 ··················· 71

例 38　万利达 MVD3300 型 VCD,不能重放 MIDI 碟片 ········· 72

例 39　万利达 MVD5500 型 VCD,重放 MIDI 碟死机 ··········· 72

例 40　万利达 MVD5500 型 VCD,有时不能重放 ··············· 72

例 41　万利达 MVD5500 型 VCD,不读盘,显示"换盘 2" ······· 72

例 42　万利达 MVD5500 型 VCD,重放一段时间后图像消失 ····· 72

例 43　万利达 MVD5500 型 VCD,重放 MIDI 盘,只有"沙沙"声 ·· 73

第 2 节　长虹超级 VCD、VCD 机故障分析与维修实例 ··········· 73

例 1　长虹 S100 型超级 VCD,显示屏不亮 ······················ 73

例 2　长虹 S100 型超级 VCD,入碟后不读盘 ··················· 74

例 3　长虹 S100 型超级 VCD,重放时,无伴音 ·················· 74

例 4　长虹 S100 型超级 VCD,演唱卡拉 OK 无声 ·············· 74

例 5　长虹 S3200 型超级 VCD,显示屏无显示 ·················· 74

例 6　长虹 VD3000 型 VCD,不能正常检测 ····················· 75

例 7　长虹 VD3000 型 VCD,开机后无显示,功能键不起作用 ···· 75

例 8　长虹 VD3000 型 VCD,读盘正常,不能重放 ·············· 75

例 9　长虹 VD3000 型 VCD,重放时无图无声(一) ············· 76

例 10　长虹 VD3000 型 VCD,重放时,无图无声(二) ·········· 76

例 11　长虹 VD3000 型 VCD,重放时,无图无声(三) ·········· 76

例 12　长虹 VD3000 型 VCD,重放时图像正常,无伴音 ········· 76

例 13　长虹 VD3000 型 VCD,重放 0.5h 后自动关机 ·········· 77

例 14　长虹 VD3000 型 VCD,碟片飞转,显示"NO DISC" ····· 77

例 15　长虹 VD3000 型 VCD,开机无任何反应,也无屏显示 ····· 77

例 16　长虹 VD3000 型 VCD,自检正常,不能读盘 ············· 78

例 17 长虹 VD3000 型 VCD,托盘不转动 ································· 78

例 18 长虹 VD3000 型 VCD,不能读出碟片数据 ··················· 78

例 19 长虹 VD3000 型 VCD,无开机画面,不能重放 ············· 78

例 20 长虹 VD3000 型 VCD,无法转换碟位 ························· 79

例 21 长虹 VD3000 型 VCD,机器入碟后,不读盘 ··············· 79

例 22 长虹 VD6000 型 VCD,待机正常,不能开机 ·············· 80

例 23 长虹 VD6000 型 VCD,重放时,无图像无伴音 ············ 80

例 24 长虹 VD8000 型 VCD,碟片不转,不能读盘 ·············· 80

例 25 长虹 VD8000 型 VCD,不能正常开机 ························ 80

例 26 长虹 VD8000 型 VCD,屏显示"NO DISC"不读盘 ······· 80

例 27 长虹 VD9000 型 VCD,重放时无图无声 ··················· 81

例 28 长虹 VD9000 型 VCD,读盘正常,重放无图无声 ········ 81

例 29 长虹 VD9000 型 VCD,开机有屏显,不工作 ·············· 81

第 3 节 新科 DVD、VCD 机故障分析与维修实例 ··················· 81

例 1   新科 850 型 DVD,VCD 与 DVD 均不读盘 ··············· 81

例 2   新科 850 型 DVD,无屏显,不工作(一) ·················· 81

例 3   新科 850 型 DVD,无屏显,不工作(二) ·················· 82

例 4   新科 850 型 DVD,有屏显示,不工作 ····················· 82

例 5   新科 850 型 DVD,显示"00"功能键不起作用 ··········· 82

例 6   新科 850 型 DVD,开机后有屏显,操作键失控 ·········· 82

例 7   新科 858 型 DVD,通电即烧保险丝 ······················· 82

例 8   新科 2100 型 DVD,重放时,机顶温度太高 ·············· 83

例 9   新科 2200 型 DVD,重放时,前、混合声道无声 ········· 83

例 10 新科 SVD210MP 型超级 VCD,面板各操作键失控 ······ 83

例 11 新科 SVD280Z 型超级 VCD,不能正常开机 ············· 83

例 12 新科 SVD330 型超级 VCD,重放时图声正常,不能静音 ··· 84

例 13 新科 SVD330 型超级 VCD,不能正常开机 ··············· 84

例 14 新科 SVD330 超级 VCD,重放时图像正常,无伴音 ····· 84

例 15 新科 SVD330 型超级 VCD,无 +8V 电压输出 ··········· 84

例 16 新科 S - 260(MP)型超级 VCD,无屏显,也无开机画面 ··· 85

例 17 新科 SVCD220 型超级 VCD,不能正常开机 ············· 85

例 18 新科 20C 型 VCD,重放时图像有"马赛克"现象 ········ 85

例 19 新科 20C 型 VCD,机器入碟后,碟片反转 ·············· 85

例 20 新科 22C 型 VCD,激光头控制失灵,显示"00" ········· 86

例 21 新科 22C 型 VCD,重放时,左、右声道均无伴音 ········ 86

例 22 新科 22 型 VCD,开机无任何动作,有屏显 ············· 87

例 23 新科 22 型 VCD,市电较低时,唱卡拉 OK 图像扭曲 ···· 87

例 24 新科 25C 型 VCD,开机数分钟后,显示消失不工作 ···· 87

例 25 新科 26C 型 VCD,遥控失灵 ···························· 87

例 26　新科 28C 型 VCD,碟片不转 ································· 87

例 27　新科 30B 型 VCD,重放时无像无伴音 ······················ 88

例 28　新科 320 型 VCD,无显示,不工作 ························· 88

例 29　新科 320 型 VCD,不能正常开机,无显示 ··················· 88

例 30　新科 320 型 VCD,无开机蓝屏,重放无图无声 ··············· 88

例 31　新科 VCD320 型 VCD,开机无蓝屏,不能重放 ··············· 88

例 32　新科 320 型 VCD,机内发出"嗒嗒"声,不读盘 ··············· 89

例 33　新科 330 型 VCD,重放时图像有水波纹 ···················· 89

例 34　新科 330 型 VCD,右声道无伴音 ························· 89

例 35　新科 330 型 VCD,托盘出盒及选曲时有严重噪声 ············· 89

例 36　新科 330 型 VCD,入碟后,数秒钟自动停机 ··············· 90

例 37　新科 330 型 VCD,重放一段时间后死机 ···················· 90

例 38　新科 330 型 VCD,自检正常,不读盘 ······················ 90

例 39　新科 330 型 VCD,读盘时间长,选曲困难 ··················· 90

例 40　新科 330 型 VCD,不能正常开机 ························· 91

例 41　新科 330 型 VCD,碟片旋转正常,不能读出目录 ············· 91

例 42　新科 330 型 VCD,碟片旋转不停,读不出目录 ··············· 92

例 43　新科 360 型 VCD,机器入碟后不读盘 ····················· 92

第 4 节　松下 DVD、VCD 机故障分析与维修实例 ···················· 92

例 1　松下 A100 型 DVD,重放不久自动停机 ····················· 92

例 2　松下 A300MU 型 DVD,重放时无图像无伴音 ················· 93

例 3　松下 A300MU 型 DVD,重放时,中置声道无声音 ·············· 93

例 4　松下 A300 型 DVD,不读盘,显示"NO DISC" ················ 93

例 5　松下 A300 型 DVD,托盘不能进出仓 ······················· 94

例 6　松下 A330 型 DVD,机器不读盘 ·························· 94

例 7　松下 A330 型 DVD,重放时图像无彩色 ····················· 95

例 8　松下 800CMC 型 DVD,面板无显示,不工作 ················· 95

例 9　松下 800CMC 型 DVD,DVD 不能正常读盘 ··················· 95

例 10　松下 880CMC 型 DVD,面板显示"F893" ··················· 95

例 11　松下 880CMC 型 DVD,重放时图像有"马赛克" ·············· 95

例 12　松下 880CMC 型 DVD,面板锁住不工作 ···················· 96

例 13　松下 880CMC 型 DVD,重放时有图像无伴音 ················· 96

例 14　松下 890CMC 型 DVD,面板无任何显示 ···················· 96

例 15　松下 SL – VS300 型 VCD,机器不读盘,显示"NO DISC" ········ 97

例 16　松下 SL – VS300 型 VCD,托盘不能出盒 ··················· 97

例 17　松下 SL – VS300 型 VCD,按"POWER"键自动停机 ············ 97

例 18　松下 SL – VS501 型 VCD,重放时无图像 ··················· 97

例 19　松下 SL – VM510 型 VCD,开机无任何反应 ················· 97

例 20　松下 LX – K750EN 型 VCD,重放时左声道无伴音 ············· 98

第 4 章 　 MP3、MP4、MP5 播放机故障分析与维修实例 ·················· 99

第 1 节 　 MP3 播放机故障分析与维修实例 ····························· 99

例 1 　 瑞星 MP3 播放机,不能正常开机 ·························· 99

例 2 　 瑞星 MP3 播放机,不需按键直接开机 ····················· 99

例 3 　 瑞星 MP3 播放机,开机后总处于充电状态 ·················· 99

例 4 　 瑞星 MP3 播放机,录音有杂音 ·························· 99

例 5 　 瑞星 MP3 播放机,插入耳机后外放有声音 ·················· 99

例 6 　 瑞星 MP3 播放机,固件可以正常升级,但升级后 LCD 显示异常 ······· 100

例 7 　 瑞星 MP3 播放机,每次升级成功后重新插入 USB,在电脑端认别不对 ······ 100

例 8 　 瑞星 MP3 播放机,升级固件时长时间停留在"请等待…"提示 ········· 100

例 9 　 瑞星 MP3 播放机,升级固件时出现"据写入失败"提示 ············ 100

例 10 　 瑞星 MP3 播放机,固件升级失败 ························· 100

例 11 　 瑞星 MP3 播放机,插入 USB 后电脑未能识别到该 USB 设备 ········· 101

例 12 　 瑞星 MP3 播放机,电池电压检测错误 ····················· 101

例 13 　 瑞星 MP3 播放机,播放音频/视频/收音机时无声音 ············· 101

例 14 　 京华 JWM – 640BMP3 播放机,有的歌曲无法播放 ·············· 101

例 15 　 京华 JWM – 640BMP3 播放机,有歌曲,但是全部不能播放 ·········· 101

例 16 　 京华 JWM – 640BMP3 播放机,播放 MP3 歌曲噪声特别大 ········· 101

例 17 　 京华 JWM – 640BMP3 播放机,播放歌曲不正常,程序混乱 ········· 102

例 18 　 京华 JWM – 640BMP3 播放机,播放次序乱跳 ················ 102

例 19 　 京华 JWM – 640BMP3 播放机,连接电脑有时候不能找到 ·········· 102

例 20 　 京华 JWM – 640BMP3 播放机,无法开机,有电源灯光亮 ·········· 102

例 21 　 清华紫光 THM – 907n MP3 播放机,MP3 机的容量比实际的少 ········ 102

例 22 　 清华紫光 THM – 907n MP3 播放机,只能存储数据,而不能播放 MP3 文件,
或没有声音 ·························· 102

例 23 　 清华紫光 THM – 907n MP3 播放机,有的 MP3 格式不能播放 ········ 103

例 24 　 清华紫光 THM – 907n MP3 播放机,出现开机 LOGO 后不能播放 ······· 103

例 25 　 清华紫光 THM – 907n MP3 播放机,无法开机,但是连接 USB 后可以
当 U 盘,显示正常 ······················· 103

例 26 　 优百特 UM – 709(256M)MP3 播放机,录音开始有噪声 ··········· 103

例 27 　 优百特 UM – 709(256M)MP3 播放机,不能通过升级增加 FM 功能 ······· 103

例 28 　 优百特 UM – 709(256M)MP3 播放机,格式化后无法播放 ·········· 103

例 29 　 优百特 UM – 709(256M)MP3 播放机,不能播放 ASF 格式的音乐文件 ······· 103

例 30 　 金星 JXD858 型 MP3 播放机,无法开机 ···················· 104

例 31 　 金星 JXD858 型 MP3 播放机,无法播放文件 ················· 104

例 32 　 金星 JXD858 型 MP3 播放机,自动关机 ···················· 104

例 33 　 金星 JXD858 型 MP3 播放机,无法连接电脑 ················· 104

例 34 　 金星 JXD858 型 MP3 播放机,无法操作 ···················· 104

例 35 　 金星 JXD858 型 MP3 播放机,读取卡内文件时即自动关机 ··········· 105

例 36 金星 JXD858 型 MP3 播放机,所有按键失控 ·················· 105

例 37 索尼 NW – E405 MP3 播放机,压缩的 MP3 文件在播放器中无法播放 ········· 105

例 38 索尼 NW – E405 MP3 播放机,连接后,不能下传音乐文件 ·········· 105

例 39 索尼 NW – E405 MP3 播放机,出现跳过、死机现象 ·········· 105

例 40 索尼 NW – E405 MP3 播放机,传输歌曲时,显示"FORMAT ERROR" ········ 106

例 41 小博士 ATJ2091N MP3 播放机,按下开机键后,播放器没有显示 ········ 106

例 42 小博士 ATJ2091N MP3 播放机,开机后,按下按键,机器无反应 ········ 106

例 43 小博士 ATJ2091N MP3 播放机,播放文件时,没有声音 ·········· 106

例 44 小博士 ATJ2091N MP3 播放机,不能下传音乐文件 ··············· 106

例 45 小博士 ATJ2091N MP3 播放机,有的歌曲无法播放,或者播放到某一
       首歌就死机 ································· 106

例 46 小博士 ATJ2091N MP3 播放机,耳机及外响声音均很小 ·········· 107

例 47 小博士 ATJ2091N MP3 播放机,无法格式化 MP3 播放器 ·········· 107

例 48 澳维力 MP3 播放机,歌曲播放时,显示的时间比较乱 ············ 107

例 49 澳维力 MP3 播放机,出现死机 ···························· 107

例 50 澳维力 MP3 播放机,连接电脑时,无任何反映 ················ 107

例 51 汉声 8200T 型 MP3 播放机,无屏显,同时键控无效 ············· 108

例 52 飞利浦 MP3 播放机,MP3 有时会自动关机 ·················· 108

例 53 飞利浦 MP3 播放机,开机就马上关机,或者无法开机 ··········· 108

例 54 飞利浦 MP3 播放机,MP3 播放器连接电脑后,有时候不能找到 ······· 108

例 55 飞利浦 MP3 播放机,进入未完成下载任务的文件夹时出现死机 ········ 108

例 56 小月光 MP3 播放机,播放 MP3 歌曲噪声特别大 ··············· 108

例 57 小月光 MP3 播放机,MP3 歌曲播放次序乱跳 ················· 109

例 58 小月光 MP3 播放机,用超级解霸制作的 MP3 无法播放 ··········· 109

例 59 小月光 MP3 播放机,播放机中有歌曲,但是全部不能播放 ········· 109

例 60 小月光 MP3 播放机,无法开机,但可以连接电脑 ·············· 109

例 61 金刚 2.0MP3 播放机,有时自动重启,有时使用正常 ············ 109

例 62 金刚 2.0MP3 播放机,不开机不能连接电脑 ················· 110

例 63 金刚 2.0MP3 播放机,不小心格式化了,无法使用 ············· 110

例 64 金刚 2.0MP3 播放机,将其格式化后就不能播放歌曲了 ··········· 110

例 65 小贝贝 MP3 播放机,打开电源即显示"充电中…",无法使用 ······· 110

例 66 小贝贝 MP3 播放机,无法开机,插上电脑有烧焦异味 ··········· 110

例 67 小贝贝 MP3 播放机,无法开机,拆机连上 USB 线后,闻到了烧焦的异味 ···· 110

例 68 小贝贝 MP3 播放机,不工作,无法开机 ·················· 110

例 69 小贝贝 MP3 播放机,充电器空载时 LED 红灯亮 ·············· 111

例 70 小坦克 MP3 播放机,电池供电无法开机 ·················· 111

例 71 小坦克 MP3 播放机,播放时声音变慢速 ·················· 111

例 72 小坦克 MP3 播放机,开机接电脑正常,显示模糊暗 ············ 111

例 73 小坦克 MP3 播放机,无法法格式化 ···················· 111

例 74　小坦克 MP3 播放机,用电池无法开机 ·················· 111

例 75　OPPO MP3 播放器 MP3 播放机,不能开机 ·············· 112

例 76　OPPO MP3 播放器 MP3 播放机,不能开机,但能与电脑连接 ·············· 112

例 77　BY – 266 型 MP3 播放机,自动关机 ·················· 112

例 78　金利 2.0 英寸 MP3 播放机,连接电脑后可以找到硬件,但提示无法识别 ····· 112

例 79　圆筒型 MP3 播放机,电池充不满 ·················· 112

例 80　润信牌 2085 播放机,无法开机,无法连接电脑 USB ·············· 112

例 81　润信牌 2085 播放机,插 USB 显示"充电中…",有时找不到盘符 ·············· 113

例 82　途韵 BW – M628R 车载 MP3 播放机,收不到音乐或者完全无声 ········· 113

例 83　DQ – 1093 MP3 播放机,用充电器能播放音乐,而用内电池不能播放 ····· 113

例 84　途韵 BW – R818 车载 MP3,无法正常播放,联机无法拷贝歌曲 ········· 113

例 85　途韵 BW – R818 车载 MP3,无字,可连接电脑但不能格式化 ··········· 113

第 2 节　MP4/MP5 播放机故障分析与维修实例 ·················· 114

例 1　小贝贝 HC – 605F – V3 型 MP4 播放机,播放器出现异常 ·············· 114

例 2　小贝贝 HC – 605F – V3 型 MP4 播放机,按键无作用或触摸屏无作用 ······· 114

例 3　小贝贝 HC – 605F – V3 型 MP4 播放机,自动关机 ·················· 114

例 4　KNN 牌 MP4 播放机,无法开机,接上电源也无法充电 ·············· 114

例 5　KNN 牌 MP4 播放机,黑屏关机 ·················· 114

例 6　KNN 牌 MP4 播放机,开机黑屏或蓝屏 ·················· 115

例 7　KNN 牌 MP4 播放机,开机后马上自动关机 ·················· 115

例 8　KNN 牌 MP4 播放机,进行文件传输时,电脑突然死机或无任何反应 ······· 115

例 9　魅族 MP4 播放机,不能读取内存文件或内存文件神秘失踪 ············ 115

例 10　魅族 MP4 播放机,英文界面操作正常,中文操作界面不能正常显示 ········ 115

例 11　魅族 MP4 播放机,升级后,一连接电脑就提示格式化 ·············· 115

例 12　魅族 MP4 播放机,有些 WMA 格式的歌曲在 MP4 播放机中却不能播放 ····· 116

例 13　TCL C22 型 MP4 播放机,连接电脑 USB 无任何反应 ·············· 116

例 14　TCL C22 型 MP4 播放机,关机后一直显示充电状态 ·············· 116

例 15　TCL C22 型 MP4 播放机,有些时候在拔播放器时,会引起电脑端的异常 ····· 116

例 16　TCL C22 型 MP4 播放机,有的歌曲有不同的音量 ·················· 116

例 17　TCL C22 型 MP4 播放机,在管理软件中有时无法删除 ·············· 116

例 18　TCL C22 型 MP4 播放机,MP4 在电脑中显示的内存不足 ············ 116

例 19　道勤 DQ – V88 型 MP4 播放机,FM 收音机收不到台 ·············· 117

例 20　道勤 DQ – V88 型 MP4 播放机,无法转换影音文件为 RMVB 格式
　　　或 RM 格式 ·················· 117

例 21　道勤 DQ – V88 型 MP4 播放机,按下按键,播放器没有反应 ··········· 117

例 22　道勤 DQ – V88 型 MP4 播放机,不能快进 ·················· 117

例 23　道勤 DQ – V88 型 MP4 播放机,开机后提示"电池电压低关机" ········· 117

例 24　SONY2.5 英寸 MP4 播放机,开机后无显示,电源灯常亮 ·············· 117

例 25　SONY2.5 英寸 MP4 播放机,死机 ·················· 118

例 26　SONY2.5 英寸 MP4 播放机,死机时没电流或电流偏低 …………………… 118

例 27　ATJ2085 主控型 MP4 播放机,不开机 ………………………………………… 118

例 28　ATJ2085 主控型 MP4 播放机,存储的资料经常无故丢失 ………………… 118

例 29　ATJ2085 主控型 MP4 播放机,电脑不识别 MP4 播放机 …………………… 118

例 30　ATJ2085 主控型 MP4 播放机,无法开机 …………………………………… 119

例 31　ATJ2085 主控型 MP4 播放机,总是连续重复播放歌曲中的一小段 …… 119

例 32　ATJ2085 主控型 MP4 播放机,电流正常无标无盘 ………………………… 119

例 33　ATJ2085 主控型 MP4 播放机,无显示 ……………………………………… 119

例 34　ATJ2085 主控型 MP4 播放机,升级不通过 ………………………………… 119

例 35　ATJ2085 主控型 MP4 播放机,升级后无盘 ………………………………… 119

例 36　ATJ2085 主控型 MP4 播放机,无盘显白屏 ………………………………… 120

例 37　ATJ2085 主控型 MP4 播放机,显示暗 ……………………………………… 120

例 38　ATJ2085 主控型 MP4 播放机,视频显示不良 ……………………………… 120

例 39　ATJ2085 主控型 MP4 播放机,放音乐时死机 ……………………………… 120

例 40　ATJ2085 主控型 MP4 播放机,按键功能错乱 ……………………………… 120

例 41　ATJ2085 主控型 MP4 播放机,充不进电及显低电 ………………………… 120

第 5 章　投影、功放、卫星接收机故障分析与维修实例 ……………………………… 121

　第 1 节　视频投影机故障分析与维修实例 …………………………………………… 121

　　例 1　索尼 KP – 7222PSE 型投影机,重放及接收均无图像 …………………… 121

　　例 2　索尼 KP – 7222PE 型投影机,光栅亮度下降 ……………………………… 121

　　例 3　索尼 KP – 7220CH 投影机,工作时突然无光无声 ……………………… 121

　　例 4　索尼 KP – 7220CH 型彩色投影机,颜色偏紫,亮度失控 ……………… 122

　　例 5　索尼 KP – 7220 型投影机,高压打火后无光栅 …………………………… 122

　　例 6　索尼 VPH – 1043QJ 型投影机,开机后无任何反应 ……………………… 122

　　例 7　索尼 VPH – 1000Q 型投影机,图像聚焦不良 ……………………………… 123

　　例 8　索尼 VPH – 1000Q 型投影机,开机后不工作 ……………………………… 123

　　例 9　索尼 VPH – 722QM 型投影机,工作数分钟蓝管座聚焦放电 ………… 123

　　例 10　索尼 KP – 722PSE 型投影机,有时亮度降低,散焦 …………………… 124

　　例 11　夏普 XV – 530H 型投影机,开机后投影灯不亮 ………………………… 124

　　例 12　夏普 XV – 530H 型投影机,出现亮像,色彩不良 ……………………… 124

　　例 13　夏普 XV – 315P 型投影机,开机工作时为白光栅 ……………………… 125

　　例 14　夏普 XV – 315P 型投影机,开机后灯泡不亮 …………………………… 125

　　例 15　夏普 XV – 315P 型投影机,工作时,光栅缺蓝色 ……………………… 125

　　例 16　夏普 XV – 315P 型投影机,不能启动 …………………………………… 126

　　例 17　夏普 XV – 315P 型投影机,风扇旋转,灯泡不亮 ……………………… 126

　　例 18　夏普 XV – 310P 型投影机,有时自动停机 ……………………………… 126

　　例 19　夏普 XV – 310P 型投影机,屏幕上半部光栅比下半部亮 …………… 126

　　例 20　夏普 XV – 310P 型投影机,开机后不工作 ……………………………… 127

　　例 21　夏普 XV – 310P 型投影机,工作数十分钟后自动停机保护 ………… 127

例 22　夏普 XV – 310P 型投影机,无光栅,不工作 ……………………………… 127

例 23　夏普 XV – 310P 型投影机,有图像无伴音 ………………………………… 127

例 24　夏普 XV – P300 型投影机,开机后无电源 ………………………………… 128

例 25　夏普 XV – PN200 型投影机,开机出现更换灯泡告警 …………………… 128

例 26　夏普 XV – 101T 型投影机,开机后指示灯不亮 …………………………… 128

例 27　夏普 XV – 100ZM 型投影机,开机后不工作 ……………………………… 128

例 28　夏普 XV – 100 型投影机,开机工作不久即自动关机 …………………… 129

例 29　夏普 XV – T2Z 型投影机,三色不能重合 ………………………………… 130

例 30　夏普 XV – H1Z 型投影机,开机后指示灯不亮 …………………………… 130

例 31　松下 TH – 1120WD 型投影机,开机后不工作 …………………………… 130

例 32　松下 PT – 102Y 型投影机,风扇不转,不工作 …………………………… 130

例 33　视丽 SVT – 150 型投影机,数秒后自动停机 ……………………………… 131

例 34　视丽 120 型投影机,开机后即进入待机状态 …………………………… 131

例 35　三洋 CVP721FT 型彩电投影机,工作时无彩色 ………………………… 131

例 36　Xeleco 三枪投影机,开机后无光栅 ……………………………………… 131

例 37　罗兰士 CV – 203 型投影机,工作时无光栅 ……………………………… 132

第 2 节　AV 功放机故障分析与维修实例 ……………………………………… 133

例 1　湖山 AVS1080 型功放机有交流声及噪声 ………………………………… 133

例 2　湖山 AVK200 型功放机,低音电位器旋动过快自动保护 ……………… 133

例 3　湖山 AVK200 型 AV 功放机,重放时无声音输出 ……………………… 133

例 4　湖山 AVK200 型功放机,开机即发声 …………………………………… 133

例 5　湖山 BK2×100JMKⅡ – 95 型功放机,开机烧 5A 保险 ……………… 134

例 6　湖山 BK2×100JMKⅡ – 95 型功放机,一声道故障指示灯常亮 ……… 134

例 7　湖山 AK100 型功放机,左声道无声 ……………………………………… 134

例 8　湖山 AVK100 型功放机,重放时无声 …………………………………… 134

例 9　湖山 AVK100 型功放机,关机时有冲击声 ……………………………… 134

例 10　湖山 AVK100 型功放机,重放时声音时有时无 ………………………… 135

例 11　湖山 BK100JMK 型 AV 功放机,右声道无信号输出 ………………… 135

例 12　湖山 AKV100 型功放机,开机时有冲击声 ……………………………… 136

例 13　湖山 PSM – 96 型功放机,放音时有交流声 …………………………… 136

例 14　湖山 PSM – 96 型功放机,开机即烧保险 FU501 ……………………… 136

例 15　湖山 PSM – 96 型功放机,市电低于 185V 时不能工作 ……………… 137

例 16　湖山 TMK – 95Ⅱ 功放机,右声道故障灯亮 …………………………… 137

例 17　湖山 SH – 05 型功放机,左、右声道噪声较大 ………………………… 137

例 18　湖山 SH – 03 型功放机,音源切换指示灯不亮 ………………………… 137

例 19　湖山 SH – 03 型功放机,重放无音,话筒声正常 ……………………… 137

例 20　湖山 SH – 03 型功放机,左、右声道均有噪声 ………………………… 138

例 21　天逸 AD – 6000 型功放机,中置声道失真 ……………………………… 138

例 22　天逸 AD – 5100A 型 AV 功放机,重放时有交流声 …………………… 138

例 23　天逸 AD－5100A 型功放机,手接近面板即有"嗡"声 ············· 138

例 24　天逸 AD－5100A 型功放机,主功放保护 ····················· 138

例 25　天逸 AD－5100A 型功放机,工作时出现"嗡"声 ·············· 139

例 26　天逸 AD－3100A 型功放机,DSP2 模式时,话筒 MIC1 无声 ······· 139

例 27　天逸 AD－3100A 型 AV 功放机,工作各声道均有交流声 ········· 139

例 28　天逸 AD－780 型功放机,话筒 1 无输出 ····················· 139

例 29　天逸 AD－780B 型功放机,左右声道无输出 ··················· 139

例 30　天逸 AB－580KMII 型功放机,话筒输入信号无声 ·············· 140

例 31　天逸 AB－580KMII 型功放机,卡拉 OK 演唱无混响效果 ········· 140

例 32　天逸 AB－580MKII 型功放机,变调状态,音乐信号变小 ········· 140

例 33　天逸 AD－480 型功放机,话筒回声短有自激 ·················· 140

例 34　天逸 AD－66A 型 AV 功放机,开机即自动保护 ················ 140

例 35　天逸 AD－66A 型功放机,开机即自动保护 ··················· 141

例 36　奇声 757DB 型 AV 功放机,主声道无声 ····················· 141

例 37　奇声 AV－757DB 型功放机,开机有交流哼声 ················· 141

例 38　奇声 AV－737 型功放机,重放时 S 声道音小 ················· 141

例 39　奇声 AV－737 型功放机,噪声测试功能及指示灯不正常 ········· 141

例 40　奇声 AV－737 型 AV 功放机,开机无显示 ··················· 142

例 41　奇声 AV－737 功放机,所有按键失效 ······················· 142

例 42　奇声 AV－713 型功放机,音量加大时主声道即无输出 ·········· 142

例 43　奇声 AV－671 型功放机,左、右声道均发出"扑、扑"声 ········· 143

例 44　奇声 AV－388D 型功放机,输出无任何信号 ·················· 144

例 45　健伍 A－85 型 AV 功放机,音量开大时自动关机 ·············· 144

例 46　达声 DS－1000N 型功放机,无规律性关机 ··················· 145

例 47　达声 DS－968 型 AV 功放机,开机显示屏不亮 ················ 145

例 48　达声 DS－968 型 AV 功放机,开机无任何反应 ················ 145

例 49　达声 DS－968 型 AV 功放机,R 声道无输出 ·················· 145

例 50　达声 DS－968 型 AV 功放机,开机后指示灯均不亮 ············· 146

例 51　绅士 DSP E1080 型杜比解码器,中置、环绕状态无声 ··········· 146

例 52　绅士 DSP E1080 型杜比解码器,杜比档位时,有严重交流声 ······ 146

例 53　绅士 DSP E1080 型杜比解码器,各音效模拟效果不明显 ········· 146

例 54　新科 HG－5300A 型功放机,所有声道均无声 ················· 146

例 55　新科 HG－5300A 型功放机,重放时无声音输出 ················ 146

例 56　新科 HG－5300A 型功放机,开机后无反应,电源指示灯不亮 ······ 147

例 57　新科 HG－5300A 型功放机,环绕声道无输出 ················· 147

例 58　新科 5200 型功放机,开机后有显示,无输出 ················· 147

例 59　新科 HG－530A 型功放机,用遥控器不能调小音量 ············· 148

例 60　海之声 PM－9000 型功放机,无指示,不工作 ················· 148

例 61　海之声 PM－9000 型功放机,重放时声音失真 ················ 148

例 62　飞跃 NA – 1250 型功放机,开机烧 5A 保险 ················· 148

例 63　飞跃牌 NA – 1250 型功放机,重放时声音失真 ············· 148

例 64　飞跃 R50 – 1 型功放机,输出时有超音频干扰 ·············· 149

例 65　狮龙 RV – 60 30R 型功放机,30s 后自动关机 ············· 149

例 66　狮龙 RV – 5050R 型功放机,开机后无显示 ··············· 149

例 67　高士 AV – 338E 型功放机,开机后无输出 ················· 149

例 68　高士 AV – 112 型功放机,主声道无输出 ·················· 149

例 69　三强 502 型 AV 功放机,SL、SR 声小 ···················· 150

例 70　厦新 DH9080 AC – 3 型功放机,开大音量自动保护 ········· 150

例 71　先驱 AV – 860 型功放机,话筒输入信号无声 ·············· 150

例 72　星辉 AV – 769 型 AV 功放机,话筒输入信号无声 ·········· 150

例 73　威马 A – 936 型功放机,L 声道有"喳喳"声 ··············· 150

例 74　ZBO(中宝)KB – 18A 型功放机,开机后无信号输出,有"嗡嗡"声 ··· 151

例 75　蚬华 AV2 型功放机,遥控器音量"＋""－"键反应不灵 ····· 151

例 76　索尼 CA – 3000 型功放机,无混响效果 ···················· 152

例 77　歌王 K – 9000 型功放机,左声道音量突然变小 ············· 152

例 78　雄鹰 FD – 66AV 型功放机,左、右声道无声 ··············· 152

例 79　天龙 AVR – 2600AV 型功放机,指示灯闪烁,不工作 ········ 153

例 80　马兰士 PM480AVK 功放机,左右声道均无声 ·············· 153

例 81　八达 BD – 931 型功放机,开机后有交流声 ················ 154

例 82　JVC A662XBK 型功放机,开机后重放无声 ················ 154

例 83　健龙 PA – 830 型功放机,左、右声道均无声 ·············· 154

例 84　华声 2188 型 AV 功放机,重放时无声音输出 ·············· 154

例 85　爱威 DSP2092 型 AV 功放机,话筒输入无声 ·············· 155

例 86　凯迪 100 型功放机,开机后有"嗡嗡"声 ·················· 155

例 87　先锋 SX205 型功放机,开机无显示,不工作 ·············· 155

例 88　TEAC AG – V3020 型功放机,重放时无环绕声 ············ 156

例 89　天胜 AV – 8100B 型功放机,R 声道比 L 声道声音小 ······· 156

例 90　RS – 300 型功放机,无显示,不工作 ····················· 156

例 91　远达 TLK – 150 型功放机,信号中断,发出"嘟嘟"声 ······· 157

例 92　先锋 SX205 型功放机,开机后,无显示,不工作 ··········· 157

例 93　雅马哈 RX – V590 型功放机,开机 2s 自动保护 ··········· 158

例 94　华乐 CH – 358 功放机,右声道出现啸叫 ················· 158

例 95　中联 F – 9300B 型功放机,静态噪声很大 ················· 158

例 96　向东牌 50W 功放机,开机后无声 ························· 158

例 97　天宝 SV – MA 型功放机,开机无声 ······················ 159

例 98　派乐多功能便携式功放机,话筒演唱失真 ················· 159

例 99　凌宝 LB3280D 型功放机,中置声道无输出 ················ 159

第 3 节　卫星电视接收机故障分析与维修实例 ································· 159

例 1　万利达 NSR - 200PA 型卫星接收机,开机后无显示,无输出 ·········· 159

例 2　万利达 NSR - 200P 型卫星接收机,收不到信号,显示控制正常 ······· 160

例 3　万利达 NSP - 200P 型卫星接收机,两通道均无伴音 ················· 160

例 4　万利达 NSR - 200P 型卫星接收机,无信号输出 ····················· 160

例 5　万利达 NSR - 99P 型卫星接收机,开机无显示,不工作 ·············· 160

例 6　万利达 NSR - 99P 型卫星接收机,开机无图声输出 ················· 160

例 7　万利达 CA - 98S 型卫星接收机,工作 2h 后,图像消失 ·············· 161

例 8　万利达 CA - 98S 型卫星接收机,输出时无图无声 ·················· 161

例 9　万利达 NSR - 5A 型卫星接收机,有伴音无图像 ···················· 162

例 10　万利达 NSR - C4P Ⅱ 型卫星接收机,图像正常,无伴音 ············· 162

例 11　百胜 P - 3500 型卫星接收机,有"吱吱"声,不工作 ················ 162

例 12　百胜 3500 型卫星接收机,开机后后显示,电源不启动 ············· 162

例 13　百胜 P360 型卫星接收机,开机无图像无伴音 ···················· 162

例 14　百胜 P - 350S 型卫星接收机,工作时有图无声 ··················· 162

例 15　百胜 P350 型卫星接收机,工作时有图像无伴音 ·················· 163

例 16　百胜 P - 350 型卫星接收机,不能调谐,收不到信号 ··············· 163

例 17　TSR - C4 型卫星接收机,部分频道收不到信号 ··················· 163

例 18　TSR - C4 型卫星接收机,图像信号极弱 ························· 164

例 19　TSR - C4 型卫星接收机,左声道有噪声输出 ····················· 164

例 20　神州 ST - 9900B 型卫星接收机,开机无电压输出 ················· 164

例 21　神州 ST - 9900B 型卫星接收机,各功能键失效 ·················· 164

例 22　神洲 ST - 9900 型卫星接收机,开机无显示,不工作 ·············· 164

例 23　神洲 ST - 9900 型卫星接收机,工作 10min 后自动停机 ············ 165

例 24　神洲 ST - 2000 型卫星接收机,开机有显示,无图无声 ············· 165

例 25　神洲 ST - 2000 型卫星接收机,开机后输出电压不稳定 ············ 165

例 26　神州 ST - 2000 型卫星接收机,开机无电压输出 ················· 165

例 27　金泰克 KT1288 型卫星接收机,不能开机,无图无声 ·············· 165

例 28　金泰克 KT - 828KP 型卫星接收机,开机不工作,有"吱吱"声 ······· 166

例 29　金泰克 KT - A300S 型卫星接收机,有图像无伴音 ················ 166

例 30　九洲 DVS - 398H 型卫星接收机,开机指示灯不亮 ················ 167

例 31　九洲 DVS - 398H 型卫星接收机,工作时有伴音无图像 ············· 167

例 32　高斯贝尔 GSR - 5000B 型卫星接收机,自动开关机 ·············· 167

例 33　高斯贝尔 CTSR - 3000 型卫星接收机,开机无电压 ·············· 168

例 34　高斯贝尔 GSR - 3000 型卫星接收机,操作失误而死机 ············ 168

例 35　东芝 TSR - C3 型卫星接收机,图像上有横点干扰 ················ 168

例 36　东芝 TSR - C3 卫星接收机,图像横条干扰,伴音失真 ············· 168

例 37　东芝 T2 卫星接收机,工作时无图像 ··························· 168

例 38　二菱 ESR - 2020 型卫星接收机,有图像无伴音 ·················· 169

例 39　二菱 ESR - 2020 型卫星接收机,所有功能键失效 ················ 169

例 40 帝霸 201H 型卫星接收机,无伴音信号输出 ……………………… 169

例 41 帝霸 201S 型数字卫星接收机,开机指示灯不亮 ……………… 169

例 42 GT – 500 型卫星接收机,开机后无任何反应 ………………… 169

例 43 HSS – 100 型卫星接收机,开机烧保险,不工作 ……………… 170

例 44 HSS – 100CT 型卫星接收机,开机无显示,不工作 …………… 170

例 45 休曼 318A 型卫星接收机,开机有显示,无图无声 …………… 170

例 46 休曼 SR – 306 型卫星电视接收机,开机后面板无显示 ……… 170

例 47 Amstrad 卫星接收机,开机无任何显示,不工作 ……………… 171

例 48 GT500 型卫星接收机,开机后指示灯不亮(一) ……………… 171

例 49 GT500 型卫星接收机,开机后指示灯不亮(二) ……………… 171

例 50 伟易达 ASR – 250 型卫星接收机,无显示,有交流声 ………… 172

例 51 同洲 CDVB – 891B 型卫星接收机,无电压输出 ……………… 172

例 52 长虹 WS5352 型卫星接收机,不能正常开机 ………………… 172

例 53 时智 CSR1000 型卫星接收机,开机后显示"日日日"不工作 … 172

例 54 夏普 Tu – AS2C 型卫星接收机,屏幕显示为蓝底状态 ……… 172

例 55 NSR – 200P 型卫星接收机,通电后显示屏不亮 ……………… 173

例 56 PBI – 1000B2 型卫星接收机,开机后指示灯不亮 …………… 173

例 57 TX – 800 型卫星接收机,开机后指示灯不亮 ………………… 173

例 58 艾雷特 ESR – 200 型卫星接收机,开机无任何反应 ………… 173

例 59 富士达 FR960 型卫星接收机,记忆存储功能有时失效 ……… 173

例 60 三星 APSTAY 卫星接收机,开机无显示,不工作 …………… 173

例 61 三菱 ESR – 2020 型卫星接收机,有图像无伴音 ……………… 174

例 62 正大 APS – 2000 型卫星接收机,图像中有细横条干扰 ……… 174

例 63 现代 HSS – 100C 型卫星接收机,图像出现负像,噪声大 …… 174

例 64 皇视 9928 型接收机,输出电压太低 …………………………… 174

例 65 中大 WS – 3000 型卫星接收机,开机无电源 ………………… 174

第1章　数码相机故障分析与维修实例

第1节　佳能数码相机故障分析与维修实例

例1　佳能 A60 数码相机,向电脑传输照片时,LCD 显示屏突然出现错误提示

故障症状:拍摄时正常,但向电脑传输照片时,LCD 显示屏突然出现错误提示,无法正常使用。

检查与分析:根据现象分析,此故障可能是数码相机内部程序(固件)问题引起的。首先从佳能网站上下载固件数据文件和更新执行程序,然后将数码相机与电脑连接好并打开电源开关,运行固件更新执行程序。根据提示选择连接通信端口,输入数据文件后,开始刷新内部控制程序,在提示完成后关闭数码相机。接着打开数码相机电源开关,传输照片,工作正常。

检修结果:经上述处理后,故障排除。

例2　佳能 A60 数码相机,变焦镜头的光阑叶片被油污沾染

故障症状:变焦镜头的光阑叶片被油污沾染。

检查与分析:光阑叶片被油污沾染是常见的故障之一。通常变焦镜头的光学结构是:后镜组位于光阑后方,而两个变焦组位于光阑前方,光阑是静止的。但在个别照相机结构中,光阑是移动镜组的一部分,清除油污,就要拆卸光阑叶片,才能取出整个镜组,操作一定要十分小心。

检修结果:经上述处理后,故障排除。

例3　佳能 A60 数码相机,变焦机构的运动有明显的自由滑移

故障症状:变焦机构的运动有明显的自由滑移。

检查与分析:如果变焦机构的运动相当平滑,且无明显的自行滑移,只是感觉不太均匀,则不必对它进行修复,因为一般人想要对此进行改善是不太可能的,只会使情况变得更糟糕。早期的一些变焦镜头带有可调节的摩擦垫,但调整的结果往往导致变焦运动变得不平滑。但是,如果感觉到机构中有沙粒或是有明显的自动滑移,通过仔细清洁、重新添加润滑油脂、固紧螺钉或调换滚筒及滑块可以解决问题。彻底清洁机构的工作量非常大,要卸下所有的运动部件、清除原有的油脂(这是去除沙粒的唯一途径),然后重新添加润滑油脂,进行安装并调试。

检修结果:经上述处理后,故障排除。

例4　佳能 A60 数码相机,变焦镜头晃动过多

故障症状:变焦镜头晃动过多。

检查与分析:绝大多数变焦镜头都有不同程度的晃动。可抓住镜头,前后拉伸并旋转,进行测试。同时镜头要能有些滑移。镜头的少量晃动是允许的,如果滑移或晃动过多,则是不正常的。质量越高的镜头,晃动越小。如果不能确定晃动是否属于正常范围,那么只能将镜头再使用、观察一段时间。如镜头内有螺钉松动,注意及时进行修理,否则螺钉脱落,会将运动机构卡住。

　　检修结果:<u>经上述处理后,故障排除。</u>

　　例 5　佳能 A60 数码相机,变焦镜头外力损伤

　　故障症状:变焦镜头外力损伤。

　　检查与分析:变焦镜头受外力的损害,容易导致变焦镜筒扭曲、塑料滑块断裂或螺旋槽凹陷。如果发现变焦机构过紧或被卡住,很可能就是前部受力使得螺旋槽被挤压。如情况不严重,可予以修复。取下外卡环和镜筒,卸下一个塑料滑块,然后将它沿槽滑动,这样很快就能找到槽的变形部位;再用一塑料楔插入该部分槽中进行矫正,矫正过程中要随时进行调试、检查。注意不要使用金属棒或其它尖锐的物体,以免损坏槽内的滑动表面。如槽口被扩展过宽,则机构可能在其它部位被卡住。

　　塑料滑块及滚柱会因受力而断裂。测试方法是:抓住镜头进行前后推拉,若有过量滑移(1mm 以上),则可能是滚柱或滑块折断。此外,机构内的断裂料屑也会限制变焦,必须彻底清除。更换折断滚柱并不困难。金属滚柱被撞击后,可能会嵌入槽壁,使变焦过程在某一点变得明显不均匀,也有可能卡住机构。突起周围的不平处可用锉刀修磨,但对突起本身不必再进行处理,因为运动中有些小的不均匀并无大碍,修磨后必须清除所有的碎屑。如果变焦镜筒的任一部分被损坏,可调换新的镜筒。

　　检修结果:经上述处理后,故障排除。

　　例 6　佳能 A60 数码相机,变焦镜头螺钉松动

　　故障症状:变焦镜头螺钉松动。

　　检查与分析:变焦镜头的另一个常见故障是螺钉松动,使镜头晃动不能移动。如果转动对焦环及变焦环没有任何效果,可取下橡胶套圈,拧紧固定螺钉即可。

　　螺钉经常松动的另一个部位在镜头基部。许多镜头在镜筒的两部分交接处可调,通常椭圆孔用于调整总的对焦距离。如果这些调节螺钉松动,会导致镜头晃动或相片离焦。解决办法是:松开套筒上的 3～4 颗普通螺钉,取下套筒;在大多数设计中,松动的螺钉位于套筒下方,两部分镜筒之间可能还有些垫圈,重新装配这两部分,并拧紧螺钉即可。

　　检修结果:经上述处理后,故障排除。

　　例 7　佳能 A60 数码相机,变焦镜头螺纹磨损

　　故障症状:变焦镜头螺纹磨损。

　　检查与分析:变焦镜头的螺纹螺距很深,剖面成方形或梯形。螺纹是许多对焦机构的重要组成部分,读者可以找一个旧镜头,拆开后清洁其螺纹,并用放大镜仔细检查,然后重新组装好。分离螺纹前必须作好记号,装配时将该标记作为螺纹的起始。

　　检修结果:更换螺纹后,故障排除。

　　例 8　佳能 A70 数码相机,相机开机,但是屏幕不显

　　故障症状:相机开机,但是屏幕不显。

　　检查与分析:该故障通常是第二块主板损坏所致。更换第二块主板,故障排除。

　　检修结果:更换第二块主板后,故障排除。

　　例 9　佳能 A70 数码相机,相机黑屏

　　故障症状:相机黑屏。

　　检查与分析:该故障一般有 2 种可能:一种是快门没打开;一种是 CCD 损坏。最简单的办法是,开机看一下光圈打开没,如果看不清,可以变焦放大光圈,就可以判断损坏部位。光圈要是打开了,那就是 CCD 损坏,反之没打开就是光圈损坏。该机经检查为光圈内部损坏。

检修结果:更换光圈后,故障排除。

例 10　佳能 A70 数码相机,花屏,黑屏有菜单和文字显示,回看照片正常

故障症状:花屏,黑屏有菜单和文字显示,回看照片正常。

检查与分析:该故障通常是 CCD 不良所致,更换 CCD 即可。

检修结果:更换 CCD 后,故障排除。

例 11　佳能 A70 数码相机,室内拍摄正常,室外曝光过度

故障症状:室内拍摄正常,室外曝光过度。

检查与分析:该故障通常是光圈组件损坏或排线损坏所致,更换相应配件即可。该机经检查为光圈组件内部损坏。

检修结果:更换光圈组件后,故障排除。

例 12　佳能 A70 数码相机,取景和拍摄照片全黑

故障症状:相机操作一切正常,但取景和拍摄照片全黑。

检查与分析:对着镜头,看快门按钮按下一瞬间快门是否关闭后又打开。如果快门开合正常,一般为 CCD 或主板问题;如果快门无动作,则为快门故障,快门一直闭合无法打开。

检修结果:更换或维修相应部件后,故障排除。

例 13　佳能 A70 数码相机,镜头无法伸出或无法缩回

故障症状:相机开机后出现异响,镜头无法伸出或无法缩回,液晶屏上显示错误提示。一般相机摔过后容易出现。

检查与分析:镜头内部机械部分卡住。拆开相机检查镜头内部。此类故障的严重程度可大可小。运气好的话可能就是镜头的滑轨错位,拆下装好即可。如果打坏相机内部的齿轮,可能相机就会报废。

检修结果:更换或维修相应部件后,故障排除。

例 14　佳能 A70 数码相机,不开机

故障症状:不开机。

检查与分析:如果装上电池后开机一点反应也没有,一般是主板问题。检查主板上的电源电路,查到故障后对应解决。电池触点脱焊和开机键损坏同样会造成此故障发生。该机经检查为开机键内部损坏。

检修结果:更换开机键后,故障排除。

例 15　佳能 A70 数码相机,无法对焦,拍摄的照片全部是模糊的

故障症状:无法对焦。

检查与分析:该故障可能是对焦组件出现故障或对焦电机排线断所致,也可能是镜头摔过磕过,使里面的镜片移位。查到故障后对应解决。如果镜片移位,可矫正后用 502 胶粘好。

检修结果:维修相应部件后,故障排除。

例 16　佳能 A70 数码相机,闪光灯损坏

故障症状:闪光灯损坏。

检查与分析:如果闪光灯使用不多,本身一般不会损坏。应检查主板上的相应电路,并检查闪光灯振荡电路、闪光电容和触发电路。一般故障原因是脱焊和某些元件(三极管等)烧坏。把怀疑脱焊的地方重新焊接一遍,或检查和更换损坏元件。

检修结果:经上述处理后,故障排除。

例 17　佳能 A70 数码相机，某个或某几个按键失灵

故障症状：某个或某几个按键失灵。

检查与分析：首先用万用表检查按键有无损坏，要求按键接触良好且无漏电。某些时候一个按键受潮漏电，可导致几个按键甚至整个相机失灵。如果按键无问题，则检查主板、排线、插座等。主板问题需仔细检查检修解决。该机经检查为按键受潮漏电。

检修结果：对于按键受潮或损坏，可用无水酒精擦洗，然后用吹风机吹干，故障排除。

例 18　佳能 A70 数码相机，开机后出现 E18 错误报警，无法拍照

故障症状：开机后出现 E18 错误报警，无法拍照。

检查与分析：该相机在出现故障前被摔过。根据现象分析，该故障可能是变焦镜头问题引起的。拆开数码相机外壳，拆下镜头组件仔细检查，发现变焦齿轮变形错位。将错位的齿轮重新对正组装好后，开机测试，机器恢复正常。

检修结果：经上述处理后，故障排除。

例 19　佳能 A85 数码相机，照片底色泛紫色，模糊不清

故障症状：照片底色泛紫色，模糊不清。

检查与分析：该故障通常是 CCD 损坏所致，更换 CCD，机器恢复正常。

检修结果：更换 CCD 后，故障排除。

例 20　佳能 A85 数码相机，不开机，没有任何反应

故障症状：不开机，没有任何反应。

检查与分析：该故障通常是电源板损坏所致，更换电源板，机器恢复正常。

检修结果：更换电源板后，故障排除。

例 21　佳能 A95 数码相机，从 LCD 上看照片正常，但是照出来发白，放大有横条

故障症状：照出来发白，放大有横条。

检查与分析：一般内置镜头不断快门线，大多是叶片被油粘住，而油从马达泄露出来。用酒精清洗叶片时要特别小心，叶片很容易变形，一旦变形很难复原。外置伸缩镜头一般都是快门线断，由于伸缩频率太高，换快门线即可，当然外置伸缩镜头也有叶片被油粘住的。

检修结果：经上述处理后，故障排除。

例 22　佳能 A610 数码相机，花屏，黑屏有菜单和文字显示

故障症状：花屏，黑屏有菜单和文字显示，回看照片正常。

检查与分析：该故障通常是 CCD 不良所致。

检修结果：更换 CCD 后，故障排除。

例 23　佳能 A610 数码相机，照出来的照片发白，放大有横条

故障症状：从 LCD 上看相正常，但是照出来发白，放大有横条。

检查与分析：一般内置镜头不断快门线，大多是叶片被油粘住，而油从马达泄露出来的。用酒精清洗叶片时要特别小心，叶片很容易变形，一旦变形很难复原。外置伸缩镜头一般都是快门线断，由于伸缩频率太高，换快门线即可，当然外置伸缩镜头也有叶片被油粘住的。

检修结果：经上述处理后，故障排除。

例 24　佳能 A610 数码相机，液晶屏显示图像扭曲，偏色，模糊，混乱

故障症状：液晶屏显示图像扭曲，偏色，模糊，混乱，拍照和摄像都是如此，甚至黑屏。

检查与分析：该故障通常是 CCD 问题所致，长时间使用后 CCD 内部引线脱焊导致故障。

维修的方法是更换 CCD,也可以把故障 CCD 上的玻璃封装拆下来,对引线重新焊接后再封回去。

检修结果:更换 CCD 后,故障排除。

例 25　佳能 A610 数码相机,取景显示屏黑屏或花屏

故障症状:取景显示屏黑屏或花屏,拍照或录像后回放跟取景时一样。

检查与分析:此类故障多发生早期 A 系列及 IXUS 系列机型上,传感器 CCD 出现异常导致该故障。

检修结果:更换 CCD 后,故障排除。

例 26　佳能 A620 数码相机,镜头却无法伸出并发出异响

故障症状:开机时指示灯能亮,镜头却无法伸出并发出异响。

检查与分析:该故障通常是镜头变焦组件损坏所致,应更换镜头变焦组件。

检修结果:更换镜头变焦组件后,故障排除。

例 27　佳能 A620 数码相机,在室内拍摄成像有横条纹,室外拍摄画面发白

故障症状:在室内拍摄成像有横条纹,室外拍摄画面发白(曝光过度),拍摄动画(录像)正常。

检查与分析:该故障通常是镜头快门组件坏所致,应更换镜头快门组件。

检修结果:更换镜头快门组件后,故障排除。

例 28　佳能 A400 数码相机,在拍照时突然自动关闭

故障症状:在拍照时突然自动关闭。

检查与分析:数码相机突然自动关闭,首先应该想到的是电池电力不足。如在更换电池后,数码相机仍然无法启动,并且感到数码相机比较热,则可以判断为连续使用相机时间过长,造成相机过热,出现故障。

检修结果:更换电池或暂缓使用后,故障排除。

例 29　佳能 A400 数码相机,相机显示 E18

故障症状:相机显示 E18。

检查与分析:涉及镜头单元或镜头挡板的错误,实际上有可能是镜头内的螺钉脱落。但如没有专用的工具,是不可能重新把它拧上的,应使用专用工具解决。

检修结果:使用专用工具处理后,故障排除。

例 30　佳能 300d 型数码相机,机器工作时,不对焦(或者叫焦点漂移)

故障症状:机器工作时,不对焦(或者叫焦点漂移)。

检查与分析:这是佳能 300d 相机最常见的一个故障。遇到这种情况,先检查镜头是否完好,再检查主反光板和副反光板的定位是否正确、副反光板定位杆是否断裂、对焦传感器是否正常(是否有人拆卸过,位置是否正常)、对焦驱动电路是否损坏。根据具体情况相应排除故障,机器即可恢复正常。

检修结果:经上述处理后,故障排除。

例 31　佳能 300d 型数码相机,拍摄的照片只有上半部分正常,照片的下半部分都是黑影

故障症状:一切操作功能正常,但拍摄的照片只有上半部分正常,照片的下半部分都是黑影。

检查与分析:根据现象分析,此故障可能是 CCD 影像传感器损坏、反光板故障或副反光板故障引起的。首先打开数码相机的后盖,然后观察拍摄动作,发现数码相机工作时,快门帘的开启功能正常,但反光板组件有问题。位于主板光板下方的副反光板在数码相机拍照时没有收起,仍然展开,与水平位置成45°,刚好挡住了焦平面上半部的进光,造成拍摄的照片下半部不正常。更换副反光板后,拍摄测试,故障排除。

检修结果:经上述处理后,故障排除。

例32 佳能300d型数码相机,不对焦(或者叫焦点漂移)

故障症状:不对焦(或者叫焦点漂移)。

检查与分析:先检查镜头是否正常,再检查主反光板和副反光板的定位是否正确、副反光板定位杆是否断裂、对焦传感器是否正常(是否有人拆卸过,位置是否正常)、对焦驱动电路是否正常。

检修结果:经上述处理后,故障排除。

例33 佳能300d型数码相机,相机显示ERR99

故障症状:相机显示ERR99。

检查与分析:取出电池重新安装。如果使用非佳能的镜头,或者相机或镜头操作不正确,也可能发生这个错误;相机快门部分异常和相机主板故障也可能导致此报错。

检修结果:根据具体情况修复后,故障排除。

例34 佳能300d型数码相机,相机显示ERR05

故障症状:相机显示ERR05。

检查与分析:该故障为内置闪光灯的自动弹起操作受到阻碍所致。

检修结果:修复自动弹起系统后,故障排除。

例35 佳能300d型数码相机,相机显示ERR04

故障症状:相机显示ERR04。

检查与分析:该故障为卡已满所致,删除CF卡中不需要的图像或更换该卡即可。

检修结果:删除CF卡中内容或更换卡后,故障排除。

例36 佳能300d型数码相机,相机显示ERR01

故障症状:相机显示ERR01。

检查与分析:该故障为镜头与相机之间通信失败所致。试着清洁镜头触点;或取出并重新插入CF卡;或格式化CF卡;或使用其它CF卡,机器恢复正常。

检修结果:经上述处理后,故障排除。

例37 佳能300d型数码相机,模式盘乱跳或失灵

故障症状:模式盘乱跳或失灵。

检查与分析:内部接触问题或模式盘组件变形、断裂。

检修结果:根据具体情况修复后,故障排除。

例38 佳能300d型数码相机,在室内成像有条纹,室外画面发白

故障症状:在室内成像有条纹,室外画面发白,录像正常。

检查与分析:该故障为镜头变焦组件损坏所致,应更换镜头变焦组件。

检修结果:更换镜头变焦组件后,故障排除。

例39 佳能300d型数码相机,取景模糊,无法正确对焦

故障症状:取景模糊,无法正确对焦。

检查与分析:该故障为对焦组件损坏或相机传感器发生偏移所致,应进行专业调整。

检修结果:进行专业调整后,故障排除。

例 40　佳能 300d 型数码相机,不能照相

故障症状:不能照相。

检查与分析:能显示菜单,说明电源部分及大部份电路是正常的。液晶显示等也正常,则应着重检查镜头部分。经检查发现镜头排线断裂。

检修结果:更换排线后,故障排除。

例 41　佳能 300d 型数码相机,拍摄时使用闪光灯,图片出现白点或白圈

故障症状:拍摄时使用闪光灯(特别是晚上),图片出现白点或白圈。

检查与分析:闪光灯的光线令空气中的灰尘或昆虫反光,使用广角时最明显。

检修结果:属正常现象。

例 42　佳能 300d 型数码相机,拍摄出来的照片模糊不清

故障症状:使用了最高分辨率,光线也很好,但拍摄出来的照片却模糊不清。

检查与分析:该故障通常是由于在按快门释放键时照相机抖动而造成的,处理方法如下:

(1)在拍摄照片时一定要拿稳相机,最好使用三角架,或者将相机放到桌子、柜台或固定的物体上。

(2)将自动聚焦框定位于拍照物上或使用聚焦锁定机能。

(3)镜头有脏污会造成相机取景困难,从而使拍摄出的图像模糊,用专用的清洁镜头用纸清洁镜头。

(4)在选择标准模式时,拍照物短于距离镜头的最小有效距离(0.6m),或者在选择近拍模式时,拍照物远于最小有效距离。

(5)在自拍模式下,站在照相机的正面按快门释放键,应看着取景器按快门释放键,不要站在照相机前按快门释放键。

(6)在不正确的聚焦范围内使用快速聚焦功能,视距离使用正确的快速聚焦键。

检修结果:经上述处理后,故障排除。

例 43　佳能 300d 型数码相机,使用的 CF 卡无法插入或插入 CF 卡无法开机

故障症状:使用的 CF 卡无法插入或插入 CF 卡无法开机。

检查与分析:该故障为卡槽针角变形或卡槽板损坏所致,应检修或更换。

检修结果:检修或更换后,故障排除。

例 44　佳能 300d 型数码相机,成像的四角出现明暗不一的现象

故障症状:在相同的光线亮度环境下拍摄,最终成像的四角出现明暗不一的现象。

检查与分析:暗角现象与镜筒组件的位置结构有一定的关系,相机中的镜头光轴与 CCD中心相对应,这样的结构使得 CCD 四周的光量与中心相比虽然暗一点,可是并没有明显的暗角。如果 CCD 往镜筒左上角偏移,越靠近镜筒边缘入射光量就变得越少,于是暗角现象会慢慢凸现;直到 CCD 左上角完全没有了光线入射,此时暗角就会比较明显。处理方法如下:

(1)在拍摄照片时将相机设置为光圈优先模式。

(2)先使用最小光圈拍摄蓝天,接着一挡一挡开大光圈进行拍摄。

(3)在电脑中应该使用看图软件浏览照片,检查周围是否有明显差异。

(4)如果出现的暗角比较明显,应该送维修站纠正 CCD 与镜筒口径位置,或更换镜筒组件。

检修结果:经上述处理后,故障排除。

例45　佳能300d型数码相机,不能正常显示图像

故障症状:液晶显示器加电后能正常显示当前状态和功能设定,但是不能正常显示图像,而且画面有明显瑕疵或出现黑屏现象。

检查与分析:该故障多数是由于CCD图像传感器存在缺陷或损坏导致的。更换CCD图像传感器即可排除故障。

检修结果:更换CCD后,故障排除。

例46　佳能300d型数码相机,数码相机在拍照时突然自动关闭

故障症状:数码相机在拍照时突然自动关闭。

检查与分析:数码相机突然自动关闭,首先应该想到的是电池电力不足。因为数码相机是个耗电大户,由于电池电力不足而自动关闭的现象经常出现。但在更换电池后,数码相机仍然无法启动,并且感到数码相机比较热,由此判断是由于连续使用相机时间过长,造成相机过热而自动关闭。停止使用,使其冷却后再使用即可排除故障。

检修结果:暂缓使用后,故障排除。

例47　佳能300d型数码相机,SIM卡无法删除旧照片

故障症状:没有使用电池进行连接,使用的是外接电源,在使用时不小心碰掉了外接电源的插头。当再次开机使用时,发现相机中的SIM卡既无法删除旧照片,也无法再保存新照片。

检查与分析:由于SIM卡正在使用时突然断电,导致写入数据错误或存储卡数据系统紊乱,从而导致无法删除和保存照片。只要使用读卡器重新格式化SIM卡后即可解决问题。在使用数码相机的过程中,注意不要让数码相机突然掉电。

检修结果:经上述处理后,故障排除。

例48　佳能1000d型数码相机,监视器里显示的景物有位移

故障症状:拍摄的景物与LCD监视器里显示的景物有位移。

检查与分析:因为所有的照片在拍摄时都会有停滞的现象,也就是指在按动快门后到能够实际拍摄出景物之间有一定的延时,此时如果景物有变化或拍摄者的手抖动,就会造成这种故障的发生。使用三角架或更换为停滞时间短的数码相机即可解决问题。数码相机在电量不足情况下也有可能导致这种故障。

检修结果:经上述处理后,故障排除。

例49　佳能1000d型数码相机,图片出现白点或白圈

故障症状:拍摄时使用闪光灯(特别是晚上),图片出现白点或白圈。

检查与分析:闪光灯的光线令空气中的灰尘或昆虫反光,使用广角时最明显。

检修结果:属正常现象。

例50　佳能1000d型数码相机,显示菜单,无图像

故障症状:显示菜单,无图像。

检查与分析:能显示菜单,说明电源部分及大部分电路是正常的。液晶显示等也正常,则应着重检查镜头部分。经检查发现镜头排线断裂。

检修结果:更换排线后,故障排除。

例51　佳能1000d型数码相机,近距拍摄效果不好

故障症状:近距拍摄效果不好。

检查与分析:在拍摄照片时,物体离数码相机太近,超出焦距对焦范围,拍摄出来的照片的最终效果就不会太清晰。如果数码相机有微距拍摄功能,只要激活其功能并在相机允许的近距离范围内拍摄相片,即可得到较好的效果。现在市场上流行的多数数码相机都具有微距拍摄的功能,所以用微距拍摄。

检修结果:使用微距拍摄功能,故障排除。

例52　佳能1000d型数码相机,夜间拍摄照片时只能拍摄到人物,背后夜景在相片上消失

故障症状:在夜间拍摄照片时,只能拍摄到人物,背后夜景在相片上消失。

检查与分析:夜间拍摄照片时,必须利用内置闪光灯拍摄,快门值会自动调得较高,曝光时间不够,因此背后光线较弱的夜景,就不能被很好地拍摄在相片中。处理方法如下:

(1)将相机安装在脚架上,再利用TV快门功能,调校快门至较慢速度,如1~2s等,长时间曝光使被拍人物背后的夜景重现。不过在曝光中途被拍的人物绝不能动,否则会变得模糊不清。

(2)利用数码相机的SlowsynC~【光灯模式】,在闪光灯拍摄后,继续曝光一点时间,使背景的微弱光线都能拍摄下来,这样便可保证被拍人物及背后夜景都能清晰地重现于相片中。

如果发现背景仍有模糊情况,就必须将相机安装在脚架上拍摄。

检修结果:经上述处理后,故障排除。

例53　佳能1000d型数码相机,在拍照时,按快门释放键时不能拍照

故障症状:在拍照时,突然出现了按快门释放键时不能拍照的现象。

检查与分析:引起故障的原因可能是Smart Media卡已满,也可能是正在拍照时或正在写入Smart Media卡时电池耗尽。处理方法如下:

(1)如果是Smart Media卡已满导致的故障,此时应该更换Smart Media卡,也可以删除不要的照片或将全部相片资料传送至个人电脑后删除即可。

(2)如果是正在拍照时或正在写入Smart Media卡时电池耗尽导致的故障,此时可以更换电池并重新拍照即可。

值得注意的是,刚拍的照片正在写入Smart Media卡时,应该放开快门释放键,等到绿色指示灯停止闪烁,并且液晶显示屏显示消失后再使用。

检修结果:经上述处理后,故障排除。

例54　佳能1000d型数码相机,无法识别其存储卡

故障症状:无法识别其存储卡。

检查与分析:这种现象通常是由于存储卡芯片损坏或者是使用了与数码相机不相容的存储卡。

检修结果:更换存储卡后,故障排除。

例55　佳能1000d型数码相机,拍摄的照片,有漏光痕迹,色彩渐变,偏色现象

故障症状:拍摄的照片,有较为明显的漏光痕迹,而且色彩渐变,出现偏色现象。

检查与分析:由于现时数码相机过于追求小型功能化,闪光灯与镜头组件部分的距离相比以前有所缩短,加上闪光灯与镜头组件各自在组装时虽然在厂商的规格范围内,但仍然有不太严谨的情况发生。闪光灯中镁灯管发出的高亮光线透过镜头组件中的孔隙,映射到CCD表面破坏了色彩还原时的RGB三原色成份,导致最后拍摄的照片出现偏色现象。

处理方法如下:

(1)在拍摄照片时应设置相机为最高ISO感光度模式。

(2)还要开启强制发光功能。

（3）盖严镜头盖,确保镜头没有任何光线入射。

（4）分别运用光学变焦使相机在长焦、广角和中端拍摄照片。

（5）先通过 LCD 观察有无明显的漏光偏色现象。

（6）如果在 LCD 中观察没有异样,可以把刚刚拍摄的照片导入电脑中的 Photoshop,直接按 Ctrl + L 键调出色阶对话框。在对话框中拉动右边的白色箭头到有图像信息的位置,就可看见最终图像的偏色效果。

（7）检查出偏色现象以后,应该将数码相机送专业维修站校正闪光灯。

检修结果:经上述处理后,故障排除。

第 2 节　三星数码相机故障分析与维修实例

例 1　三星 I5/I6 型数码相机,从显示屏上看照片正常,但是照出来发白,放大有横条

故障症状:从显示屏上看照片正常,但是照出来发白,放大有横条。

检查与分析:一般内置镜头快门线不断,是叶片被油粘住了,油从马达泄露出来的,用酒精清洗叶片,清洗叶片时要特别小心,叶片很容易变形,一旦变形很难复原,外置伸缩镜头一般都是快门线断开,由于伸缩频率太高,换快门线,外置伸缩镜头也有叶片被油粘住的。

检修结果:经上述处理后,故障排除。

例 2　三星 Dig Imax i50 数码相机,USB 连接发生故障

故障症状:USB 连接发生故障。

检查与分析:检查时,发现 USB 驱动程序安装不正确,正确安装 USB 驱动程序即可。

检修结果:正确安装 USB 驱动程序后,故障排除。

例 3　三星 Dig Imax i50 数码相机,USB 连接发生故障

故障症状:USB 连接发生故障。

检查与分析:检查时,发现 USB 线缆规格不匹配,使用正确规格的 USB 线缆即可。

检修结果:使用正确规格的 USB 线缆后,故障排除。

例 4　三星 Dig Imax i50 数码相机,USB 连接发生故障

故障症状:USB 连接发生故障。

检查与分析:相机在设备管理器中显示为"未知设备"。正确安装相机驱动程序;关闭相机电源,拔掉 USB 线缆,重新连接 USB 线缆,打开相机电源,电脑即可正确识别相机。

检修结果:经上述处理后,故障排除。

例 5　三星 Dig Imax i50 数码相机,文件传输过程中出现错误

故障症状:文件传输过程中出现错误。

检查与分析:关闭相机电源再打开,然后再重新传输文件,机器恢复正常。

检修结果:经上述处理后,故障排除。

例 6　三星 Dig Imax i50 数码相机,无法确认电脑是否支持 USB 界面

故障症状:无法确认电脑是否支持 USB 界面。

检查与分析:检修时,首先确认电脑或键盘上的 USB 接口;然后确认操作系统版本,Windows 98、98SE、2000、ME、XP 均支持 USB 界面;最后检查设备管理器中的通用串行总线控制器。

按下列步骤检查通用串行总线控制器。

Windows 98/ME:搜索[开始→设置→控制面板→系统→设备管理器→通用串行总线控制

器];

Windows 2000:搜索[开始→设置→控制面板→系统→硬件→设备管理器→通用串行总线控制器];

Windows XP:搜索[开始→设置→控制面板→系统→硬件→设备管理器→通用串行总线控制器]。

在通用串行总线控制器下应有[USB Host Controller]和[USB Root Hub]。

当具备以上条件时,电脑可支持 USB 界面。

检修结果:属正常现象。

例 7   三星 Dig Imax i50 数码相机,无法使用 USB Hub

故障症状:无法使用 USB Hub。

检查与分析:若 PC 和 Hub 不兼容,那么当通过 USB Hub 将相机与 PC 连接时会出现问题。此时,可将相机直接与 PC 连接。

检修结果:经上述处理后,故障排除。

例 8   三星 Dig Imax i50 数码相机,电脑无法与其它设备的 USB 线缆连接

故障症状:电脑无法与其它设备的 USB 线缆连接。

检查与分析:当电脑与其它设备的 USB 线缆连接时,相机有可能不被正常识别。此时,拔掉其它 USB 线缆,只保留相机的 USB 线缆。

检修结果:经上述处理后,故障排除。

例 9   三星 Dig Imax i50 数码相机,出现黄色问号(?)或惊叹号(!)

故障症状:当打开设备管理器(点击开始→(设置)→控制面板→(性能与维护)→系统→(硬件)→设备管理器)时,出现带有黄色问号(?)或惊叹号(!)标志为"未知设备"或"其它设备"项。

检查与分析:在带有问号(?)或惊叹号(!)标志的键上,点击鼠标右键,并选择"删除"。然后在操作系统中,删除相机驱动程序,并重新启动电脑,重新安装相机驱动程序即可。

此外,还可以通过升级驱动程序的方法解决该故障。双击带有问号(?)或惊叹号(!)的条目,点击驱动程序项,然后再点击更新驱动程序或重新安装驱动程序。如果出现一条信息,要求指定该设备的相应驱程序时,请指定驱动光盘中的"USB Driver"。

检修结果:经上述处理后,故障排除。

例 10   三星 Dig Imax i50 数码相机,电脑不能把相机识别为可移动磁盘

故障症状:在个别安全程序(Norton Anti Virus 等)中,电脑不能把相机识别为可移动磁盘。

检查与分析:停止安全程序后,连接相机和电脑即可。停止安全程序的方法参考说明书上安全程序指南。

检修结果:经上述处理后,故障排除。

例 11   三星 Dig Imax i50 数码相机,动态影像在电脑上不能播放

故障症状:动态影像在电脑上不能播放。

检查与分析:该故障通常都是电脑中没有视频编码解码器或冲突导致的,重新安装即可。

检修结果:经上述处理后,故障排除。

例 12   三星 i85 数码相机,不能充电

故障症状:插入充电器后,充电器指示灯红色黄色交替闪烁,且不能充电。

检查与分析:该故障通常是电池仓内的电池触脚不良引起的不充电所致。插入充电器后

11

首先亮了一下红色的灯,然后红色黄色灯交替闪烁,正常是红色灯常亮才是充电状态。检修时,首先将充电器和电池放在另一台相机上测试可以充电,排除电池和充电器不良问题。根据维修经验一般相机不充电是电源板引起的,但更换了新的电源板后故障依旧。用手按住电池测试,发现红灯常亮,于是用带钩的镊子把几个电池触脚向外拉伸了一点,又把电池触电及电池仓都清洁了一下,反复测试后确认可以正常充电。

检修结果:经上述处理后,故障排除。

例13　三星 NV10 型数码相机,拍照成像有条纹、曝光过度

故障症状:拍照成像有条纹、曝光过度。

检查与分析:该故障原因是主板不良引起成像条纹、泛白。根据维修经验,成像出现条纹、曝光过度是因为镜筒不良引起的,更换新的镜筒和主板后拍照测试,只是对焦不良(未做升级和相面调整),成像并没有出现条纹,再将相机升级后调整相面。经过拍照测试后,机器恢复正常。

检修结果:经上述处理后,故障排除。

例14　三星 S500 型数码相机,开机镜头不出,3~5s 后报警

故障症状:开机镜头不出,3~5s 后报警然后自动关机断电。

检查与分析:该故障通常是镜头内部灰尘过多导致开机时各个镜筒受阻无法复位所致。检修时,将镜头拆开,用吹尘球吹掉灰尘,再用药棉加酒精擦拭各个镜筒内部和滑道,最后给镜筒内部滑道上油即可。

检修结果:经上述处理后,故障排除。

例15　三星 S500 型数码相机,照片上布满横纹,曝光过度,摄像正常

故障症状:照片上布满横纹,曝光过度,摄像正常。

检查与分析:该故障通常是快门损坏。或快门排线坏所致。重点检查快门组件和排线,一般是排线损坏。该机经检查为快门损坏。

检修结果:更换或检修快门后,故障排除。

例16　三星 S500 型数码相机,室内拍摄正常,室外曝光过度

故障症状:室内拍摄正常,室外曝光过度。

检查与分析:该故障通常是光圈组件损坏或排线损坏所致,更换相应配件即可。该机经检查为光圈组件损坏。

检修结果:更换光圈组件后,故障排除。

例17　三星 S500 型数码相机,取景和拍摄照片全黑

故障症状:操作一切正常,但取景和拍摄照片全黑。

检查与分析:对着镜头看,看快门按钮按下一瞬间快门是否关闭后又打开。如果快门开合正常,一般为 CCD 主传感器或主板问题。如果快门无动作,则为快门故障。更换或维修相应部件即可。该机经检查为主传感器不良。

检修结果:更换 CCD 图像传感器后,故障排除。

例18　三星 S500 型数码相机,室外拍摄画面发白

故障症状:室内拍摄成像有横条纹,室外拍摄画面发白(曝光过度),拍摄动画(录像)正常。

检查与分析:该故障在三星 S 系列和 i 系列比较普遍,通常是 CCD 主传感器出现异常所致。

检修结果:更换 CCD 图像传感器后,故障排除。

例 19　三星 S500 型数码相机,取景显示屏是花屏或黑屏

故障症状:取景显示屏是花屏或黑屏,拍照或录像后回放跟取景时一样。

检查与分析:该故障通常是 CCD 图像传感器出现异常所致。

检修结果:检修或更换 CCD 图像传感器后,故障排除。

例 20　三星 S500 型数码相机,取景白屏,拍摄及其它功能正常

故障症状:取景白屏,拍摄及其它功能正常。

检查与分析:该故障通常是 LCD 损坏或按键板故障所致。该机经检查为 LCD 损坏。

检修结果:检修或更换 LCD 后,故障排除。

例 21　三星 S500 型数码相机,开机无任何反应

故障症状:在山上拍照时不小心掉在地上,相机壳已摔坏,相机开机无任何反应。

检查与分析:用万用表检查,发现主板各路电压均无,互感滤波器 CMP1 不通,有断裂痕迹。此电源互感滤波器在使用外接电源时可防止机器内外的高频信号相互干扰,同时机内的电池也要通过它供电。

检修结果:更换互感滤波器 CMP1 后,故障排除。

例 22　三星 350SE 数码相机,室外画面发白,录像正常

故障症状:室外画面发白,录像正常。

检查与分析:该故障通常是镜头快门组件坏所致,检修或更换即可。

检修结果:更换或检修镜头快门组件后,故障排除。

例 23　三星 350SE 数码相机,开机无反应

故障症状:启动电源,镜头盖打开,其它无反应。

检查与分析:该故障通常是主板故障所致,检修或更换即可。

检修结果:检修或更换主板后,故障排除。

例 24　三星 350SE 数码相机,取景白屏,成像及其它功能正常

故障症状:取景白屏,成像及其它功能正常。

检查与分析:该故障通常是 LCD 损坏或按键板故障所致,检修或更换即可。该机经检查为按键板损坏。

检修结果:检修或更换按键板后,故障排除。

例 25　三星 350SE 数码相机,显示图像时有明显瑕疵或出现黑屏

故障症状:液晶显示器显示图像时有明显瑕疵或出现黑屏。

检查与分析:加电后液晶显示器能正常显示当前状态和功能设定,但不能正常显示图像,画面有明显瑕疵或出现黑屏。出现这种情况,多数是 CCD 图像传感器存在缺陷或损坏所致。此时应更换 CCD 图像传感器。

检修结果:更换 CCD 图像传感器后,故障排除。

例 26　三星 350SE 数码相机,不能正常下载照片

故障症状:电脑不能正常下载照片。

检查与分析:该故障通常是电脑连接线有问题。依照相机接口不同,电脑连线方式很多,常用的标准串口连线就有三种,此外还有 USB 等其它连线。进行连线操作时务必到位、不松动,有条件的话,最好有备用连线,这样连线出现问题可以及时更换。

检修结果:更换连线后,故障排除。

例 27　三星 350SE 数码相机,用专用照相纸打印出来的照片不清楚

故障症状:用专用照相纸打印出来的照片不清楚。

检查与分析:数码照片的图像质量直接与每英寸像素数目(点/in),即图像分辨率有关。像素越多,分辨率越高,图像质量越好。为了得到好的打印质量,所需的图像分辨率大约是300 点/in。使用数码相机拍照时,如果准备将照片打印出来,一定要使用相机所允许的最大像素数。当然,像素越多也就意味着文件越大,在相机内存中放的照片的数量就会减少。

检修结果:属正常现象。

例 28　三星 350SE 数码相机,打印出来的图像模糊不清、灰暗和过度饱和

故障症状:打印出来的图像模糊不清、灰暗和过度饱和。

检查与分析:照片拍摄正常,但打印出来的图像模糊不清、灰暗和过度饱和。这种情况多数是因为所用的纸张不符合要求。打印图像时所用的纸张类型对图片的质量有重大影响。同一幅图像打印在专用照相纸上显得亮丽动人;打印在复印纸上则清晰、光亮;而打印在便宜的多用途纸上时,则会显得模糊不清、灰暗和过度饱和。

检修结果:属正常现象。

例 29　三星 S800 数码相机,图像扭曲、偏色、模糊、混乱,甚至黑屏

故障症状:液晶屏显示图像扭曲、偏色、模糊、混乱,甚至黑屏。拍照和摄像都是如此。

检查与分析:该故障是 CCD 图像传感器问题所致。这些故障相机共同的特点是都采用了SONY 的问题 CCD,长时间使用后 CCD 内部引线脱焊导致故障。

更换 CCD 图像传感器,也可以把故障 CCD 上的玻璃封装拆下来,对引线重新焊接后再封回去。

检修结果:检修线更换 CCD 图像传感器后,故障排除。

例 30　三星 S800 数码相机,开闪光灯不拍照,关闭闪光灯能拍照

故障症状:开闪光灯不拍照,关闭闪光灯能拍照。

检查与分析:该故障是闪光灯板坏或主板损坏所致,维修或更换相应板子即可。该机经检查为闪光灯板损坏。

检修结果:更换闪光灯板后,故障排除。

例 31　三星 S800 数码相机,液晶屏黑屏或显示错乱,照片正常

故障症状:液晶屏黑屏或显示错乱,照片正常。

检查与分析:该故障在旋转 LCD 的机器多见,多数为液晶屏排线损坏,更换排线即可。

检修结果:更换排线后,故障排除。

例 32　三星 S800 数码相机,不识别卡

故障症状:不识别卡。

检查与分析:首先尝试换卡。排除卡的问题后,一般可以判断为相机的卡槽损坏。这种情况比较多见,一般为野蛮插拔导致。更换卡插槽即可。由于卡槽下方一般有各种电路和芯片,更换务必非常小心。

检修结果:更换卡插槽后,故障排除。

例 33　三星 S800 数码相机,某个或某几个按键失灵

故障症状:某个或某几个按键失灵。

检查与分析:首先用万用表检查按键有无损坏,要求按键接触良好且无漏电。某些时候一个按键受潮漏电,可导致几个按键甚至整个相机失灵。如果按键无问题,则检查主板、排线、插座等。该机经检查为按键损坏。

检修结果:更换按键后,故障排除。

例 34　三星 S800 数码相机,闪光灯损坏

故障症状:闪光灯损坏。

检查与分析:该故障一般是脱焊和某些元件(三极管等)烧坏所致。检查主板上的相应电路,如无问题再检查闪光灯振荡电路、闪光电容和触发电路。把怀疑脱焊的地方重新焊接一遍,检查和更换损坏元件即可。

检修结果:经上述处理后,故障排除。

例 35　三星 S800 数码相机,无法对焦,拍摄的照片全部是模糊的

故障症状:无法对焦,拍摄的照片全部是模糊的。

检查与分析:该故障可能是对焦组件出现故障、对焦电机排线断所致,也可能是镜头摔过磕过,使里面的镜片移位。查到故障后对应解决即可。该机经检查为对焦组件有故障。

检修结果:更换或检修对焦组件后,故障排除。

例 36　三星 S800 数码相机,镜头内部机械部分卡住

故障症状:镜头内部机械部分卡住。

检查与分析:此类故障的严重程度可大可小。拆开相机检查镜头内部,发现镜头滑轨错位,拆下装好即可。

检修结果:经上述处理后,故障排除。

例 37　三星 S800 数码相机,取景和拍摄照片全黑

故障症状:相机操作一切正常,但取景和拍摄照片全黑。

检查与分析:对着镜头看,看快门按钮按下一瞬间快门是否关闭后又打开。如果快门开合正常,一般为 CCD 或主板问题;如果快门无动作,则为快门故障。该机经检查发现快门一直闭合无法打开。

检修结果:更换或维修快门后,故障排除。

例 38　三星 S800 数码相机,室内拍摄正常,室外曝光过度

故障症状:室内拍摄正常,室外曝光过度。

检查与分析:该故障可能是光圈组件损坏或排线坏所致,更换相应配件即可。该机经检查为光圈组件损坏。

检修结果:更换光圈组件后,故障排除。

例 39　三星 S800 数码相机,镜头不伸出,液晶屏无显示

故障症状:按开机键镜头不伸出,液晶屏无显示,机器"嘀嘀嘀"响几声就没反应。

检查与分析:机器不开机,但是能发出报警声,说明相机主板能检测到故障,那么主板应该没问题,故障应该出在其它硬件。首先怀疑镜头问题,拆机把镜头排线取下,然后加电开机,机器正常开机,只是镜头因为排线取下没有动作。检修时,把镜头解体,用毛刷清理镜筒,把灰尘清理干净,再重新组装好即可。

检修结果:经上述处理后,故障排除。

例 40　三星 S800 数码相机,镜头不能伸出或伸出后不能缩回

故障症状:开机后镜头不能伸出或伸出后不能缩回。

检查与分析:这类故障在 S 系列偶尔出现,通常是由于镜头变焦组件损坏所致,检修或更换即可。

检修结果：更换镜头变焦组件后，故障排除。

第3节　尼康数码相机故障分析与维修实例

例1　尼康5400型数码相机，镜头不能伸缩

故障症状：能开机，但是镜头不能伸缩，提示镜头错误。

检查与分析：该故障初步判断为对焦组有问题。拆开机器，特别注意开盖后先对主电容放电。对镜头组件全部进行清理，发现没有很多杂物。然后对对焦组的滑道进行铅笔润滑，使用外加直流电2.5V对对焦组件进行测试，对焦组件正常。装机后仍然提示镜头错误，重新拆机，放电，打开镜头组，取掉CCD，重新对对角组加2.5V支流测试，正常。装上CCD对对角组加2.5V支流测试，镜头伸缩受阻，故障找到。经检查为CCD组件中手动调焦组里面一个塑料齿轮变形，导致整个对焦电机运行受阻。

检修结果：更换将坏齿轮后，故障排除。

例2　尼康5400型数码相机，机身剧烈振动，画面模糊不清

故障症状：机身剧烈振动，画面模糊不清。

检查与分析：这类故障多发生在带防抖功能的机型上，通常是镜头防抖组件坏所致。

检修结果：更换镜头防抖组件后，故障排除。

例3　尼康5400型数码相机，开机提示镜头错误

故障症状：开机提示镜头错误。

检查与分析：维修步骤为：①镜头有异物，清理即可；②镜头碰撞，修整即可（没有破裂）；③镜头排线坏，更换即可；④齿轮组坏，更换即可；⑤主板驱动芯片坏，更换即可。

检修结果：对症处理后，故障排除。

例4　尼康5400型数码相机，取景模糊，无法正确对焦

故障症状：取景模糊，无法正确对焦。

检查与分析：该故障通常是对焦组件损坏或者发生偏移所致。

检修结果：检修或更换对焦组件后，故障排除。

例5　尼康5400型数码相机，使用的CF卡无法插入或插入CF卡无法开机

故障症状：使用的CF卡无法插入或插入CF卡无法开机。

检查与分析：该故障通常是卡槽针角变形或卡槽板损坏所致。

检修结果：检修或更换卡槽板后，故障排除。

例6　尼康5400型数码相机，部分或全部按键失灵

故障症状：部分或全部按键失灵。

检查与分析：该故障通常是按键板发生异常所致。

检修结果：检修或更换按键板后，故障排除。

例7　尼康5700型数码相机，拍摄模式下，液晶屏黑屏无显示

故障症状：可以正常开机，但在拍摄模式下，液晶屏黑屏无显示；而在预览模式下，可以浏览相机存储卡中的照片。

检查与分析：根据现象分析，数码相机在拍摄模式下黑屏，可能是镜头中的快门有问题、CCD损坏或图像处理器有问题引起的。

快门如果无法打开,景物光线无法进入相机,就无法获得图像,显示屏就会黑屏;CCD 是数码相机成像器件,损坏后的表现一般就是相机黑屏、花屏、图像扭曲、图像变色、色彩失调的等症状,因此 CCD 也是重点检查的对象;图像处理器是数码相机的数据处理和控制中心,一旦出现问题,同样可能出现黑屏故障。

对于这些故障原因,一般先检查快门问题,再检查 CCD 问题,最后检查是图像处理器问题。该机经检查发现图像处理器有问题。

检修结果:更换图像处理器后,故障排除。

例 8 尼康 5700 型数码相机,不能对焦

故障症状:不能对焦。

检查与分析:该故障可能是对焦机构卡住或对焦机构驱动电路损坏所致。比较常见的是对焦机构卡住错位,因为数码相机镜筒较短,内对焦机构比较脆弱。检修时,小心拆开对焦机构,仔细研究内部机构,对故障处进行维修处理后,重新装配调试。

检修结果:经上述处理后,故障排除。

例 9 尼康 5700 型数码相机,不开机

故障症状:不开机。

检查与分析:检修时,先检查各功能开关是否正常,操作是否到位;确定各功能开关正常后,再按供电电路正常与否来查。

由于数码相机工作时电流较大,特别是液晶显示屏开启瞬间,电流量大,达到 0.6A 左右,这给供电电路的小阻值保护电阻很大的电压。这些几十欧、几欧甚至零点几欧的保险电阻极易短路,造成开路,出现死机。所以,在检修这类故障时,要重点检查这些阻值小的保险电阻。该机经检查为保险电阻短路。

检修结果:更换保险电阻后,故障排除。

例 10 尼康 Coolpix885 数码相机,能开机,镜头有点卡,不能关机

故障症状:相机使用不当,镜头进入沙子。能开机,镜头有点卡,不能关机。开机后 LCD 显示"System Error",不能变焦,快门也按不下。可以浏览 CF 卡中已存图片,与电脑相连下载图片也没有问题。

检查与分析:该故障初看是相机主电路板的问题,但考虑到此相机有错误记忆功能,相机开机镜头有点卡,使相机产生错误记忆,最终使相机出现上述症状。检修时,清理相机镜头(相机故障部分),并消除相机错误记忆,清理完毕后装回相机,注意镜头光学取景器垫片各不相同。在装回相机前,先把装在模式转换控制板上的"记忆电容"(C3058,5,5V/0,3F)的电放掉,以消除相机以前产生的错误记忆。"记忆电容"的电应放到 1.5V 以下,不建议直接用导线放电。

检修结果:经上述处理后,故障排除。

例 11 尼康 Coolpix885 数码相机,LCD 无法显示,其它功能正常

故障症状:LCD 无法显示,其它功能正常。

检查与分析:该故障通常是 LCD 排线组损坏所致。

检修结果:更换 LCD 排线组后,故障排除。

例 12 尼康 Coolpix885 数码相机,室内拍摄成像有横条纹

故障症状:在室内拍摄成像有横条纹,室外拍摄画面发白(曝光过度)。

检查与分析:该故障通常是镜头快门和快门组件异常所致,检修或更换故障部位即可。该机经检查为快门组件不良。

检修结果：检修或更换快门组件后，故障排除。

例 13　尼康 Coolpix885 数码相机，取景显示屏是黑屏或花屏

故障症状：取景显示屏是黑屏或花屏，拍照或录像后回放跟取景时一样。

检查与分析：该故障通常是 CCD 图像传感器出现异常所致，检修或更换故障部位即可。

检修结果：检修或更换 CCD 图像传感器后，故障排除。

例 14　尼康 Coolpix885 数码相机，不闪光

故障症状：不闪光。

检查与分析：这种故障依照检修传统电子相机的办法检修，思路大致为供电—振荡—整流—高压充电—触发—闪光。开机检查，若主电容上不高压，则故障在发光部分；反之，则查振荡电路部分。该机经检查为振荡电路有问题。

检修结果：检修振荡电路后，故障排除。

例 15　尼康 Coolpix885 数码相机，不能存储图像

故障症状：不能存储图像。

检查与分析：该故障一般为存储卡损坏或存储卡与相机接触不良所致。存储卡可用其它相机或者读卡器检测；接触点可用清洁剂洁净，最好采用修手机的方法，用橡皮擦认真擦去触点的污物，保持触点的良好性能。

检修结果：经上述处理后，故障排除。

第 4 节　索尼数码相机故障分析与维修实例

例 1　索尼 F505/F707/F717 型数码相机，图像变绿

故障症状：图像变绿。

检查与分析：先检查 LCD 部分，无发现虚焊，驱动芯片无异常。测量各点电压正常，拆下电源板进一步检查。当拆下电源与镜头的连接排线时，发现两根排线的其中一根明显氧化。用胶擦干净后，装机一切正常。

检修结果：经上述处理后，故障排除。

例 2　索尼 F505/F707/F717 型数码相机，打开电源开关，镜头无法打开

故障症状：相机被摔后，打开电源开关，镜头无法打开。

检查与分析：根据现象分析，此故障应该是被摔镜头内部的机械部件错位或损坏引起的。取下电池，拆开数码相机外壳，然后拆开镜头组件，仔细观察发现镜头中的一个齿轮错位。将错位齿轮所在的机械部分拆下，检查齿轮，未发现损坏。将齿轮等机械组件重新装好，再将数码相机装好，然后开机测试，镜头打开正常，拍照正常。

检修结果：经上述处理后，故障排除。

例 3　索尼 F505/F707/F717 型数码相机，出现取景偏黄或红色，成像正常

故障症状：出现取景偏黄或红色，成像正常。

检查与分析：这类故障多发生在 F 系列机型上，通常是大排线组损坏所致。

检修结果：更换大排线组后，故障排除。

例 4　索尼 T10/T20/T30 型数码相机，机身振动，画面模糊不清

故障症状：机身振动，画面模糊不清。

检查与分析:该故障通常是机身防抖组件损坏所致,检修或更换即可。

检修结果:检修或更换防抖组件后,故障排除。

例5 索尼T10/T20/T30型数码相机,显示屏显示"E:62:10"

故障症状:显示屏显示"E:62:10"。

检查与分析:这类故障多发生在带防抖功能的卡片机上,如T9、T10、T20、T30、T100。机身防抖组件损坏,检修或更换即可。

检修结果:检修或更换防抖组件后,故障排除。

例6 索尼DSC-W7/ DSC-S90/DSC-W5型数码相机,镜头不能缩回正常状态

故障症状:关闭数码相机电源,镜头不能缩回正常状态。再次开机,镜头微调,屏幕出现"请关闭电源并重新启动"。

检查与分析:检修时,先打开电源,再关闭电源,手指微微用力,感受镜头驱动马达力度。打开电源,跟随镜头马达驱动方向,感受驱动马达移动范围。关闭电源,跟随镜头马达驱动方向,手指微微用力下压镜头。当镜头向外驱动时,则松劲;当镜头马达向回驱动时,手指加力,使镜头缩回正常位置。

检修结果:经上述处理后,故障排除。

例7 索尼DSC-W7/ DSC-S90/DSC-W5型数码相机,电源关闭,镜头不能缩回

故障症状:关闭电源,镜头微动,镜头不能缩回正常状态。

检查与分析:首先关闭变焦,3倍状态直接关机,并且电源不足,镜头伸扭两下就不动。按屏幕提示"请关闭电源并重新启动",关闭、启动电源,镜头微调。按照液晶屏上提示,反复关闭电源几次后恢复正常。

检修结果:经上述处理后,故障排除。

例8 索尼A60/A70型数码相机,关机开机时出现E18错误报警

故障症状:关机开机时出现E18错误报警。

检查与分析:一般相机被摔坏,主要是电路板和镜头组件被破坏。电路板一旦摔断裂,就需要更换主板;变焦镜头摔进去,造成无法关机,或关机开机时出现E18错误报警。检修时,打开机壳。注意打开机壳时要把拍摄和播放按钮设在"拍摄"状态,防止将电路板上的微动开关拉坏变形。卸下主板和显示主件后,就可卸下变焦镜头主件,变焦镜头主件的拆卸,要在无尘箱中操作,防止灰尘落入镜片和CCD。索尼A60、A70数码相机所用的变焦齿轮较宽厚,不太容易断齿,大多数是变形错位。将拆下的齿轮、电机、测光调焦元件分类放好,再将错位的齿轮重新对正组装,在安装时要细心,防止故障范围扩大。

检修结果:经上述处理后,故障排除。

例9 索尼A60/A70型数码相机,相机进水

故障症状:相机进水。

检查与分析:进水主要损坏电源板和主板,这些部件损坏,相机就无法开机。如果相机进水,应立即把4节AA电池取出,并把机内钮扣电池CR1220也立即取出,防止通电引起故障范围扩大。相机的底座部位是电源转换板,把4.3V的直流电通过逆变升压变压器转换为+5V、-5V、+3.3V、+12V等几组电源,电源板的电流大,发热量高,进水后极易损坏。如果电源开关损坏,更换即可,更换时的焊接工具应使用热风枪;如果保护升压集成块烧毁,就应更换整块电源转换板。

检修结果:经上述处理后,故障排除。

例10 索尼A60/A70型数码相机,CF卡及卡座损坏时显示E50警示

故障症状:CF卡及卡座损坏时显示E50警示。

检查与分析:CF卡插座是发生故障较多的部位。在CF卡插座的针脚中,0V脚最长,数据脚中等,正电源脚最短,这样排列是为了保护CF卡和卡内的数据不被损坏。如果CF卡插反,就会损坏CF卡插座。CF卡插座的拆装需使用热风枪。如买不到原装的插座,可购买一个成品的CF卡读卡器,拆下CF卡插座来代换。

检修结果:经上述处理后,故障排除。

例11 索尼A60/A70型数码相机,出现E18和E50显示

故障症状:出现E18和E50显示。

检查与分析:检修时,应把4节AA电池和CR1220取出,待放电30min后,再装入电池开机重启。AA电池盖和CF卡盖连接的有微动开关,接触不到时是无法启动的。在AA电池仓内的顶端,可以看见有一个比火柴头还小的元件,这个元件是温度检测元件,在AA电池发热到指定温度时,关机报警。电池漏液也常会使它动作保护,遇到这种情况,应及时更换。

检修结果:经上述处理后,故障排除。

例12 索尼T77型数码相机,取景显示屏黑屏或花屏

故障症状:取景显示屏黑屏或花屏,拍照或录像后回放跟取景时一样。

检查与分析:这类故障多发生在T系列及P系列机型上,通常是CCD图像传感器出现异常所致。

检修结果:更换CCD图像传感器后,故障排除。

例13 索尼T77型数码相机,开机后提示存储卡出错

故障症状:开机后提示存储卡出错或需要格式化存储卡。

检查与分析:该故障通常是闪存卡损坏或使用了非原装劣质闪存卡所致。

检修结果:使用优质正品闪存卡后,故障排除。

例14 索尼W690型数码相机,显示屏上显示"C:32:01"

故障症状:相机LCD显示屏上显示"C:32:01"。

检查与分析:关掉电源,稍等片刻再重新启动相机;如果此问题仍然存在,需要送至厂家维修站检测。

检修结果:根据情况处理后,故障排除。

例15 索尼W690型数码相机,屏幕上会显示"C:13:01"

故障症状:插入Memory Stick时LCD屏幕上会显示"C:13:01"。

检查与分析:显示存储卡错误代码,通常是由可能正在使用的Memory Stick卡已经损坏所致。

检修结果:更换闪存卡后,故障排除。

例16 索尼W690型数码相机,开机后镜头不停地来回伸缩

故障症状:开机后镜头不停地来回伸缩。

检查与分析:这类故障多发生在W系列机型上,通常是由镜头组件损坏所致。

检修结果:更换镜头组件后,故障排除。

例17 索尼P8型数码相机,镜头内部有异响

故障症状:开机指示灯能亮,镜头却无法伸出,镜头内部有异响。

检查与分析:这类故障多发生在 P 系列机型上,通常是由镜头变焦组件损坏所致。

检修结果:更换镜头变焦组件后,故障排除。

例 18　索尼 HX30 型数码相机,快门钮失灵,脱落

故障症状:快门钮失灵,脱落。

检查与分析:这类故障多发生在 H 系列机型上,需要更换快门按键组件。

检修结果:更换快门按键组件后,故障排除。

例 19　索尼 SM82T 型数码相机,室内拍摄成像有横条纹

故障症状:室内拍摄成像有横条纹,室外拍摄画面发白(曝光过度),拍摄动画(录像)正常。

检查与分析:这种故障多发生在 S 系列机型上,通常是由镜头快门组件损坏所致。

检修结果:更换镜头快门组件后,故障排除。

第 5 节　松下数码相机故障分析与维修实例

例 1　松下 FX8 型数码相机,相机黑屏

故障症状:相机黑屏。

检查与分析:该故障一般有 2 种可能:一种是快门没打开;一种是 CCD 损坏。最简单是办法是,开机看一下光圈是否打开,如果看不清,可以变焦放大光圈。光圈要是能打开,那就是 CCD 损坏,反之没打开就是光圈损坏。该机经检查为变焦放大光圈内部损坏。

检修结果:更换变焦放大光圈后,故障排除。

例 2　松下 FX8 型数码相机,照片感觉曝光过度

故障症状:在部分情况下拍照正常,在光线稍强的环境下拍出的照片感觉曝光过度,光线越强感觉曝光越严重。

检查与分析:该故障通常由快门故障引起,经检查发现快门挡片错位后卡死,造成成像时不能闭合,导致曝光过度,快门挡片上的印子就是错位且镜头受外力造成的压痕。细心地把压痕压得尽量平整,然后装回正常位置即可。

检修结果:经上述处理后,故障排除。

例 3　松下 FX8 型数码相机,液晶屏不能正常显示当前状态

故障症状:加电后,液晶屏不能正常显示当前状态。

检查与分析:正常情况下,加电后液晶显示器应能正常显示当前状态,并且随着功能设定的改变和拍摄的进行,显示器能作出相应的反应。如加电后液晶显示器不能正常显示当前状态,多数情况是电池接触不良或电量不足所致。可以重新装好电池或更换新电池。更换新电池时,注意必须全部更换,不能新旧电池混用。该机经检查为电量不足所致。

检修结果:更换新电池后,故障排除。

例 4　松下 FX8 型数码相机,传送资料至电脑时出现出错信息

故障症状:相机传送资料至电脑时出现出错信息。

检查与分析:该故障产生原因及检修方法如下:

(1)电脑未插接好。正确插接电缆。

(2)电源未打开。按电源键接通电源。

(3)电池耗尽。更新电池或使用交流电源转接接器。

（4）串行口选择不当。用操作系统软件选择适当的串行口。

（5）无串行口可供使用。按个人电脑的使用说明,调整出一个串行口供相机使用(仅限于 Macintosh 开关 AppleTalk/LocalTalk 机能)。

（6）图像传送速度选择不当。在电脑上选择正确的传送速度。

（7）未安装 TWAIN/Plug－In。将 TWAIN/Plug－In 安装在电脑上。

检修结果:对症处理后,故障排除。

例 5　松下 FX8 型数码相机,液晶显示屏模糊不清

故障症状:液晶显示屏模糊不清。

检查与分析:该故障产生原因及检修方法如下:

（1）亮度设定不对。在播放模式下,从菜单选择 ERIGHTNESS 并进行调节。

（2）阳光照射在显示屏上。用手等遮住阳光。

检修结果:经上述处理后,故障排除。

例 6　松下 FX8 型数码相机,拍摄的相片不能在液晶显示屏上呈现

故障症状:刚拍摄的相片不能在液晶显示屏上呈现。

检查与分析:该故障产生原因及检修方法如下:

（1）电源关闭或记录模式开启。将记录/播放开关设定于播放位置,并接通电源。

（2）SmartMedia 卡无相片。查看控制面板进行相应设置。

检修结果:经上述处理后,故障排除。

例 7　松下 DMC 型数码相机,显示屏不能显示,或图像很暗

故障症状:LCD 显示屏不能显示,或图像很暗,其它功能正常。

检查与分析:该故障通常是 LCD 显示屏引脚断路或接触不良所致。

检修结果:检修或更换 LCD 显示屏后,故障排除。

例 8　松下 DMC 型数码相机,室外拍摄画面发白

故障症状:在室内拍摄成像有横条纹,室外拍摄画面发白。

检查与分析:该故障通常是镜头快门组件损坏所致。

检修结果:更换镜头快门组件后,故障排除。

例 9　松下 DMC 型数码相机,开机镜头内部有异响

故障症状:开机镜头内部有异响。

检查与分析:该故障通常是镜头变焦组件损坏所致。

检修结果:更换镜头变焦组件损坏后,故障排除。

例 10　松下 ZS1 型数码相机,显示屏是花屏或黑屏

故障症状:显示屏是花屏或黑屏,拍照或录像后回放跟取景时一样。

检查与分析:该故障通常是 CCD 图像传感器出现异常所致。

检修结果:更换 CCD 图像传感器后,故障排除。

例 11　松下 ZS1 型数码相机,闪光灯不发光

故障症状:闪光灯不发光。

检查与分析:该故障产生原因及检修方法如下:

（1）未设定闪光灯。按闪光灯弹起杆,设定闪光灯。

（2）闪光灯正在充电。等到橙色指示灯停止闪烁。

（3）拍照物明亮。使用辅助闪光模式。

（4）在已设定闪光灯的情况下,指示灯在控制面板上点亮时,闪光灯工作异常。**请予以修理电路。**

检修结果:对症处理后,故障排除。

例12　松下ZS3型数码相机,相机不动作

故障症状:相机不动作。

检查与分析:该故障产生原因及检修方法如下:

（1）电源未打开。按电源键接通电源。

（2）电池极性装错。重新正确安装电池。

（3）电池耗尽。更新电池。

（4）电池暂时失效。使用时,请保暖电池;在拍照间隙,暂时不使用电池。

（5）卡盖被打开。关闭卡盖。

检修结果:对症处理后,故障排除。

例13　松下ZS3型数码相机,相机自动关闭

故障症状:相机自动关闭。

检查与分析:根据现象分析,数码相机突然自动关闭,首先应该想到的是电池电力不足,更换电池。如果更换了电池以后,数码相机还是无法开启,并且发现相机比较热时,那就是因为连续使用相机时间过长,造成相机过热而自动关闭。应停止使用,等它冷却后再使用。

检修结果:经上述处理后,故障排除。

例14　松下LX3型数码相机,按快门释放键时不能拍照

故障症状:按快门释放键时不能拍照。

检查与分析:该故障产生原因及检修方法如下:

（1）刚拍照的照片正在被写SmartMedia卡。放开快门释放键,等到绿色指示灯停止闪烁,并且液晶显示屏显示消失。

（2）SmartMedia卡已满。更换SmartMedia卡,抹消不要的照片或将全部相片资料传送至个人电脑后抹掉。

（3）正在拍照时或正在写入SmartMedia卡时电池耗尽。更新电池并重新拍照。

（4）拍照物不处于照相机的有效工作范围或者自动聚集难以锁定。参照标准模式和近拍模式的有效工作范围或者参照自动聚焦部分。

检修结果:对症处理后,故障排除。

例15　松下LX3型数码相机,相机无法识别存储卡

故障症状:相机无法识别存储卡。

检查与分析:该故障产生原因及检修方法如下:

（1）使用了跟数码相机不相容的存储卡。不同的数码相机使用的存储卡是不尽相同的,在大多数码相机不能使用一种以上的存储卡。解决方法是换上你的数码相机能使有的存储卡。

（2）存储卡芯片损坏。找厂商更换存储卡。

（3）存储卡内的影像文件被破坏。造成这种现象的原因是,在拍摄过程中存储卡被取出,或者由于电力严重不足而造成数码相机突然关闭。如果重新插入存储卡或者重新接上电力,问题还是存在,只能格式化存储卡。

检修结果:对症处理后,故障排除。

第6节　柯达数码相机故障分析与维修实例

例1　柯达 V530/V550/V603 数码相机,开机显示屏花屏或黑屏

故障症状:开机显示屏花屏或黑屏。

检查与分析:该故障一般为屏示屏排线不良或显示屏损坏所致。该机经检查显示屏损坏。

检修结果:更换显示屏后,故障排除。

例2　柯达 V530/V550/V603 数码相机,拍摄的照片出现"红眼"现象

故障症状:拍摄的照片出现"红眼"现象。

检查与分析:"红眼"现象的产生是由于闪光灯的闪光轴与镜头的光轴距离过近,在外界光线很暗的条件下人的瞳孔会变大,当闪光灯的闪光透过瞳孔照在眼底时,密密麻麻的微细血管在灯光照映下显现出鲜艳的红色反射回来,在眼睛上形成红点。

目前市场上的许多 DC 或是 FC,在设计上比较着重于轻、薄、短、携带方便,因此闪光灯距离镜头比较近。"傻瓜式"相机的内置闪光灯就在镜头旁边,就是反向的相机"机顶灯"能够"跳起来",距离镜头也仍然不远。总之,只要是镜头与闪光灯之间的夹角设计得太小,就很容易形成"红眼"现象。

解决办法如下:

(1)使用相机消除功能。目前数码相机都有"红眼"防止功能,主要是通过闪光灯预闪,促使瞳孔做某种程度的收缩,以减少反射回来的红光。这种方法虽然可以有效地减少"红眼"现象,而实际上作用极其有限,并不能真正完全消除或避免"红眼"现象的发生。

(2)图像处理软件 Photoshop CS2 专门提供了去除"红眼"功能。用该软件可轻松除去照片上的"红眼"。

检修结果:经上述处理后,故障排除。

例3　柯达 V530/V550/V603 数码相机,照片中出现亮斑、光晕现象

故障症状:照片中出现亮斑现象,有时还会有光晕出现。

检查与分析:该故障主要是由于数码相机物镜漏光,在相机内部被镜筒等组件反射入CCD 所导致的。

解决办法如下:

(1)在拍摄照片之前要先盖上镜头盖,防止光线入射。

(2)设置数码相机的 ISO 感光度为最高。

(3)在 AUTO 模式下让取景器的物镜对着强光进行拍摄,这样可借助强光灯来直接照射取景器的物镜,也可以将数码相机对着阳光拍摄。

(4)为了能够确保所有方向的光线均射入取景器,可以适当对着光源摇动数码相机,然后再进行拍摄。

(5)拍完照片之后,在电脑中观察照片效果,检查有无光亮斑现象,也可以使用 Photoshop进行调节。

(6)按照上述 5 个步骤再对取景器的像镜、LCD 显示屏做同样的检测。

(7)用以上方法,如果仍然不能避免或排除照片中的亮斑现象,就应该将数码相机送到专业维修点进行维修。

检修结果:经上述处理后,故障排除。

例 4 柯达 LS443 数码相机,镜头无法正常伸缩

故障症状:不能开机,或镜头无法正常伸缩,提示 E45 代码。

检查与分析:该故障在 LS443 上常见,通常为镜头变焦组件损坏所致。

检修结果:更换镜头变焦组件后,故障排除。

例 5 柯达 LS443 数码相机,电脑无法与数码相机通信

故障症状:电脑无法与数码相机通信。

检查与分析:该故障有以下 4 种可能性:

(1) 数码相机电源被关闭。

(2) 模式拨号还没有设定为连接。

(3) 数码相机与其它装置发生冲突。

(4) 电脑的电源管理程序,可能会将接口关闭,以节省电池寿命。

检修时,首先打开数码相机,将数码相机的模式拨号设定为连接方式;再重新设置 IRQ 等设置,以免与其它装置发生冲突;最后再关闭电源管理功能。一切设置完毕后,再进行测试,发现可以在电脑上打开照片,故障排除。

检修结果:经上述处理后,故障排除。

例 6 柯达 LS443 数码相机,数码照片中出现黑斑现象

故障症状:数码照片中出现黑斑现象。

检查与分析:照片中出现黑斑现象,通常是由于 CCD 表面有异物造成的,而镜头前附着的灰尘几乎可以忽略。靠近 CCD 的区域有污点之类的异物,异物的影子在成像后便会显示在最终的画像中,污点越靠近 CCD,影子就会越清晰。

检修时,使用最长焦距,并将数码相机设置到最小光圈再进行拍摄。拍摄完照片后,在电脑中运行看图软件,核对照片是否有明显的黑斑。如果有黑斑现象,就要送维修点清洁 CCD,或者更换镜筒组件,即可解决问题。

检修结果:经上述处理后,故障排除。

例 7 柯达 LS443 数码相机,显示 E00 故障代码

故障症状:显示 E00 故障代码。

检查与分析:该故障通常是通信错误(微处理器)不良所致。

检修结果:更换微处理器后,故障排除。

例 8 柯达 LS443 数码相机,显示 E12 故障代码

故障症状:显示 E12 故障代码。

检查与分析:镜头组件、主板都有可能导致该故障,应检修或更换。该机经检查为镜头组件不良。

检修结果:更换镜头组件后,故障排除。

例 9 柯达 LS443 数码相机,显示 E15 故障代码

故障症状:显示 E15 故障代码。

检查与分析:该故障通常是镜头组件、聚焦步进马达发生错误所致,应检修或更换。该机经检查为镜头组件不良。

检修结果:更换镜头组件后,故障排除。

例 10 柯达 LS443 数码相机,显示 E20 故障代码

故障症状:显示 E20 故障代码。

检查与分析:该故障通常是读写错误闪存所致。该机经检查为闪存不良。

检修结果:重新开机或更换闪存后,故障排除。

例11 柯达 LS443 数码相机,显示 E22 故障代码

故障症状:显示 E22 故障代码。

检查与分析:该故障通常是镜头或主板不良所致。该机经检查为主板不良。

检修结果:更换主板后,故障排除。

例12 柯达 LS443 数码相机,显示 E25 故障代码

故障症状:显示 E25 故障代码。

检查与分析:该故障通常是镜头组件、聚焦步进马达发生错误所致,应检修或更换。该机经检查为聚焦步进马达不良。

检修结果:更换聚焦步进马达后,故障排除。

例13 柯达 LS443 数码相机,显示 E41 故障代码

故障症状:显示 E41 故障代码。

检查与分析:该故障通常是镜头或主板是不良所致。

检修结果:更换镜头或主板后,故障排除。

例14 柯达 3600 数码相机,屏幕出现提示"Ed2",不能再正常使用

故障症状:用该相机拍摄完毕,在向电脑传输图片的过程中,进行到一半时出现故障。具体表现为相机小液晶屏幕出现提示:"Ed2",不能再正常使用该相机。无论是拍照,还是做其它工作,均为相同提示。

检查与分析:该故障可能是电池不良引起相机内部控制程序出错所致,检修步骤如下:

(1)更换进口相机专用电池,但故障依旧。

(2)下载更新的程序,对相机进行程序重写即可修复。

(3)无法修复时可先关闭相机,按住相机上的 TAB 键及 ENTER 键的同时打开相机开关。按提示操作,仍无法找到相机。把连接线拔下来,用万用表逐一测量,没发现任何问题;检查通信口及相机接口,正常。重新换了一台微机,连接好相机,执行程序,却能顺利进行,提示找到相机,进行下一步工作。

(4)按提示选择继续进行后,却提示更新工作无法进行,自动中断。关闭相机,拔下连线,重新打开相机,却提示"Ed1",其它情况同刚出故障时一样。分析原因,由于提示不同,可能是更新工作已进行了一部分,应继续进行。原样连接好,执行,这次顺利完成。根据提示输入数据文件 DC120_14.FW,对相机内部控制软件进行重写。大约 10min 后,进度条提示结束,更新工作完成。

(5)关闭相机,拔下连接线,再打开相机,提示要将存储卡进行格式化,按 ENTER 继续进行。一会儿提示存储卡格式化完成,关闭相机,重新打开,拍照、传输一切正常。

检修结果:经上述处理后,故障排除。

例15 柯达 3600 数码相机,通电指示闪亮一下,随即熄灭

故障症状:死机,开机通电指示闪亮一下,随即熄灭。

检查与分析:因该机通电有反应,检查重点放在电板部分,经检查未发现问题。进一步检测发现镜头盖开启微动开关损坏。

检修结果:更换微动开关后,故障排除。

例 16　柯达 3600 数码相机,LCD 显示屏不显示

故障症状:LCD 显示屏不显示,其它功能正常。

检查与分析:该故障通常是 LCD 显示屏排线不良或显示屏损坏所致。该机经检查为显示屏排线不良。

检修结果:更换显示屏排线后,故障排除。

第2章　摄录像机故障分析与维修实例

第1节　三星数码摄录机故障分析与维修实例

例1　三星SMX–C10数码摄像机,有时不走带,发出嗡嗡声,数秒后自动断电

故障症状:在拍摄时有时不走带,发出嗡嗡声,数秒后自动断电。

检查与分析:该故障通常是由于磁带质量低劣或绕带太紧所致。检修时,利用摄像机的放像功能,快进或快倒磁带少许,再倒回原处进行拍摄,摄录即可恢复正常。建议不要使用劣质磁带,也不要选用过长的磁带。磁带越长,故障的可能性就越大,尽量不用180min的磁带。

检修结果:经上述处理后,故障排除。

例2　三星SMX–C10数码摄像机,拍摄或重放时画面有水平束状线条

故障症状:拍摄或重放时画面有水平束状线条。

检查与分析:该故障通常是摄像机磁鼓粘有灰尘或脱落的磁粉等脏物所致。检修时,用螺丝刀取下带仓盖,左手持麂皮蘸少许酒精,轻按于磁鼓上,右手缓慢旋转磁鼓,正、反方向旋转数圈将脏物除去,故障即可排除。擦拭时,切记不可用手或其它硬物触摸磁头,以免弄脏或划伤磁头。

检修结果:经上述处理后,故障排除。

例3　三星SMX–C10数码摄像机,磁带装不进去或取不出来

故障症状:取景器和监视器均能正常显示拍摄时的图像,但磁带装不进去或取不出来。

检查与分析:该故障一般发生在机芯及其驱动电路中。该机经检查为驱动电路不良。

检修结果:检修驱动电路后,故障排除。

例4　三星SMX–C10数码摄像机,整机不工作

故障症状:整机不工作。开机之后各按键均无作用,取景器无光,出盒机构不动作。

检查与分析:该故障通常是电源或电源电路不正常所致。检修时,首先检查电池电压或AC交流适配器输出电压是否正常,若正常则故障在电源电路。该机经检查为电源电路不良。

检修结果:检修电源电路后,故障排除。

例5　三星SMX–C10数码摄像机,显示"出仓"D故障代码

故障症状:显示"出仓"D故障代码。

检查与分析:该故障通常是引导轴问题所致。

检修结果:检修调整引导轴后,故障排除。

例6　三星SMX–C10数码摄像机,显示"出仓"R故障代码

故障症状:显示"出仓"R故障代码。

检查与分析:该故障通常是电路板连接线断所致。

检修结果:更换电路板连接线后,故障排除。

例 7　三星 SMX – C10 数码摄像机,显示"出仓"C 故障代码

故障症状:显示"出仓"C 故障代码。

检查与分析:该故障通常是由主轴锁定所致。需进一步检查驱动电路和机芯部件。

检修结果:检修驱动电路和机芯部件后,故障排除。

例 8　三星 SMX – C20 数码摄像机,液晶显示屏模糊不清

故障症状:液晶显示屏模糊不清。

检查与分析:该故障产生原因及检修方法如下:

(1)亮度设定不对。重新正确设定。

(2)阳光照射在显示屏上。用手或其它物品遮住阳光。

(3)电池接触不良或电量不足。可以重新装好电池或更换新电池。注意,更换新电池时必须全部更换,不能新旧电池混用。

检修结果:经上述处理后,故障排除。

例 9　三星 SMX – C20 数码摄像机,图像上有马赛克出现

故障症状:回放的图像上有横线或短暂的马赛克出现,有时声音也出现中断现象。

检查与分析:该故障一般是由于数码摄像机的视频磁头拍摄时间过长,磁带的磁粉脱落或者外界灰尘造成磁头污损所致。检修时,使用专门的清洁带清洁磁头,或者使用棉球蘸取无水乙醇来轻轻擦洗磁头。擦拭时,切记不可用手或其它硬物触摸磁头,以免弄脏或划伤磁头。建议每使用数码摄像机拍摄 10h 左右就要清洁一次视频磁头,这样可以获得满意、清晰的拍摄效果。当数码摄像机使用很长时间后,清洁带也不起作用时,说明磁头已经严重磨损,这时就只能换一个新的视频磁头。

检修结果:经上述处理后,故障排除。

例 10　三星 SMX – C20 数码摄像机,无法从带仓中取出数码摄像带

故障症状:无法从带仓中取出数码摄像带。

检查与分析:该故障通常是由于未接通电源或者是充电电池没电所致,只要及时补充就可以排除故障,带仓的机械故障也会导致这种问题,但比较少见。该机经检查为机械原因造成。

检修结果:检修机械部件问题后,故障排除。

例 11　三星 SMX – C20 数码摄像机,功能均不能操作

故障症状:除了可以退带之外,其它一切功能均不能操作。

检查与分析:该故障通常是电力不足或机器内部结露所致。

检修结果:充电或驱潮后,故障排除。

例 12　三星 SMX – C20 数码摄像机,电池充电时充电指示灯不亮

故障症状:电池充电时充电指示灯不亮。

检查与分析:该故障通常是电源与电池组安装、设置有误,电源插座没有电,或者是电池充电过程已经完成所致。检修时,将数码摄像机的电源 POWER 开关向上滑动至 OFF,并保证将电池组正确安装在摄像机上,如果还不能解决问题,多半是因为电池本身的故障,需更换电池。

检修结果:经上述处理后,故障排除。

例 13　三星 HMX – U10 数码摄像机,逆光拍摄时主画面太黑

故障症状:逆光拍摄时主画面太黑。

检查与分析:逆光拍摄时若使用自动光圈,会因背景光过强使拍出的画面主体太暗,严重影响视觉效果。检修时,只需用手动功能调节摄像机的光圈大小,即可拍到清晰的图像。

例 14　三星 HMX – U10 数码摄像机,图像模糊不清

故障症状:图像模糊不清。

检查与分析:该故障产生原因及检修方法如下:

(1) 数码摄像机镜头上不干净。只需要擦掉脏的东西即可。

(2) 焦距未调整好。当数码摄像机处于手动聚焦调整时,自动聚焦功能不起作用,应该将FOCUS 聚焦开关设定于 AUTO 位置;如果拍摄条件不适于自动聚焦时,可以将 FOCUS 聚焦开关设定于 MANUAL 手动位置,通过手动调整好聚焦,图像便可恢复清晰状态。

(3) 摄像机电路故障,主要表现为镜头单元聚焦性能不良。应重点检查聚焦稳流电路。

检修结果:经上述处理后,故障排除。

例 15　三星 HMX – U10 数码摄像机,图像清晰度差,彩色不实

故障症状:图像清晰度差,彩色不实,画面有固定斑点出现。

检查与分析:该故障通常是 CCD 图像传感器质量欠佳所致。可以通过示波器观察传感器前置视频输出波形,排除相关外围元件故障后即可确定传感器本身性能不良。

拍摄图像质量差的原因除摄像机部分的故障外,也可能是录像部分的故障,如磁头污染或损坏,或者相关电路故障。该机经检查为 CCD 图像传感器不良。

检修结果:更换 CCD 图像传感器后,故障排除。

例 16　三星 HMX – U10 数码摄像机,日期和时间无法设定

故障症状:日期和时间无法设定,但取景器能够显示出日期和时间。

检查与分析:这种故障多发生在摄像机的系统控制微处理器的有关电路,主要是与日期(DATE)和时间(TIMECLOCK)相关的数据输出电路。此外,取景器集成电路中的行、场脉冲输出电路也应该重点检查。

检修结果:检修上述电路后,故障排除。

例 17　三星 HMX – U10 数码摄像机,取景器不能显示日期和时间

故障症状:取景器不能显示日期和时间,也无法设定日期和时间。

检查与分析:该故障主要发生在取景器的字符显示有关电路。由于取景器字符显示功能是在取景器电路输出的行、场脉冲(HD、VD)与系统控制微处理器输出的数据共同作用下,通过屏幕显示完成的,因此系统控制微处理器的数据输出电路以及取景器电路是重点检查内容。

检修结果:检修上述电路后,故障排除。

例 18　三星 SMX – F34 数码摄像机,取景器光栅异常

故障症状:取景器光栅异常,为一条水平亮线或场幅拉不开(光栅垂直方向压缩),并且场线性也随之明显变坏。

检查与分析:该故障通常发生在场扫描电路。检修时,重点检查取景器的场扫描集成块,分别测量集成块各脚电压。因为发生这种故障时,一般场扫描集成块总会有相关的引脚电压偏离正常值。查出电压异常的引脚后,再查外围元件及线路,特别注意查找是否存在短路和漏电等故障。若外围元件及线路均无问题,最后就可以确定是集成块本身有问题。

检修结果:检修上述电路后,故障排除。

例 19　三星 SMX – F34 数码摄像机,重放时,屏幕上没有图像显示

故障症状:重放拍摄完的磁带时,在液晶屏、监视器或电视机屏幕上没有图像显示。

检查与分析:该故障产生原因及检修方法如下:

（1）视频磁头损坏、严重堵塞或者磁头连线开路,导致无磁记录信号输出。如果重放其它节目带(非自录)也无图像,这时可以更换磁头或对磁头进行清洗。

（2）记录电路故障,使得记录信号中断。如果重放其它非自录节目磁带能够有正常图像显示,进一步用仪器测试记录信号,若有问题可进行维修或更换。

（3）录像磁带的质量问题。重新更换磁带即可。

检修结果:经上述处理后,故障排除。

例20　三星SMX-F34数码摄像机,自动停机保护

故障症状:摄像机自动停机保护。

检查与分析:该故障主要有以下3种情况。

（1）摄像机在没有任何操作5min后,会自动停机。如果在演播室中或在其它场合直播时使用这种摄像机,突然停机是不行的。其实,解决这个问题的方法很简单。只要取出带仓中的磁带,问题就解决。因为MINI DV格式磁带是金属带,特别容易磨损磁头,所以摄像机在没有接受操作指令1min后会自动停机保护磁头。一旦磁带被取出就不会因为保护磁头而停机,摄像机就可以连续工作。

（2）当摄像机内部和磁带上已经凝结湿气时,摄像机会自动保护而无法工作,并且几秒钟后会自动关机。这时千万不要强行开机,否则很容易损坏磁头,造成不可挽回的损失。去摄像机内湿气最好的方法就是把摄像机放在通风的地方,一两个小时后再使用,机器就会恢复正常。

（3）当磁带表面上有划痕或不平整时,摄像机也会停机保护磁头。这时要特别注意操作,否则会造成卷带,以至磁带无法再使用。当自动保护时,立即关闭摄像机电源。约1min后,在关闭电源的状态下,取出磁带,并查看磁带表面的划痕情况。如果划痕很多或很深,应立即停止使用这盒磁带;如果划伤情况不是很严重,可打开摄像机电源,放入磁带,并把摄像机切换到放像状态(VTR),用快进功能(不能用PLAY,否则会损坏磁头),放过有划痕的地方,磁带可继续使用。

检修结果:经上述处理后,故障排除。

例21　三星VP-D351型数码摄像机,无法开机

故障症状:无法开启摄录一体机。

检查与分析:该故障通常是无电或电力不足所致,应检查电池或交流电源适配器。该机经检查为电池没电。

检修结果:充电后,故障排除。

例22　三星VP-D351型数码摄像机,无法操纵START/STOP(开始/停止)按钮

故障症状:拍摄时无法操纵START/STOP(开始/停止)按钮。

检查与分析:检查功能开关,将其切换到CANERA(摄像)。如果仍无法操作,检查盒带是否已到终点。如果盒带未到终点,再检查盒带上录制保护标签。

检修结果:经上述处理后,故障排除。

例23　三星VP-D352型数码摄像机,自动关机

故障症状:摄录一体机自动关机。

检查与分析:该故障通常有以下两种情况。一是置于待机状态,闲置未使用的时间超过5min;二是电池容量用光。

检修结果:对症处理后,故障排除。

例 24　三星 VP - D352 型数码摄像机,电量迅速耗尽

故障症状:电量迅速耗尽。

检查与分析:该故障通常有 3 种可能,分别是环境温度过低、电池充电不足、电池报废。

检修结果:对症处理后,故障排除。

例 25　三星 VP - D353 型数码摄像机,播放时看到蓝屏

故障症状:播放时看到蓝屏。

检查与分析:视频磁头脏污,用清洁带清洁磁头即可。

检修结果:经上述处理后,故障排除。

例 26　三星 VP - D353 型数码摄像机,黑色背景下出现垂直条纹

故障症状:在录制屏幕的黑色背景下出现垂直条纹。

检查与分析:被摄物体与背景的对比度过大,使摄录一体机不能正常操作。提高背景亮度,减少反差,或在较亮的环境下拍摄时使用 BLC(背景补偿)功能,即可排除故障。

检修结果:经上述处理后,故障排除。

例 27　三星 VP - D354 型数码摄像机,取景器中的图像模糊

故障症状:取景器中的图像模糊。

检查与分析:取景器镜头未经调整,调整取景器控制手柄,直到显示在取景器上的指示标识清晰为止。

检修结果:经上述操作后,故障排除。

例 28　三星 VP - D354 型数码摄像机,自动聚焦功能失灵

故障症状:自动聚焦功能失灵。

检查与分析:检查手动聚焦菜单,在手动聚焦模式下,自动聚焦功能不起作用。

检修结果:经上述处理后,故障排除。

例 29　三星 VP - D355(i) 型数码摄像机,播放快进和快倒等按钮失灵

故障症状:播放快进和快倒等按钮失灵。

检查与分析:检查功能开关,将功能开关切换到 PLAYER(摄像机),盒带到达开头或终点。

检修结果:经上述处理后,故障排除。

例 30　三星 VP - D355(i) 型数码摄像机,在播放搜索过程中,看到"马赛克"图形

故障症状:在播放搜索过程中,看到"马赛克"图形。

检查与分析:这属于正常现象。一般有两种可能。一是磁带可能损坏;二是需要清洁视频磁头。

检修结果:对症处理后,故障排除。

第 2 节　索尼数码摄录机故障分析与维修实例

例 1　索尼 HC21E 型数码摄像机,回放图像有条纹,回放声音断断续续

故障症状:带仓不能弹出卡死,回放图像有百叶窗现象,装磁带后不能进仓,装带进仓后报"c:32:XX c:31:XX"错误标识,本身摄放正常、但不能回放,其它机器摄的磁带回放图像有条纹,回放声音断断续续。

检查与分析:机芯故障,查明原因,排除故障。

检修结果:检修或更换机芯后,故障排除。

例2　索尼HC21E型数码摄像机,显示"E:91:01"故障代码

故障症状:显示"E:91:01"故障代码。

检查与分析:闪光充电超过规定的时间。

检修结果:检修闪光充电电路后,故障排除。

例3　索尼HC21E型数码摄像机,显示"E:94:00"故障代码

故障症状:显示"E:94:00"故障代码。

检查与分析:内部存储器错误。

检修结果:更换存储器后,故障排除。

例4　索尼HC21E型数码摄像机,电池报警

故障症状:电池报警。

检查与分析:此显示出现在显示屏左上角。这并非故障,而是表示电池已经耗尽,应立即更换新电池。

检修结果:更换新电池后,故障排除。

例5　索尼HC21E型数码摄像机,备份电池报警

故障症状:备份电池报警。

检查与分析:此显示出现在显示屏上方中间的位置。出现此提示表明机内的备份电池耗尽或日期没有设定。

备份电池是用于维持机内的时钟电路在机器不使用时继续工作的,如果此电池耗尽,机器的时钟电路将无法工作。另外,如果日期时间没有设定,也会出现此提示。如果出现此提示,应分清是什么原因造成的,可以先检查一下日期和时间是否设定。如果设定后此提示仍然出现,就表示备份电池已经耗尽,此时可以将摄像机接上交流适配器,在摄像机关机的状态下使用交流适配器对机内备份电池充电4h以上,然后进行日期时间的设定。充电4h备份电池可以维持机内时钟运行三个月左右。如果充电后此提示仍不消失,表明备份电池已经报废,应与维修站联系更换备份电池。

检修结果:更换备份电池后,故障排除。

例6　索尼HC21E型数码摄像机,无磁带或磁带记录禁止显示

故障症状:无磁带或磁带记录禁止显示。

检查与分析:此显示出现在显示器的上方中间位置。出现此提示时表示摄像机里面没有放置磁带,应检查确认机内是否有磁带。另外在摄像状态,放入磁带后仍出现此提示,只有一种可能,就是磁带的记录禁止开关放在了记录禁止的位置,请将其关闭即可。

检修结果:经上述处理后,故障排除。

例7　索尼HC21E型数码摄像机,结露报警

故障症状:结露报警。

检查与分析:此显示出现在显示屏的上方中间位置。出现此提示表示机器内部有潮气凝结,如果此时强行操作机器,可能会损坏磁带及机器。造成结露报警的原因有两种情况:一是机器在过于潮湿的环境中使用;二是机器从寒冷的环境里进入温暖潮湿的环境中,如冬天从室外进入室内。

一旦机器出现结露报警,应立即将磁带从机器里取出,然后将机器的带仓打开,置于干燥的地方,直到机器潮气散尽,报警消失。

检修结果:经上述处理后,故障排除。

例8　索尼 HC43E 型数码摄像机,液晶触摸屏不亮

故障症状:液晶触摸屏不亮,但触摸其屏内按钮可以听到按键音。按下键后,合上触摸屏,可从取景器内看到按键有效果,屏幕菜单有变化。

检查与分析:重点检查液晶屏的排线是否不良,也有可能是液晶屏的背光源故障。该机经检查为背光源电路不良。

检修结果:检修背光源电路后,故障排除。

例9　索尼 HC43E 型数码摄像机,黑屏,显示屏功能正常

故障症状:黑屏,显示屏功能正常。

检查与分析:能放像而液晶屏和取景器不能显示画面,一般是机器内的光耦合元器件 CCD 损坏,更换 CCD 即可排除故障。

检修结果:更换 CCD 后,故障排除。

例10　索尼 PC7E 型数码摄像机,磁带到头报警

故障症状:磁带到头报警。

检查与分析:此显示出现在显示屏上方中间的位置。这并非故障,而是通知使用者磁带已经到头,重新换一盘磁带或进行倒带即可。

检修结果:经上述处理后,故障排除。

例11　索尼 PC7E 型数码摄像机,聚焦模糊,显示 E6100 故障代码

故障症状:聚焦模糊,显示 E6100 故障代码。

检查与分析:仔细检查镜头组件,没有发现有部件断裂或错位的情况,用万用表检测聚焦线圈,线圈不通。再观察聚焦线圈,未发现因为发热而变色损坏的迹象,两焊角的焊接也无问题。最后用放大镜再观察,发现一个接头拐弯的地方有间隙,用极细镊子轻轻一拨,有断点出现。

检修结果:用细导线连线后,故障排除。

例12　索尼 DCR – PC 105E 型数码摄像机,重放时无声音

故障症状:重放时无声音。

检查与分析:该故障产生原因及检修方法如下:

一是话筒及其电路故障。可以通过 AV 连接方式的监视器试听一下现场声音是否正常,如果有现场声音,则说明话筒及电路正常,否则话筒及其电路有问题。

二是音频记录电路故障。当判断出话筒及其电路无问题后,即可认定故障发生在音频记录电路。该机经检查为音频记录电路不良。

检修结果:检修音频记录电路后,故障排除。

例13　索尼 DCR – PC 105E 型数码摄像机,磁带装不进去

故障症状:磁带吞吐失灵,取景器和监视器均能正常显示拍摄时的图像,但磁带装不进去或取不出来。

检查与分析:该故障通常是机芯及其驱动电路不良所致。该机经检查为驱动电路不良。

检修结果:检修驱动电路后,故障排除。

例14　索尼 DCR – PC 105E 型数码摄像机,转录的影像有图像无伴音

故障症状:把 DV 机磁带上的内容转录到电脑上,所转录的影像有图像无伴音。

检查与分析:该故障通常是软件设置的问题。重新打开 ImageMixer 软件,切换到 USB 模式后,发现窗口的右上角有一个小扳子模样的图标,点击后出现一个设置对话框。有一个"USB 捕捉设备设置"的栏目,里面有一项"声音设备"的下拉选项菜单,当前的选项是"Sony Digital Imaging Audio",把它改成"USB Audio Device",确定后重新录制。

检修结果:经上述处理后,故障排除。

例 15　索尼 325P 型摄像机,寻像器有光栅无图像

故障症状:机器摄录时,寻像器中有光栅无图像。

检查与分析:根据现象分析,产生该故障的原因有两种:一是摄像机无视频信号输出;二是寻像器工作呈异常。检修时,先在摄录时试将该机 AV 信号输出端与电视机 AV 信号输入端相连,结果电视机中能显示出正常的图像,说明该机有正常的视频信号输出,可以判断问题出在寻像器。寻像器上有光栅,可判断寻像器供电电压正常,行、场扫描电路也工作正常,故障应出在视频信号放大电路。该机寻像器视频信号放大电路主要由 Q2、Q4 ~ Q7 组成,其中:Q2、Q4 为预视放管,Q7 为视放管,Q5、Q6 分别为行、场消隐管。卸下寻像器,先用镊子碰触 Q7b 极,结果寻像器光栅上无干扰条纹,据此判断 Q7 工作不正常。用万用表检查 Q7 及其外围电路,发现 Q7 内部损坏。

检修结果:更换 Q7 后,故障排除。

例 16　索尼 DXC -325P 型摄录像机,摄录一会儿,寻像器图像消失

故障症状:机器摄录一会儿,寻像器图像消失,变为有光栅,无图像。

检查与分析:经开机检查,机器摄录的内容正常,说明故障出在寻像器部分。检修时,打开寻像器,先检查 VF 接口及连线正常,再重点检查视频电路。如图 2 -1 所示,该电路是由 Q2、Q4 两级射随预放和 Q7 视频功率放大及 Q5、Q6 行场消隐组成,为一般的单显视频电路。先用万用表测其电源及各三极管工作点,未见异常,再用示波器观察,将摄像机的彩条/摄像开关置于彩条位置,向寻像器送入彩条信号,观察插座 CN -1(3)脚的波形,正常应有幅度为 $1V_{p-p}$、周期为 $64\mu s$ 的阶梯波,实测正常,说明接插元件及连线无问题。继续向后逐极观察 Q2,基极、射极波形均正常。当测至 Q4 射极时,无阶梯波,测 Q4 射极波形,刚测时有,并逐渐消失,因此判定 Q4 性能不良或损坏。经焊下仔细检查,果然为 Q4 内部软击穿。

检修结果:更换 Q4 后,故障排除。

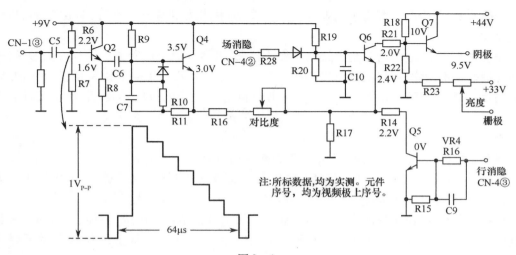

图 2 -1

第3节　松下数码摄录机故障分析与维修实例

例1　松下 DS30 数码摄像机,放带时电源指示闪烁

故障症状:放带时电源指示闪烁,有时会检测到带子,有时绞带,大多时候又能正常工作。

检查与分析:经开机检查为排插接触不良。这是松下 DS30 摄像机的通病。将机器拆开,找到在机器底部的一排线,把它(比较多的那一根)从线路板上拔出。找一薄云母片,用剪刀把云母片剪成与排线一样宽。把云母片插入线路板排座,再把排线插入,机器恢复正常。

检修结果:经上述处理后,故障排除。

例2　松下 DS30 数码摄像机,摄像时寻像器无图像

故障症状:摄像时寻像器无图像,电源指示灯狂闪,放像与倒进带无效。

检查与分析:该故障通常是摄像头组件与主板的接口接触不良所致,应更换或处理。

检修结果:更换主板的接口后,故障排除。

例3　松下 DS30 数码摄像机,找不到电源

故障症状:数码摄像机找不到电源。

检查与分析:该故障可能有两种情况。

(1) 发生在使用充电电池时。首先要检查一下充电电池是否未装上或者安装不正确,这时只要正确安装好电池即可。然后检查一下充电电池是否未充电,解决方法是换上充好电的电池或者将电池充好电后再使用。最后是有可能充电电池失效,充电电池的寿命是有限的,经过多次充、放电后其使用时间便会逐渐缩短,直至最后失效。如果将失效的电池装入机内,自然无法给数码摄像机供电,在这种情况下应更换新电池。

(2) 发生在使用 AC 适配器进行交流供电时。首先要检查一下适配器是否接好,应重新连接好交流电源插头,然后再重新插好;然后再检查是否是 AC 交流适配器出现故障,通常是开关稳压电路未工作引起的,把稳压电路调整一下即可。

检修结果:经上述处理后,故障排除。

例4　松下 DS50 数码摄像机,放带时电源指示闪烁后熄灭,不能使用

故障症状:放带时电源指示闪烁后熄灭,不能使用,用相机模式也不行,不放磁带可以使用相机模式。

检查与分析:该故障通常是磁鼓没有旋转起来、机器保护停机所致。没有放磁带时,机器部分保护电路不动作,所以机器可以拍照。经检查是 CPU 没有检测到走带动作而保护,即进带轮与倒带轮下面的光电管没有工作,一般是机芯与主板的排线不良,重新插好就会正常工作。

检修结果:经上述处理后,故障排除。

例5　松下 DS50 数码摄像机,不能看到磁带的照片

故障症状:安装机器自带的驱动后,再用 USB 线接上,有设备链接提示,但电脑里却无显示设备或盘,只能在设置为读 SD 卡的时候看见存在 SD 卡里的照片。

检查与分析:把磁带里的内容连到电脑上。如果电脑是台式电脑,只能去买 1394 采集卡才能连接;如果是笔记本,只要买一根两边都是 4 接口的 DV 线配上采集软件就可以正常使用。

检修结果:经上述处理后,故障排除。

例 6　松下 DS50 数码摄像机,摄像键不起作用

故障症状:摄像键不起作用。

检查与分析:该故障常见的原因是由于使用者没有把模式转盘拨到"摄像挡",或者是磁带已经用完了;另外的原因是,由于湿气凝结造成摄像带与摄像机的磁鼓粘连,摄像机自动保护,摄录按钮暂时失效,无法继续拍摄。前两种原因都可以对症解决,如果是最后一种原因,需要将摄像带退出带仓,把摄像机放在干燥通风的地方插电 1h 以上,一般都可以解决问题。

检修结果:经上述处理后,故障排除。

例 7　松下 DS50 数码摄像机,取景时看到的影像模糊不清

故障症状:使用取景器取景时看到的影像模糊不清。

检查与分析:该故障通常是由于使用者未调整取景器镜头所致。如果观察仔细,就会发现取景器的两侧其实有一个小小的调节旋钮,可以根据使用者的视力情况进行调节。调整后,取景器中的影像就会变得十分清楚。

检修结果:经上述处理后,故障排除。

例 8　松下 DS50 数码摄像机,拍摄景物时出现竖条

故障症状:拍摄很亮或者很黑的背景物时出现竖条。

检查与分析:这是因为拍摄对象和背景之间对比度太大造成的,不属于机器本身的故障。

检修结果:经上述处理后,故障排除。

例 9　松下 DS50 数码摄像机,图像上有横线或马赛克出现

故障症状:回放的图像上有横线或短暂的马赛克出现,有时声音也出现中断现象。

检查与分析:该故障通常是由于数码摄像机的视频磁头由于拍摄时间过长脏污所致。检修时,使用专门的清洁带清洁磁头,或者使用棉球蘸取无水乙醇来回轻轻地擦洗磁头。擦拭时,切记不可用手或其它硬物触摸磁头,以免弄脏或划伤磁头。建议每使用数码摄像机拍摄 10h 左右就要清洁一次视频磁头,这样可以保证获得满意、清晰的拍摄效果。当数码摄像机使用很长时间后,清洁带也不起作用时,表明磁头已经严重磨损,这时就只能更换视频磁头。

检修结果:经上述处理后,故障排除。

例 10　松下 DS50 数码摄像机,无法正常开机

故障症状:无法正常开机。

检查与分析:该故障产生原因有三种,分别是电池没电、摄像机自动保护、摄像机电路或机械故障。

(1)电池没电。充电即可排除故障。

(2)摄像机自动保护。造成自动保护的原因一般有两种:①摄像机内部或者 DV 带上有水汽,这时千万不要强行开机,否则很容易损坏磁头,正确的处理方法是用电扇或者电吹风的冷风挡吹干,待干透以后即可正常开机使用。②DV 带表面有严重划痕,为保护磁头不受损坏,摄像机自动停机。解决方法也很简单,更换 DV 带即可。

(3)摄像机电路或机械故障,需要维修或者更换。

检修结果:经上述处理后,故障排除。

例 11　松下 DS50 数码摄像机,无法正确录像

故障症状:无法正确录像。

检查与分析:该故障通常是磁带问题或电路损坏所致。检修时,拆下磁带,观察写保护片是否被拆下,如果是这种情况,用胶带堵住写保护孔即可。磁带如果到头了,倒带后即可正常使用。更换磁带,以排除磁带损坏的情况。如果以上方法无效,可能是电路故障,必须进行专业的维修检查。

检修结果:经上述处理后,故障排除。

例 12　松下 DS50 数码摄像机,拍摄时取景器无图像显示

故障症状:拍摄时取景器无图像显示。

检查与分析:该故障可能是镜头盖未取下、屏幕开启或取景器故障所致。检修时,检查镜头盖,如未取下,取下即可。检查 LCD 屏幕是否开启,如已开机,关闭即可。将摄像机和电视机相连接(DV 的 VIDEO – OUT 端连接到电视机的 VIDEO – IN 端),打开 DV 如电视屏幕上图像正常,说明拍摄部分没有问题,故障出在取景器。

检修结果:检修或更换取景器后,故障排除。

例 13　松下 DS50 数码摄像机,拍摄质量差,图像模糊、失真

故障症状:拍摄质量差,图像模糊、失真,或有雪花状斑点出现。

检查与分析:该故障可能是操作失误或磁头太脏所致。检修时,首先排除操作失误;然后使用专用的清洗液清洗磁头;最后更换新的磁带拍摄。

检修结果:经上述处理后,故障排除。

例 14　松下 DS50 数码摄像机,回放无图像

故障症状:回放无图像。

检查与分析:该故障可能是拍摄时操作失误、磁带质量差或磁带老化所致。检修时,首先确认拍摄时操作是否正确,请教高手或翻阅说明书;然后更换其它磁带,如果回放正常,可能是磁带磁粉脱落或者使用了劣质磁带;最后更换质量好的新磁带后,重新拍摄一段录像并回放,如果仍然无法回放,可能就是写入电路故障。

检修结果:经上述处理后,故障排除。

例 15　松下 DS50 数码摄像机,回放时图像正常,无声音

故障症状:回放时图像正常,无声音。

检查与分析:该故障可能是操作失误或硬件损坏所致。检修时,首先排除拍摄时候的操作失误,如没有开启麦克风;然后检查扬声器音量开关,如果音量太低则开大一点;最后连接 DV 和电视机(音频),播放录像,在电视机上听仍无声音,则可能是音频记录电路不良。该机经检查为音频记录电路不良。

检修结果:检修音频记录电路不良后,故障排除。

例 16　松下 DS50 数码摄像机,屏幕变暗或者不显示

故障症状:屏幕变暗或者不显示。

检查与分析:该故障可能是屏幕没开启或者屏幕后灯泡老化所致。检修时,首先检查屏幕开关是否开启;然后连接电视机视频,如果可以正常显示则可能是 LCD 背面的灯泡老化失效导致的,也可能是屏幕与机身的排线断裂导致的。该机经检查为排线断裂。

检修结果:更换排线后,故障排除。

例 17　松下 DS50 数码摄像机,不能开始拍摄,磁带不走动

故障症状:不能开始拍摄,按下"摄像开始/停止按钮"(START/STOP)时,取景器上不出现拍摄显示符号,磁带也不走动。

检查与分析:出现这种问题的原因有以下 3 种。

（1）磁带盒上的保险片（防误抹片）被挖掉，这样自然无法正常录像。解决的办法可以用胶布重新将挡舌孔贴住，或者换一盘保险片完好的磁带。

（2）未插入磁带，这种情况多为一时疏忽所致，但却经常遇到。插入磁带时一定要查看一下保险片是否完好。如果磁带已到尽头或磁带粘到了磁鼓上，此时应该退出磁带，重新装带。

（3）数码摄像机的"启/停按钮"相关的摄像部分的操作电路故障。

检修结果：经上述处理或检修操作电路后，故障排除。

例18 松下DS60数码摄像机，开机后显示菜单，按动其它键无动作

故障症状：打开电源开关后，录像器即显示菜单，按动其它键无动作。

检查与分析：这类故障多是开关内部接触不良引起的。检修时，取下电池组，用微型十字螺丝刀分别卸下摄像机右侧黑色盖板四周的六个螺丝钉；卸盖板，轻轻向后拉动盖板，使其脱离机体；拔下喇叭连线和组合开关排线；拆开组合开关。仔细观察可以看到菜单键、多功能刻度盘以及拍照键三组开关被一块盖板扣在一起，卸下盖板的两个固定螺丝钉，可以看到菜单开关。用万用表欧姆测量该开关两端，发现开关始终处于闭合导通状态，说明开关已损坏。

检修结果：更换开关后，故障排除。

例19 松下DS60数码摄像机，重放图像质量时好时坏

故障症状：重放图像质量时好时坏。

检查与分析：根据现象分析，图像的质量优劣与机械系统有一定的联系。不同厂家生产的摄像机虽然走带机构不尽相同，但磁带在走带路径的处理过程是相同的。磁带盒送入带仓后，磁带张力杆和主导杆共同把磁带引出带盒，包绕在磁鼓上。磁带张力杆的作用是检测、调节磁带的张力，使磁带张力维持在一定范围之内；保持磁带与磁头有效、可靠地接触，使磁头拾出磁带上的储存信号。它是由张力导柱、张力臂、固定螺丝和弹簧组成。如果张力过大，张力臂向左摆动减少摩擦；如果张力过小，张力臂向右摆动增大摩擦，张力臂可自动维持恒定的张力。如果螺丝松动、张力臂变形、张力导柱倾斜，弹簧性能变化都会使磁带的反张力不正常。磁带在磁鼓上的位置出现偏差或者磁带不能很好地与磁鼓有效接触，也会影响图像的重放质量。

由于该机型的带仓没有固定螺丝钉，也没有透视窗，无法看其走带过程。检修时，把机器全部拆开，裸机工作，看其走带过程。如把机器全部拆开有点困难，可以装上电池组，向上推动"出盒"键，使带仓打开，在供带盘（白色）的左侧有一环形铁片，上面有四个锯齿牙，用镊子夹住锯齿牙上面的弹簧钩向供带盘方向拉动一个齿或者两个齿，然后装上磁带重放，故障排除。图像质量恢复正常。这种故障通常是由于磁带张力不足造成磁带松弛的缘故所致。当然，导柱高度不正确也会造成图像质量不好。

检修结果：经上述处理后，故障排除。

例20 松下DS60数码摄像机，录放后磁带出现折痕

故障症状：录放后磁带出现折痕。

检查与分析：打开机器仔细观察走带情况，发现主导轴和压带轮相对位置不对。正常情况下，主导轴和压带轮位置出现偏差或错位，就会发生主导轴的外缘和压带轮之间的受力不均，使磁带上下牵引，使磁带中心出现折痕。该机是磁带上沿出现折痕，说明压带轮上沿压力大。

发现故障后，经检查，该机由于使用劣质磁带，导致磁带缠绕在压带轮上，用力拖拽磁带造成的故障。根据这种情况，不必更换零件，只需细心调整、校正压带轮，使之与主导轴的轴线相互平行即可。

检修结果：经上述处理后，故障排除。

例 21　松下 GS400/GS11/GS15/GS30 数码摄像机，LCD 上无任何显示

故障症状：LCD 上无任何显示，但是取景器正常。

检查与分析：该故障是 LCD 传输排线断所致，换 LCD 排线即可。

检修结果：更换 LCD 传输排线后，故障排除。

例 22　松下 NV－DL1 型摄录像机，开机后无任何反应

故障症状：开机后，整机无任何反应。

检查与分析：根据现象分析，产生该故障的原因有两种：一是电源电路不良故障；二是系统控制部分有故障。检修时，打开右侧盖和底板。用万用表检查电源部分，发现电源板（在底板上）中的 F1901（3.15A）保险管损坏。

检修结果：更换 F1901 后，故障排除。

例 23　松下 NV－M3 型摄录像机，开机后指示灯亮后即灭

故障症状：开机后，电源指示灯亮后即灭，机器自动保护，各种功能全无。

检查与分析：根据现象分析，该故障可能发生在电源及驱动电路等相关部位。该机带仓和加载共用一个电机和双向驱动集成块 IC6004（AN6660）。检修时，打开机盖，经查控制脚（1）、（9）脚无工作电压，正常值为 9V。（2）脚电机驱动电压 12V 正常，只是（4）脚和（6）脚的电压不正常，无法启动电机。IC6004（6）、（4）脚正常的输入、输出控制电平必须一个是高电平，另一个是低电平，电机才会工作。进一步检测 IC6004 各脚在路电阻不正常，判定其内部损坏。

检修结果：更换 IC6004（AN6660）后，故障排除。

例 24　松下 NV－M3 型摄录像机，磁鼓不转

故障症状：机器工作时，磁鼓不转。

检查与分析：经开机检查与观察，发现用手旋转不动，说明磁鼓电机被完全卡死。检修时，打开机盖，取掉磁鼓后，磁鼓电机也不能转动，分析为鼓电机内部有异物卡死。小心拆下磁鼓，用小吹风机热风小心吹电机后部，同时一边转动，不一会儿鼓电机逐渐开始旋转，还听到内部有摩擦响声，说明内部有异物。用注射器将无水酒精注入电机缝内清洗异物，经过几次清洗后，鼓电机旋转正常。

检修结果：经上述处理后，故障排除。

例 25　松下 NV－M3 型摄录像机，重放自摄或其它像带时，画面上部分有空白带

故障症状：机器重放自摄或其它像带时，画面上部有一条空白带，且伴有干扰线。

检查与分析：根据现象分析，该故障一般是由于鼓电机下部磁环错位引起磁头开关切换点位置异常所致。如果磁环向左错位，则空白区在上部；如果向右错位，则空白区在下部。若空白区很窄，可调节伺服电路中的相移电位器 PG1；若空白区较宽，就需调节鼓电机下部的磁环位置，然后再细调相移电位器即可。

检修结果：经上述调整后，故障排除。

例 26　松下 NV－MS4 型摄录像机，寻像器电路失调

故障症状：机器寻像器图像模糊，电路失调。

检查与分析：摄录机寻像器工作时，图像模糊，场不同步，一般为电路失调或其它故障引起。排除电路故障后，仍要进行正确调整，才能获得较好的效果。

（1）中心校正调整。将摄像机对准测试卡，旋转显像管偏转线圈中心校正磁铁，使图像位于监视器的中心位置。

（2）聚焦调整。摄像机对准球形测试卡，调整聚焦控制电位器 VR803，使寻像器获得最佳的清晰度。

（3）场幅调整。摄像机对准灰度卡，调整亮度控制电位器 VR804，使场幅尺寸合适，不滚动。

（4）辉度调整。摄像机对准灰度卡，调整亮度控制电位器 VR804，使录像器屏幕中的黑白条与监视器屏幕中的相同即可。

检修结果：经上述处理后，故障排除。

例 27　松下 NV－MS4E 型摄录像机，摄录时自动停机保护

故障症状：机器装入磁带摄录时，自动停机保护。

检查与分析：开机观察，磁鼓电机不转，根据现象分析，问题可能出在磁鼓伺服及相关电路。机器正常工作时，微处理器 IC6004 输出磁鼓电机 ON、磁鼓电机转矩等信号。磁鼓电机中的频率发生器 FG 信号、相位发生器 PG 信号分别经 IC2104 后，将速度比较信号 FG 送到主伺服的速度环路，将相位比较信号 PG 送到主伺服的环路。产生的速度误差信号和相位误差信号经低通滤波后，再经过合成，去控制磁鼓电机的转速和相位。磁鼓电机中霍尔元件的输出信号送到磁鼓电机驱动集成电路 IC2101，经过其内部的位置信号处理电路后，产生开关逻辑，再去控制磁鼓电机驱动集成电路 IC2102。磁鼓电机伺服与电源供电管 Q1061 构成脉冲激励供电电路。

根据上述分析，该机磁鼓不转，则先检查磁鼓电机，结果正常。再用万用表测量 IC2101 和 IC2102 的引脚电压，发现 IC2101（12）脚电压为 0V，IC1202 各脚电压也与正常值相差较大，说明故障在脉冲激励供电电路。测量 Q1061 的发射极电压为 +12V，正常。检查 Q1061 正常，进一步测电路其它相关元件，发现电阻 R2127 内部开路。

检修结果：更换 R2127 后，故障排除。

例 28　松下 NV－M5 型摄录像机，按下出盒（EJECT）键，带仓不能弹出

故障症状：开机后，按下 EJECT 键，带盒不能弹出。

检查与分析：根据现象分析，带盒机械传动无问题，说明故障出在盒带弹出控制电路上。有关电路如图 2－2 所示，12V 加至 QR6037 中的 Q1 发射极。当推入带仓到位并锁定时，带仓的磁带入；开关 SW1503 接通到地时，Q1、Q2 均截止，QR6035 随之截止，其集电极为低电平，CPU（IC6001）（24）脚为低电平，无取盒指令输入，带仓保持原状态；当按下 EJECT 键时，EJECT 键开关 S6502 接通到地，Q1 基极为低电位而导通，其集电极为高电平，Q2 随之导通，集电极变为低电位，QR6035 导通，其集电极从低电位变为高电位，从而给 CPU（24）脚一个取盒指令，其（1）、（2）脚输出约 2V 左右的脉冲电压至 IC6004（6）、（4）脚，其（3）、（7）脚输出一个

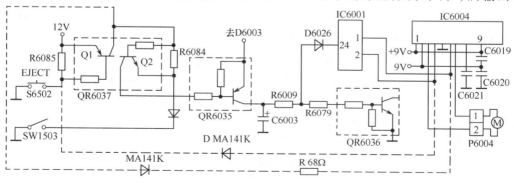

图 2－2

相应的电压给加载电机,使方式开关由停止状态移至出盒状态;当 CPU(1)、(2)脚输出的脉冲电压升至约 5V 左右送至 IC6004 的(6)、(4)脚时,使其输出约 6V 左右的电压,使加载电机向出盒方向转动,直到出盒动作完成。

根据上述分析,开机观察,发现按 EJECT 键时,加载电机微动一下,方式开关由停止位置移至出盒位置时不能出盒,说明 CPU 内部不良,经用代换法证明 IC6001 内部已损坏。

检修结果:更换 IC6001 后,故障排除。

例 29 松下 NV－M7 型摄录像机,记录中突然断电

故障症状:机器在记录中突然断电,再开机工作,3s 后自动保护。

检查与分析:根据现象分析,问题可能出在电源及机械传动等相关部位。检修时,打开机盖,用万用表检查电路部分无明显的烧毁和短路现象。检查机械部分发现机械现处于记录状态,没有正常复位。再次接通电源仔细观察机械部分的工作情况,听到电机转动时在主凸轮下边发出"咔咔"的声音随之保护。试用手拨动主凸轮把工作状态的机械部分复位到停止状态,手感阻力很大不能复位,取下挡板和扇型齿轮及主凸轮,发现滑动臂的滑杆已移出滑道并卡住。

检修结果:正确装配后,故障排除。

例 30 松下 NV－M7 型摄像机,开机后无任何反应

故障症状:插上电源后,机器无任何反应,不通电。

检查与分析:根据现象分析,该故障一般出在电源电路。检修时,打开机盖,用万用表测 TP1004 无电压,而 R1051 前端电压正常,说明 R1051 已烧断开路。该电阻阻值为 25MΩ,是一只陶瓷封装的保险电阻,可用 2A 的小型保险管代用。代换后保险管又立即烧断,说明电路中有短路故障,为确定短路故障部位,采用断路法,断开开关变压器的(9)脚,短路故障仍然存在,继续检查。当断开 IC1002 的(2)和(15)脚与电源供电线路时,短路故障消失,进一步仔细检查该电路相关元件 C1007、C1010,发现电源滤波电容 C1010 内部击穿。

检修结果:更换 C1010(25V/100μF 的电解电容)后,故障排除。

例 31 松下 NV－M7 型摄像机,镜头对较亮景物时,光圈不断关闭与打开

故障症状:机器工作时,镜头对着较亮景物时,光圈连续不断地关闭和打开。

检查与分析:根据现象分析,该故障一般发生在自动光圈控制电路。该机的自动光圈控制,是根据拍摄出的视频信号电平强弱自动进行大小调整。当视频信号电平强时,通过检测驱动等电路,让光圈电机动作,使光圈变小;而当视频信号电平弱时,则光圈增大,以便保护符合强度要求的视频信号输出。该机的自动光圈控制系统能工作,但工作的范围不对。因为自动控制电路的正常工作取决于控制基准,基准变化,控制范围也随之变化。该机自动光圈控制电路基准电压的调整,是由电位器 VR301 来完成的。

根据上述分析,检修时,打开机盖,用万用表实测 ALC 比较控制器 IC301(5)脚电压低于基准电压(0.9V),调整 VR301,使 IC301(5)脚电压达到 0.9V,该机恢复正常。该机自动光圈控制电路的基准电压偏低较多,当视频信号电平稍强就使光圈关闭;当关闭之后,又因无视频信号电平而再次自动打开,于是反复关闭、打开。

检修结果:经上述处理后,故障排除。

例 32 松下 NV－M7 型摄像机,快速倒带时转速较慢

故障症状:机器快速倒带时,转速较慢,且机内有齿轮打齿声。

检查与分析:根据现象分析,该故障一般出在机械传动部分。检修时,打开带仓盖,检查供

带盘和收带盘的各传动齿轮,未见异常。检查空转轮与供带、收带盘传动齿轮之间,啮合部分很少,稍有阻力跳齿,空转轮向下偏移较多。拆下空转轮骨架,在其固定骨架的转轴上,加适当的薄垫片,使空转轮位置升高,使之与各传动齿轮之间达到最佳啮合位置后,试机工作恢复正常。

检修结果:经上述处理后,故障排除。

例33 松下NV－M7型摄录像机,摄录时,变焦环时转时不转

故障症状:机器摄录时,按T键时,变焦环时转时不转。

检查与分析:根据现象分析,该故障一般发生在电动变焦电机驱动机构及控制电路。经开机检查,变焦电机转动机构无异常,说明故障出在控制电路。该变焦控制电路原理如下:按下T(摄远状态)键,Q319基极立即由高电平变为低电平,Q319饱和导通,发射极输出高电平经接插件BA305(1)脚送到电动变焦电机(－)端;Q319发射极输出高电平经电阻R433送到Q321基极,使得Q321饱和导通,电机(＋)端经接插件BA305(2)脚通过Q321到地形成回路,电机处于摄远驱动状态。在电机处于这一状态时,Q322基极为高电平,Q320基极为低电平,均处于截止状态。检修时,先用万用表黑表笔接地、红表笔接Q319基极监测电压变化情况,按下T键,用手按压电路板,故障出现时Q319基极由低电平变为高电平,说明故障出在Q319基极输入电路中。经进一步仔细检查,发现电阻FR430引脚虚焊,Q319基极控制电压接触不良,从而导致该故障发生。

检修结果:重新补焊后,故障排除。

例34 松下NV－M7型摄录像机,摄录时,寻像器中无图像

故障症状:机器摄录时,寻像器中有光栅无图像。

检查与分析:根据现象分析,该故障可能发生在摄像头及自动光圈控制电路。检修时,打开机盖,观察光圈组件和驱动电机接插件连接正常,但从光圈组件顶部开缝处看不到光圈拉幕片,说明光圈已处于关闭状态。用摄子拨动光圈组件底部光圈开启/关闭移动杆,光圈开启,寻像器内立即显示正常的黑白图像,松开手图像立即消失,说明问题出在自动光圈控制电路中。

用万用表检查接插件BA301各脚对地电压,发现(2)脚(光圈电机驱动电压输出)为0V,正常应为1.3～4.9V。检查集成块IC301各脚对地电压,测得(5)、(6)脚均为1.1V,(7)脚为0V,正常值(5)脚电压为1.2V、(6)脚电压在1.2～1.3V之间变化。(6)脚电压为1.2V时,(7)脚输出高电平7V,光圈开启最大;(6)脚为1.3V时,(7)脚输出低电平1.8V,光环关闭最小。用万用表测IC301(5)脚电压,调节光圈调整电位器VR301,(5)脚电压不变化,经进一步检查发现可变电阻VR301内部不良。

检修结果:更换VR301后,故障排除。

例35 松下NV－M7型摄录像机,寻像器中图像闪动不稳

故障症状:机器开机工作时,寻像器上的图像闪动不稳,有时无图无光。

检查与分析:根据现象分析,问题可能出在寻像器接插件电路。检修时,将交流适配器多芯插头插入摄像机尾部插孔,然后将视频/音频输出信号接入电视机,接通电源开关,将镜头对准景物,发现寻像器内图像闪动时,电视机屏幕上图像一直正常,用手摇动寻像器连接电缆插头,图像立即恢复稳定,说明故障为接插件J1504内部接触不良所造成的

检修结果:清除接插件内部污物后,故障排除。

例36 松下NV－M7型摄录像机,插入磁带即进入快速卷带状态

故障症状:接通电源开关,电源指示灯亮,电子寻像器内显示正常,机器插入磁带即进入快

速卷带状态。

检查与分析：根据现象分析，该故障可能发生在带头检测电路。检修时，打开机盖，开机后用万用表测系统控制微处理器 IC6001(66)脚对地电压为 0.3V，正常值应为 4.9V。取下电池，用万用表检查 IC6001(66)脚在路对地正反向电阻均为 3.2kΩ，正常值红表笔测为 20kΩ，黑表笔测为 72kΩ。拔下接插件 P6005 头测 IC6001(66)脚在路对地电阻恢复正常，说明故障出在光电晶体管 Q1501 内。焊下 Q1501 检查发现该管正反向电阻均为 2.3kΩ，正常时正向电阻为 200kΩ、反向电阻为 ∞，说明 Q1501 内部击穿。

检修结果：更换 Q1501(PN158NVMC)后，故障排除。

例 37　松下 NV－M7 型摄录像机，摄录及放像时，自动停机

故障症状：机器摄录或放像时，机器自动停机。

检查与分析：该机在使用中，自停现象经常发生，但没有规律，有时可工作 1h 以上，有时不到 1min 甚至数秒钟即自动停止。经反复操作机器各种功能，发现在倒带(或快进)过程中，磁带盒中有异常磨擦声发出，倒带速度亦较正常稍慢，但只要将盒仓压紧，磨擦声即可消失，速度亦随之加快。为进一步检查，卸下盒仓盖板，然后在重放过程中观察磁带的运行情况，发现收带盘转速极不稳定，时快时慢，有时甚至不转，当收带盘停转 5s 时，机器即自动卸载。而在放像过程中用手将盒仓稍加压力，收带盘即转动流畅，自停现象亦不再发生。在摄录过程中观察情况亦然，由此确认该故障属自动保护性停机。

导致自停的原因是磁带在运行过程中受到一定的阻力，而这一阻力来源于磁带盒仓某处的变形，应着重检查盒仓锁定部件，按下出盒键使盒仓弹出，由机身前端往后看可能看到盒仓定位挂钩，如图 2－3(a)所示。机芯上的锁定轮是不能上下移动的，这就导致盒仓凭借自身的弹力向外移出一定距离，如图 2－3(b)所示，盒仓中的磁带也随之脱离正确位置，造成磁带盘与盒底面相互磨擦，产生阻力，阻力的大小视磁带的标准程度、新旧程度和磁带长短等因素而定，从而导致该故障发生。

检修结果：用尖嘴某将变形的挂钩恢复至正确位置后，故障排除。

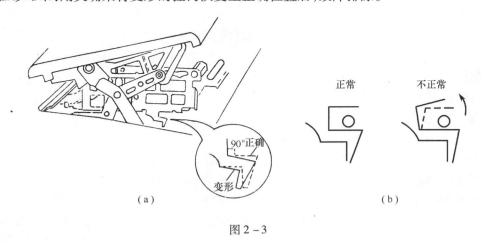

图 2－3

例 38　松下 NV－M7 型摄录像机，主轴电机不转

故障症状：机器加载后，磁鼓旋转，但主导轴不转，磁带不能运行，不久卸载停机保护。

检查与分析：根据现象分析，该故障一般发生在主导轴驱动电路。检修时，打开机盖，用万用表检测发现主导轴驱动电源块 IC1002(UN102)的(11)脚只有 14V 电压，断开保险管

BX1008(N25)测试,该脚电压恢复正常值4V。检查保险管BX1008未烧断,进一步检查外围电路及相关元件,也未发现问题,进而判断BX1008相连的主导轴驱动块IC2005(BA630S)内部不良。

检修结果:更换驱动块IC2005后,故障排除。

例39　松下NV－M7型摄录像机,重放摄录及其它像带均无图像

故障症状:机器重放摄录及其它像带均无图像。

检查与分析:开机观察,磁鼓转速过快。根据现象分析,问题可能出在磁鼓伺服电路。检修时,打开机盖,用万用表测量磁鼓驱动集成块IC2006(TA8402)(9)脚供电+5V正常,测其它各脚电压,发现(18)、(19)、(20)脚均为12V,正常应为4.1V;(1)、(2)、(3)脚电压约6V,正常应为2.3V。(1)、(2)、(3)脚电压由+5V供电,经Q2001、Q2002、Q2003三个开关管提供,测三个开关管供电均为+12V,正常应为+5V,这三个开关管的电压是由电源部分单独供给,说明故障出在供电电路。由原理可知:IC1002(13)脚输出端经L1007、C1021组成的低通滤波器滤波后输出+5V,该+5V为磁鼓电机驱电路的电源。测集成块IC1002(13)脚为+12V,(13)脚为内部电子稳压器输出端,正常应为+5V,(14)、(15)脚+12V正常。进一步检查,发现IC1002(15)与(14)脚之间内部短路。

检修结果:更换IC1002(UN102)后,故障排除。

例40　松下NV－M7型摄录像机,光圈在阳光较强时反复跳动

故障症状:机器摄录时,光圈在阳光下反复跳动。

检查与分析:根据现象分析,该故障一般发生在光圈控制电路或驱动电路。该机光圈驱动块IC301(6)脚是光圈信号输入端。检修时,打开机盖,开机用示波器测其(6)脚输入信号正常。IC301(7)脚是光圈驱动信号输出端。开机,在镜头前放一盏灯,测IC301各脚电压,发现其(3)脚电压比正常值1.1V高很多。测IC301各脚对地电阻,发现其(3)、(2)脚均比正常值大,其中(3)脚对地电阻实测为27kΩ,而正常为2.2kΩ左右。查IC301(2)、(3)脚外围元件R315、R461及光圈线圈,发现R315内部变值。

检修结果:更换R315后,故障排除。

例41　松下NV－M7型摄录像机,摄录时图像无彩色

故障症状:机器摄录时,图像无彩色,伴音正常。

检查与分析:根据现象分析,问题一般出在彩色信号记录电路。检修时,打开机盖,用万用表测彩色编码器IC901各脚电压和在路电阻均正常,测IC901(24)脚色同步信号和(22)、(23)脚色差信号也正常,判断是编码器没有色副载波输入。测IC901(26)、(27)脚无色副载波信号输出,测IC309(6)脚电压为+5V正常,但其余脚电压均与正常值相差较大,进一步检测发现IC309(MC8181A)内部损坏。

检修结果:更换IC309后,故障排除。

例42　松下NV－M7型摄录像机,按T键,变焦镜环不转动

故障症状:机器工作时,按下T键,变焦镜环不转动。

检查与分析:打开机盖,先检查变焦T键开关触点接触良好,再检查电机和电机传动部分也正常,由此判断问题可能出在变焦驱动电路。检修时,卸下变焦驱动电路板,用万用表检查T键控制电路中Q319、Q322和2只1kΩ电阻,发现Q319e、c极间已开路。

检修结果:更换Q319后,故障排除。

例 43　松下 NV－M7 型摄录像机,带仓弹出困难

故障症状:机器开机后,按出盒键,带仓弹出困难,其它工作正常。

检查与分析:根据现象分析,该故障可能发生在带仓锁定控制机构及出盒控制电路。经开机检查带仓弹出机构正常,说明问题出在出盒控制电路。检修时,打开机盖,用万用表测出盒开关控制管 QR6037(A 管)b 极电压为 12.5V,按出盒键瞬间 b 极电压不变化,正常应从高电平变为低电平。再用万用表检查出盒按键开关 SW6502 两端直流电阻为 26kΩ,按出盒键瞬间电表指示无变化,正常应从 26kΩ 变为 0Ω,开机后,用摄子将出盒按键开关 SW6502 两端短路一下,带仓立即被弹出,说明出盒按键开关内部接触不良。

检修结果:更换或修复出盒按键开关后,故障排除。

例 44　松下 NV－M7 型摄录像机,图像有红绿两色面交替移动

故障症状:机器输出摄录信号时,有红、绿两色面交替缓慢移动。

检查与分析:根据现象分析,问题可能出在色度信号处理及色差信号混合调制电路。检修时,打开机盖,用示波器测 IC901(18)脚输出的亮度信号,基本正常,但测其(31)脚输出的色度信号时发现波形不稳定并周期性跳动,改测 IC901(22)、(23)脚端输入的 B－Y、R－Y 色差信号,波形稳定正常,怀疑故障出在 IC901 相关电路中。如图 2－4 所示,IC901 对色差信号的处理需要相位正交的两路 4.43MHz 副载波,副载波的正常与否直接影响 IC901 对色差信号的处理。测 IC901(26)、(27)脚端输入的副载波信号,波形稳定,切断副载波输入信号,图像彩色消失。再用示波器监视信号时发现有一脉冲和色面同速沿视频信号波形移动,当移至色同步信号处脉冲幅度增大,仔细观察脉冲,认为脉冲频率与副载波频率相近,判为副载波相位漂移。IC901 所需的副载波信号由 IC309(MC818A)提供,IC309 的(1)脚接受同步信号发生器 IC307(μPD9313BG)(42)脚送来的 HD 基准信号与其内部分频后的 SC 信号进行相位比较以达到相位锁定。测 IC309(1)脚波形,其波形幅度均正常,且同步信号发生器的各路输出均正常。人为切断 HD 输出让 IC309 处于非锁定状态,观察故障现象和输出波形,此时色面移动速度明显加快,但视频输出波形中的脉冲消失。分析故障判断为 IC309 内部的锁相部分损坏。

检修结果:更换 IC309 后,故障排除。

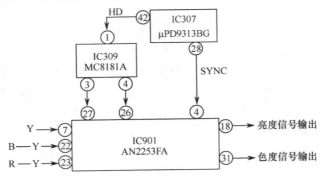

图 2－4

例 45　松下 NV－M7 型摄录像机,室外摄录时,寻像器呈一片白光

故障症状:机器在室外阳光下摄录时,寻像器内一片白光。

检查与分析:经开机观察,机器镜头对准发光物体摄录时,寻像器内聚焦区域框消失,镜头组件上部光圈开槽内瓣金属叶片不动作,也无光圈电机转动声音,判断故障出在自动光圈控制电路中。检修时,打开机盖,用万用表测量接插件 BA301(2)脚电压为 0.1V,切断发光体光源后(2)脚电压仍为 0.1V,正常值应分别为 4.8V 和 0.8V。检查光圈电机驱动控制集成块 IC301(AN13585)(7)脚电压为 7.2V,打开光源,光照强度增大时(7)脚电压从 7.2V 下降到 1.8V,说明光圈检测电路工作正常,故障出在缓冲放大器电路中。焊下三极管 Q330 检测发现其内部开路。

检修结果:更换 Q330 后,故障排除。

例46 松下 NV-M7 型摄录像机,镜头推拉功能失灵

故障症状:机器摄录时镜头推拉功能失灵。

检查与分析:根据现象分析,问题一般出在镜头推拉电机或其控制电路。检修时,打开机盖,用万用表检测推拉电机直流电阻,正常。再在电机两端外接 3V 直流电压,电机转动正常,说明电机没有损坏。由此判断故障出在控制电路。检查电源电压 3.5V;正常,再检测四只三极管 Q1~Q4 也正常。分别按下 K1 和 K2,空载时 Q1~Q4 均有电压输出,但接上电机后的输出电压只有 0.5V 左右。判断上述三极管性能变坏。这四只管子是配对管,需同时更换。

检修结果:更换配对管后,故障排除。

例47 松下 NV-M7 型摄录像机,重放时 RF 及 AV 端均无信号输出

故障症状:机器重放时 RF 及 AV 均无信号输出。

检查与分析:根据现象分析,问题一般出在 AV 输出电路及相关连接电缆等部位。检修时,打开机盖,找到 AV 变换板,在 AV 变换板上有两个放大管 Q201、Q202,放像状态用万用表测 Q201 各脚均为 1.2V 左右,取下测量各极已击穿。需要说明的是,如果 AV 输出正常而 RF 无输出,多由 RF 变换部分的 RF 插头芯线脱焊引起,检修时只要打开 RF 变换器即可查到。

检修结果:更换 Q201 后,故障排除。

例48 松下 AG-DP200B 型摄录像机,磁带不能取出

故障症状:磁带不能取出,开机指示灯亮,机内发出"呜呜"声,但机械系统无任何动作。

检查与分析:根据现象分析,因机器其它功能正常,说明问题一般出在进出盒加载机构及相关部位。在放像状态下,拨动电源开关同时按一下"FF"快进键,再按"EJECT"出盒键,带仓弹出,由此判断本机电源、CPU、系统控制电路、伺服电路及主导轴电机正常,故障出在机械传动部分。经打开机盖检查,机械传动也无明显异常,再加电试机观察,当使用 120min 磁带时机械传动一切正常;当使用 195min 磁带时,机器加载自保,仔细观察发现自保前主凸轮处皮带打滑;当用 180min 磁带试验加载、卸载一切正常,而开仓时也是皮带打滑,而后自保关机。

通过以上分析与操作,可判定本故障的原因为皮带老化。用手拉动皮带,明显感到松弛。

检修结果:更换新皮带后,故障排除。

例49 松下 AG-DP200 型摄录像机,开机显示 F05 代码

故障症状:开机后显示 F05 代码,数十秒后自动关机。

检查与分析:F05 为磁鼓锁定代码。检修时,打开机盖,开机观察磁鼓不转,但有加载动作,主导轴转动。用万用表测 IC6001(9)脚,电压始终为 2V,正常时应有高变低的过程,说明 CPU 内部不良。

检修结果:更换 IC6001 后,故障排除。

例50 松下 AG-455 型摄录像机,重放时图像上下抖动

故障症状:机器重放时,图像上下抖动。

检查与分析:检修时,先让机器处于重放状态,调整磁迹跟踪(TRACKING),故障不变。按下"PUSE"键,图像稳定,说明重放电路无故障,故障点应在机械部分。打开机盖,在重放状态

下,仔细观察机器运行情况,发现右导柱没有完全到位,退出磁带发现右道轨终端有一小块塑料片卡住。

检修结果:取出塑料片后,故障排除。

例51 松下 NV – AG455 型摄录像机,电源指示灯不亮,机器无任何反应

故障症状:开机后,电源指示灯不亮,机器无任何反应。

检查与分析:根据现象分析,该故障一般发生在供电路。检修时,先检查电池电压正常,电池盒也无异常现象,使用适配器故障不变。用万用表测 P1001 插头有 13V 电压指示,拆下 FP6001、FP6501 插座上的 VWJ0610 塑料导电排线带,观察发现塑料导电排线带有折曲的痕迹。用万用表欧姆 Ω 挡测 VWJ0610 导电带折曲对应端阻值无穷大。经查发现 FP6001 插座(11)脚、FP6501 插座(1)脚线路之间断路,用较细的导线将 FP6001 插座(11)脚和 FP6501 插座(1)脚之间连接即可。

检修结果:经上述处理后,故障排除。

例52 松下 AG – 455 型摄录像机,装带后,不能摄录

故障症状:机器装入带盒后,按摄像开关不能工作。

检查与分析:经开机检查,判断摄/录像选择开关或联杆有问题。

检修时,打开机盖,用镊子拨动微动开关,机器能进入正常摄像状态,说明微动开关无故障。在不打开机壳的情况下,将盖板推到最后,轻掰两侧机壳,取下盖板,发现盖板上拨动微动开关的联杆脱落。取一段曲别针,加工成 3×8mm 的∩形框,用电烙铁加热,在原联杆位置插牢,外露 3mm 左右,然后对盖板上的滑槽稍加修整,并按拆卸方法装回原处,机器恢复正常。

检修结果:经上述处理后,故障排除。

例53 松下 NV – S500EN 型摄录像机,不出盒,自动断电保护

故障症状:开机后,按出盒键不出盒,数秒后自动断电保护。

检查与分析:根据现象分析,问题一般出在系统控制及加载电机驱动电路。检修时,打开机盖,开机后用万用表测加载电机驱动集成块 IC6004(M54543AFP)各脚对地电压,发现(7)、(9)脚电压仅有 2.8V,正常值应为 4.2V,用手触摸 IC6004 表面发烫严重,判定 IC6004 内部短路。

检修结果:更换 IC6004 后,故障排除。

例54 松下 NV – R500 型摄录像机,自动关机,不收带

故障症状:机器装入磁带后即自动关机,且不收带。

检查与分析:经开机检查,发现主导轴不转,判断问题出在主导轴电机控制驱动电路。检修时,打开机盖,用万用表测微处理器 IC6001(58)脚有高、中、低电平变化,测 IC6001(59)、(93)脚电压也正常,说明故障在驱动信号处理电路板。取下主板,先仔细检查接件 FP6005 和 FP2003,发现接件有虚焊现象。

检修结果:重新补焊后,故障排除。

例55 松下 NV – M600 型摄录像机,带仓按下后自动弹出

故障症状:机器插入磁带后,按下带仓又自动弹出。

检查与分析:根据现象分析,问题一般出在带仓锁定机构及相关部位。检修时,打开机盖仔细观察,门仓右上时左动有片状挂锁凹槽,由下面销子进入便锁住门仓。该机器无法锁住门仓,是因为销子没有到位,反复合仓动作,发现凹槽下边有一槽挡片托住了销子,用小起子轻碰也无法复位。分析该机开仓原理,是由微电机执行的,所以从微电机入手向前查。首先沿开仓电机检查,顺其连接线查至插槽,发现此插槽内插线排有些歪斜,将其拔下重新插好通电试机,听到一声电机转动声音,这时按下门仓不再弹出。判断其原因为插线接触不良。

检修结果:经上述处理后,故障排除。

例 56　松下 NV－S850 型掌中宝摄录像机,不能摄录,重放正常

故障症状:机器不能摄录,按 VTR/CAMERA 开关,重放正常。

检查与分析:经开机观察,该机电源开关与摄录开关是一体的。正常时,打开开关,开关与机器成 90°,而该机器现在仅有 80°左右,说明出现机械故障。检修时,打开盖板,取下开关,发现摄录微动开关上面的塑料破裂,按摄录开关时,不能按到摄录微动开关。取掉塑料,装好开关,故障消除。

检修结果:经上述处理后,故障排除。

例 57　松下 NV－M1000 型摄录像机,工作时,不定时出现自动卸载

故障症状:机器工作过程时,不定时出现自动卸载现象。

检查与分析:根据现象分析,该故障一般发生在状态开关及系统控制电路。有关电路如图 2－5 所示,机器在放像、寻像时,加载机构带动状态开关内活动短路滑片到图中最左边位置时。IC6002(36)、(37)脚输出的键脉冲 KEY2、KEY1 同时经状态开关 POS COM 端送到扫描/数据输入端(51)脚。CPU 只有同时收到这两路脉冲,才确认放像加载状态正常,使摄像机稳定工作于放像状态。若状态开关内部的短路滑片与 POS(1)端、POS(2)端接触不良,则使 CPU(51)脚收到脉冲不正常,CPU 判断为加载状态不正常,控制加载电机转动回到停止状态。

根据上述分析,检修时,打开机盖,应重点检查状态开关内部是否脏污。该机经开机,取下状态开关打开后发现内部因污物变黑,用细砂纸折成长条来回磨几次,再用酒精擦试干净,重新封装好试机,工作恢复正常。

检修结果:经上述处理后,故障排除。

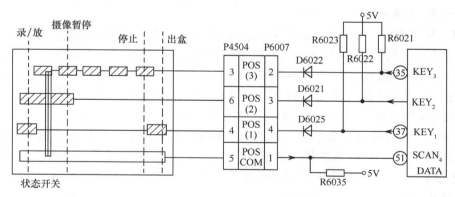

图 2－5

例 58　松下 NV－M1000 型摄录像机,寻像器图像模糊无层次

故障症状:机器摄录时寻像器图像无层次,模糊。

检查与分析:根据现象分析,该故障可能发生在图像信号处理或预视放电路。检修时,打开机盖,用万用表仔细检测信号处理电路未见异常,说明问题出在预视放电路。由原理可知,该电路 CCD 驱动脉冲发生器 IC201(MN53015XBM)的(29)、(34)脚分别输出取样脉冲送至取样保持电路 IC501(AN2010S)的(9)、(10)脚,CCD 组件(MN3745F)在 CCD 驱动脉冲的作用下从(4)脚输出图像信号,经三极管 Q204 放大后送至 IC501(2)脚。IC501(15)脚外接的增益电位器 VR202 作为图像传感器灵敏度的微调。图像信号在 IC501 内部进行双重取样。经放大后从(12)脚输出,再经三极管 Q211 缓冲放大,最后送至信号处理电路 IC304 的(41)脚。

根据上述分析,先将镜头对准彩条测试卡,再用示波器 0.1V/20μs 挡测 Q211 的信号输出 TR301 视频信号,发现异常,微调 VR202,使 TR301 的信号波形至正常值 0.35V$_{p-p}$后,寻像器图像恢复正常。

检修结果:经上述处理后,故障排除。

例 59　松下 NV－M1000 型摄录像机(适配器),指示灯亮,无电压输出

故障症状:插上电源后,电源指示灯和充电指示灯均闪亮,无电压输出。

检查与分析:经开机检查为交流适配器故障。由于该交流适配器(VW－AM10EN 型)的电源指示灯能闪亮,说明交流适配器初级的脉冲开关振荡回路基本正常,重点应检查其次级及其外围电路。有关电路如图 2－6 所示。打开机盖,先直观检查图中元件,其次级及外围电路无明显异常。用万用表检测 IC001(VCR0297)各脚电压,发现偏差较大。查外围电路无异常,由此判定为 IC001 内部损坏。

检修结果:更换 IC001 后,故障排除。

例 60　松下 NV－M1000 型摄录像机,摄录数分钟后,寻像器图像逐渐暗淡,光栅消失

故障症状:机器摄录数分钟后,寻像器图像逐渐暗淡,光栅消失。

检查与分析:根据现象分析,该故障一般发生在寻像器行扫描及高压产生电路。检修时,打开机盖,接通电源开关,在故障出现时,用万用表检查 IC701(AN12510S)各脚对地电压,无明显异常。用示波器观察 IC701(20)脚输出 5V$_{p-p}$行推动脉冲信号波形正常。顺着电路检查经缓冲管 Q701 发射极输出的行推动脉冲信号波形幅度仅有 0.5V$_{p-p}$,正常值应为 2V$_{p-p}$,说明 Q701 工作不正常。用万用表测 Q701 各脚对地电压,发现 V$_b$ 为 3.2V,正常应为 2.3V。检查电阻 R717、耦合电容 C711 正常,由此判定 Q701 内部不良。

检修结果:更换 Q701 后,故障排除。

例 61　松下 NV－M1000 型摄录像机,摄录高亮度及晴天室外景物时,图像发白且拉毛

故障症状:机器摄录高亮度物体或在晴天室外景物时,图像发白,并有拉毛现象。

检查与分析:根据现象分析,该故障一般发生在光圈自动控制电路。有关电路如图 2－7 所示。检修时,打开机盖,用万用表测 IC308 各脚电压,发现其(6)脚电压为 2.2V(高电平),(7)脚电压为 3.9V(高电平),说明它们之间的逻辑关系明显不对。正常情况下,(6)脚若为高电平,(7)脚则为低电平;(6)脚若为低电平,(7)脚则为高电平。一般情况下即使其它电路异常造成 IC308(6)、(7)脚电压不符正常值,但只要两脚电压之间满足上述逻辑关系,则说明 IC308 自身无损坏,由此判断 IC308 内部不良。

检修结果:更换 IC308 后,故障排除。

例 62　松下 NV－M1000 型摄录像机,无出盒动作

故障症状:开机后,按 EJECT 键,无出盒动作。

检查与分析:根据现象分析,问题可能出在加载、卸载控制电路。有关电路如图 2－8 所示,按 EJECT 键,主控微处理器 IC6002(M50963)的(18)、(19)脚输出约 2V 脉冲电压至加载电机驱动块 IC6005(M54543)的(6)、(4)脚,使 IC6005 的(3)、(7)脚输出一个相应的电压给加载电机 M,使方式开关由停止状态变为出盒状态。然后,主控微处理器 IC6002(18)、(19)脚输出约 5V 的脉冲电压至加载驱动块 IC6005(6)、(4)脚,使 IC6005(3)、(7)脚输出约 6V 的电压,使加载电机向出盒方向转动,直至出盒动作完成。

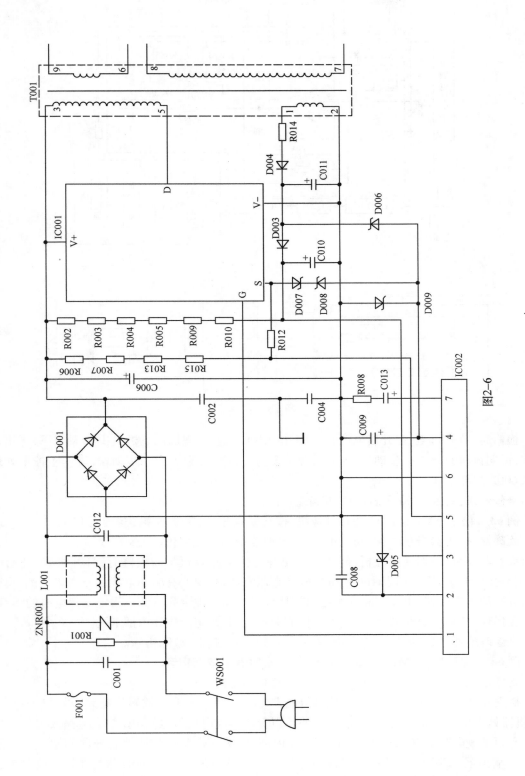

图2-6

51

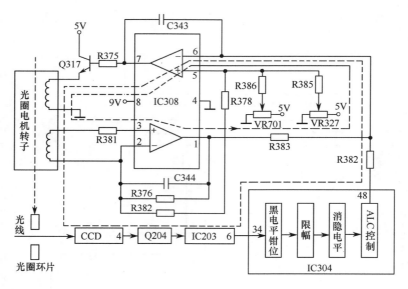

图 2 - 7

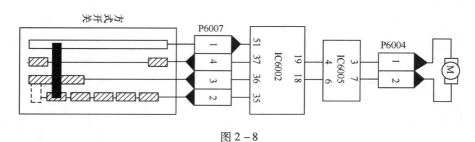

图 2 - 8

检修时,打开机盖,在开启电源开关后,按 EJECT 键,发现加载电机 M 只微动一下,无出盒动作,说明该机只有第一步动作,在方式开关变为出盒状态后无第二步动作,说明主控微处理器 IC6002 内部损坏。

检修结果:更换 IC6002 后,故障排除。

例 63 松下 NV – M1000 型摄录像机,按动变焦开关,寻像器中图像无变化

故障症状:机器摄录时,按动变焦开关,寻像器中图像无变化。

检查与分析:根据现象分析,问题可能出在变焦电路及机构。检修时,打开机盖,开启电源,按动变焦开关,用万用表测变焦电机两端电压有变化,说明有驱动电压加至变焦电机;观察变焦电机却不能旋转,由此判断变焦电机损坏或者变焦环被卡死。卸下固定变焦电机的螺钉,取下变焦环,按动变焦开关,发现变焦电机能运转自如,判定变焦环内部卡死。

检修结果:清除变焦环上的污物,重新安装后,将其装上,故障排除。

例 64 松下 NV – M1000 型摄录像机,摄录时有图像无声音

故障症状:机器摄录像时有图像无声音,其它均正常。

检查与分析:根据现象分析,该故障可能发生在话筒放大及录放转换电路。如图 2 – 9 所示,机器处于摄录像状态时,机内话筒将外界声音转换成电信号,经 MIC 放大电路放大处理后送入音频录放电路 IC4002 第(11)脚,在 IC 内部 ALC 及放大电路处理后分成两路。一路从(13)脚输出至 LINE OUT 插口,供监视或作外录之用;一路从(19)脚输出至音频录放磁头进行本机记录。该机播放非本机摄录的正常磁带时声音正常,一般可认为 IC4002 问题不大,应

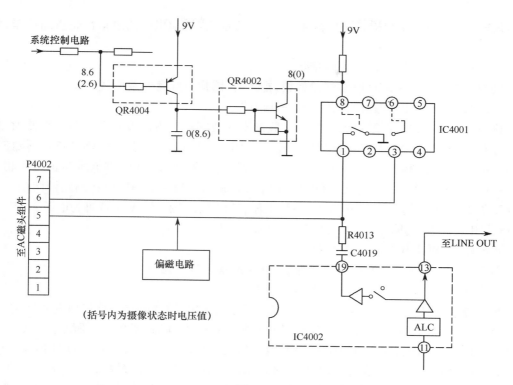

图 2 - 9

重点考虑 MIC 组件、MIC 放大录放音频转换电路是否异常。

为提高检修效率,可利用电路的设计特点对进行压缩,其方法为:机器处于摄像状态,从 LINE OUT 插孔引出 AV 信号至监视器,看此时监视器中是否有被摄景象和环境声音出现,有则可以说明话筒组件、MIC 放大电路均正常,问题出在 IC4002(19)脚以后;如无声则应逐级检查 IC4002(11)脚以前各电路(包括话筒)。

试机后发现,监视器中有环境声发出,从而排除了话筒及放大电路出故障的可能性。继而用示波器测量 IC4002(19)及 C4019 负端音频信号,有波形出现,而测 P4002 插座第(5)脚,示波器屏幕上无任何反应。这时可作出推断,如电阻 R4013 未开路,即为录放转换开关 IC100(11)脚内的电子开关处于闭合状态(应处断开位置),该开关管(8)脚电平控制,高电平则闭合,反之断开。测 IC4018 脚电压 8V 左右(正常为 0V),再测 QR4004C 极(应为 8.6V),B 极 2V,正常,由此断定 QR4004 损坏。焊下测量发现三极均开路。由于 QR4004 内部开路,C 极始终处于 0 电位,从而导致 IC4001 内录放转换开关动作失常,将(9)脚音频信号和偏磁信号短路到地使上述故障发生。

检修结果:用一小功率 PNP 硅管及一只 4.7kΩ 电阻代换后,故障排除。

例 65　松下 NV - M1000 型摄录像机,摄录及重放 3s 后自动停机保护

故障症状:机器摄录及重放 3s 钟后自动保护停机,除出盒键有效外,其余按键失灵。

检查与分析:根据现象分析,机器在摄录及重放时 3s 内能工作,说明刚开始各系统工作正常,3s 后因某种原因使磁带运行受阻,造成保护停机。检修时,打开机盖观察,发现磁带装载正常,但 3s 立即卸载,原因是磁带不从供带盘继续拉出,卷带盘因不能卷带,微处理器发出指令使机器保护停机。试用一盒好磁带故障现象亦然。取出盒带,用手拨动供带轮,发现它与过桥齿轮扎在一起,仔细检查过桥齿轮,发现已松动,将松动出来的过桥齿轮重新拧紧,故障排除。

检修结果:经上述处理后,故障排除。

例 66　松下 NV－M3000 型摄录像机,摄录时,图像边缘有一条黑线

故障症状:机器摄录时,图像边缘有一条黑线。

检查与分析:根据现象分析,该故障一般发生在数字视频电路及相关部位。检修时,打开机盖,用示波器测 IC307、IC306、IC304 的输入、输出波形均正常,IC316(MN5185)录像控制芯片输入端波形正常,输出端发生变化,测其各引脚电位,发现其(118)脚电位与正常值相差较大。查(118)脚为消隐控制输入,直接 IC318 的(4)脚,IC318(TC7S08F)将两路消隐信号送于 IC316 的(118)脚。用万用表测 IC318 各脚电压,其(1)、(2)脚约 1V,(5)脚为电源 3.5V,触摸 IC318 芯片表面温度,明显升高,说明 IC318 内部损坏。

检修结果:更换 IC318 后,故障排除。

例 67　松下 NV－M3000 型摄录像机,开机后指示灯不亮

故障症状:开机后指示灯不亮,机器不工作。

检查与分析:根据现象分析,该故障可能发生在电源及控制电路。该机电源控制电路中,有一个 5V 三端稳压块 IC6010 专门给微处理器 IC6004 供电,如图 2－10 所示。12V 电压经 R1606 向 IC6010 供电,并从(1)脚输出 5V 电压加到 IC6004 的(15)、(60)、(117)脚,做为微处理器的工作电源。IC6010 输出的 5V 电压还经电阻加到 IC6009 的(3)脚,从(2)脚输出复位电压加到 IC6004(25)脚。检修时,打开机盖,用万用表实测 IC6010 的(3)脚有 12V 输入,但(1)脚无 +5V 输出,经检查为稳压块 IC6010(7805)内部损坏。

检修结果:更换稳压块 7805 后,故障排除。

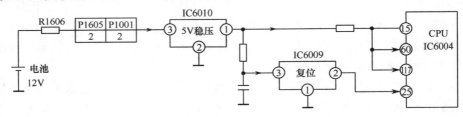

图 2－10

例 68　松下 NV－M3000 型摄录像机,摄录时主导轴电机时转时停

故障症状:机器摄录时,主导轴时转时停,自动信机断电。

检查与分析:根据现象分析,问题一般出在主导轴电机驱动及相关部位。检修时,打开机盖,先仔细检查线路板、主导电机及引线后,未发现接触不良现象。开启电源,插入磁带观察。发现寻像器中图像几分钟后出现跟踪不良,同时可看到带盘转速时快时慢。用万用表测量主导电机引线端插座 FP2102 各脚电压,发现 3 个霍尔元件的输出端电压均不稳定。再测霍尔元件电源供组端 VC＋,即 FP2102 的第(5)脚电压,表针在 2～3V 间摆动,该电压由 IC2103 的(14)脚输出,经测量情况相同。测量电源输入端(13)脚有稳定的 5V,断定(14)脚之间的稳压器有问题。

IC2103 是主导电机驱块,型号为 AN3841SR,不易购买。考虑电路中仅局部损坏,而且霍尔电源稳压器在集成块中是独立的,决定外加稳压电源替代。替代的电路如图 2－11 所示。

检修结果:经上述处理后,故障排除。

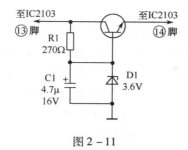

图 2 – 11

例 69　松下 NV – M3000 型摄录像机,加载后即自动卸载停机

故障症状:机器加载后,即自动卸载,且关闭电源,需经多次拨动电源键,才能进入工作状态。

检查与分析:开机观察,机器加载后,磁鼓转动,但较正常转速慢,当磁带接触到磁鼓时,磁鼓立即停转机。经反复多次拨动电源键,磁鼓才能正常转动。

用手拨动磁鼓,并无受阻现象。在不插入磁带情况下开启电源,用万用表测磁鼓电机引线插座 PF2101 各脚电压均正常。插入磁带反复拨动电源键,让磁鼓电机能正常旋转后,再测量 FP2101 各脚电压,发现(4)、(8)、(12)三脚三相电流输入端对地直流电压不相等,且不稳定,(4)、(8)脚约为 2V,(12)脚为 2.2V,测量三相交流电压也不平衡。拔出引线后测量绕组的线间电阻均为 7.5Ω,应属正常。判断伺服和驱动电路有问题。

卸下主板,本着先易后难的原则,用万用表二极管测试挡测量驱动电路 IC2102(UN224)。UN224 由 3 只 PNP 三极管和 3 只 NPN 三极管组成,测量每个 PN 结正向电压降,发现(13)、(14)脚为 1.8V,其余为 0.6V 左右,显然由(12)、(13)、(14)脚构成的 NPN 型三极管不良。

检修结果:更换 IC2102 后,故障排除。

例 70　松下 NV – M3500 型摄录像机,开机 10min 即告警关机

故障症状:机器装入电池开机后 10min 即告警关机。

检查与分析:经检测电池正常,判断问题出在电源电压检测电路。检修时,打开机盖,用万用表检测 IC6004(108)脚的基准电压 2.5V 正常,再测 IC6004(102)脚电压为 2.7V,而其正常值应该为 2.9V,说明是电源取样检测电路有问题。

有关电路如图 2 – 12 所示。测 R6015 和 R6016 中点取样电压为 2.9V 正常,测电阻 R6032 左端电压也正常,电阻 R6032 阻值为标称值 1kΩ,说明故障在 C6010 或 IC6004 内部电路。将 C6010 焊下后,再测 IC6004(102)脚电压恢复正常,测 C6010 内部漏电。

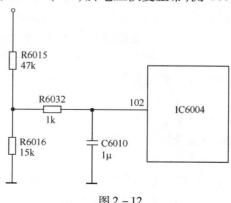

图 2 – 12

检修结果:更换 C6010 后,故障排除。

例 71 松下 NV - M3500 型摄录像机,指示灯一闪即灭

故障症状:机器开机后,电源指示灯一闪即灭,机器无任何动作。

检查与分析:根据现象分析,问题一般出在电源电路。且大多为除 +5V 以外的某路输出电压不正常所致。检修时,打开机盖,先找准各路电压测试点,在每次开机瞬间,用万用表依次测量各路电压。检测时,发现电源输出 +18V 和 +9V 始终为零,而 -8V 等其它各路电压在开机瞬间均有一个升高和回落过程。仔细检查,发现脉冲变压器 T1001(4)脚与(5)脚之间断线,使 T1001(3)、(4)脚均无脉冲电压输出。

检修结果:更换 T1001 后,故障排除。

例 72 松下 NV - M5500 型摄录像机,变焦功能失效

故障症状:机器摄录时,变焦功能失效。

检查与分析:根据现象分析,该故障一般为机器变焦机构不良所致。检修时,打开机盖检查,发现拨盘已跳出变焦镜推拉杆的凹槽,致使前后移动时不能带动推拉杆变位,造成变焦功能失效。把拨盘重新卡入推拉杆的凹槽中后,机器变焦恢复正常。

检修结果:经上述处理后,故障排除。

例 73 松下 NV - 5500 型摄录像机,摄录时,变焦功能失效,图像模糊不清

故障症状:摄录时,变焦功能失效,图像模糊不清。

检查与分析:根据现象分析,该故障一般发生在变焦机构。检修时,打开机盖,检查发现拨盘已跳出变焦镜推拉杆的凹槽,导致变焦镜前后移动时不能带动推拉杆变位,使变焦功能失效。将拨盘重新卡入推拉杆的凹槽中试机,工作恢复正常。

检修结果:经上述处理后,故障排除。

例 74 松下 NV - M8000 型摄录像机,3s 后自动断电

故障症状:机器入盒后不加载,3s 后自动断电保护。

检查与分析:根据现象分析,问题可能出在机械传动机构及加载驱动电路。检修时,打开机盖,按下重放键,用手触摸加载电机皮带轮转动,说明故障在机械传动机构内。检查机械传动机构,发现加载齿轮与中载齿轮之间有一枚螺钉卡在中间,造成加载齿轮不能与齿圈啮合传动。经检查为磁带盒上紧固螺钉失落其中。

检修结果:取出螺钉后,故障排除。

例 75 松下 NV - M8000 型摄录像机,开机后指示灯不亮

故障症状:开机电源指示灯不亮,各功能键不起作用,不工作。

检查与分析:根据现象分析,该故障可能出在电源及相关部位。检修时,打开机盖,检查功能键印刷电路板 OPERATE 开关通断良好,主线路板无异常。按照先易后难的原则,先查上键控板与主体线路板之间的排插连接是否完好,经仔细检查发现排插左边弯曲位置有裂口,用万用表测量,发现(1)脚不通。用细导线连通后插上排插开机,电源通是指示灯亮,各功能键恢复正常。

检修结果:经上述处理后,故障排除。

例 76 松下 NV - M8000 型摄录像机,不能进入摄录状态

故障症状:机器工作时,不能进入摄录状态。

检查与分析:根据现象分析,问题一般出在防抹检测控制电路。检修时,打开机盖,用万用表测接插件 P6003(6)脚对电压为 0V,晃动机器(6)脚电压突然从 0V 上升到 8.7V,面板上

REC 指示灯和寻像器内显示的 TAPE 字符闪烁告警。试将 P6003(6)脚对地短路,机器工作恢复正常,说明故障出在防抹检测开关或接插件上。进一步检查发现 SW1502 开关簧片接触不良。防抹检测开关市场一般难买到。应急修复时,卸出防抹检测开关,小心修整开关簧片,保证在插入未抠去防抹挡舌的带盒时,SW1502 接触可靠,插入已抠去挡舌的带盒时,防抹检测开关控制触头伸入方孔内,使 SW1502 处于断开状态即可。

检修结果:更换 SW1502 或采用上述方法修复后,故障排除。

例 77 松下 NV - M8000 型摄录像机,开机后指示灯一闪即灭

故障症状:开机后电源指示灯一闪即灭,其它操作键均失灵。

检查与分析:经开机观察发现,按住电源开关不放时,电源指示灯亮,其它操作键正常,说明问题可能出在电源及系统控制电路,有关电路如图 2 - 13 所示。检修时,打开机器平面,先重点检查微处理器 IC6001(MN15361VYF)(37)脚的控制电压,以及双三极管 QR6004(XN1213)的状态转换情况。用万用表测 IC6001(37)脚控制电压正常,QR6004 内 Q2 的 c 极电压异常,说明 QR6004 损坏,导致 QR6001(2SB1218)截止,QR6003(UN5213)不能保持导通而出现上述故障。如无此双三极管更换,可将 Q1、Q2 分别用一只 2SC1815 型三极管 b 极串接一只 47kΩ、1/8W 电阻,并在其 b 极与 e 极之间并联一只 47kΩ、1/8W 电阻,按图 2 - 13 虚线所示线路连接好即可。

检修结果:经上述处理后,故障排除。

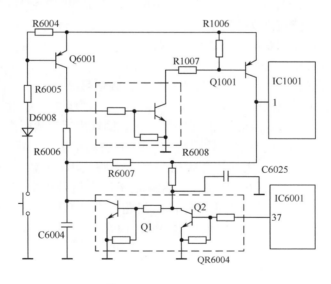

图 2 - 13

例 78 松下 NV - M8000 型摄录像机,开机后主轴电机即转动

故障症状:开机后,主导轴电机即转动,带仓弹不出,随后自动断电停机。

检查与分析:根据现象分析,该故障可能发生在电源及驱动控制电路。检修时,打开机盖,用万用表在主导轴电机转动时测开关电源输出的 9V 电压仅有 2.7V,测 IC1002(7)脚或(9)脚输出的 9V 电压正常。顺电路检查,发现 IC1002(7)脚输出的 9V 电压集成块保护器 IPC - N25 内部开路。

检修结果:更换保护器 IPC - N25 后,故障排除。

例79 松下 NV－M8000 型摄录像机,摄录后重放无图像

故障症状:机器摄录正常,但重放时无图像。

检查与分析:根据现象分析,机器摄录信号正常,说明视频磁头开关电路及所需的各种控制信号基本正常,问题可能出在视频信号重放处理电路。检修时,打开机盖,在重放状态下先用万用表检查 IC5001(16)脚是否有 4.7V 电压;如果(16)脚无电压,检查开关管 Q3025 发射极有无 5V 电压;无电压应检查开关电源电路,电压正常则检查 Q3025 基极有无系统控制微处理器 IC6001(57)脚送来的 E·REC 低电平信号。如有,而 IC5001(16)脚仍无电压,说明 Q3025 已损坏;若 IC5001(16)脚有 4.7V 电压,可用万用表进一步检查 IC5001 各脚对地电压是否正常,如不正常,则检查其余各脚在路对地正反向电阻是否正常,外围元件是否损坏。该机经检查为 IC5001 内部不良。

检修结果:更换 IC5001 后,故障排除。

例80 松下 NV－M9000 型摄录像机,带仓不能正常压下

故障症状:机器装带后,带仓有时不能正常压下,有时压下后,摄像时又自动打开。

检查与分析:根据现象分析,该故障一般出在带仓复位机构。检修时,打开机盖,取下操作按键电路板发现各按键开关无锈蚀、霉断或短路痕迹。判断 EJECT 键不良,用万用表测该键,发现有时能通断,但弹力不足,用烙铁烫下此开关,拆开检查,看到复位圆形弹簧触片已失去弹性,与下面的触点呈虚接触状态,稍微一动就会发出出盒指令。更换一弹力很好的按键开关后,故障消除。如无高矮合适的按键,也可以用较普通的小按键内合适的圆形弹片作应急代换。

检修结果:经上述处理后,故障排除。

例81 松下 NV－M9000 型摄录像机,摄录时无伴音

故障症状:机器摄录时,图像及彩色均正常,无伴音。

检查与分析:根据现象分析,该故障一般发生在音频信号处理电路。检修时,先用一盒伴音信号完好的磁带插入摄像机重放,彩色图像和伴音信号均为正常,说明故障出在音频记录信号处理电路中。再插入一盒空白带拍摄,扬声器上出现同期声话筒啸叫声,说明该机同期声话筒信号已达到 IC4002(13)脚音频信号输出端,故障出在音频记录放大器或录放电子切换开关控制电路中。将音量开关关小,用一台音频信号发生器将 1kHz 正弦波信号从 IC4002(11)脚注入,用示波器观察 IC4002(19)脚输出的音频记录放大信号正常,顺着电路检查接插件 P4002(3)脚上的超音频偏磁信号也正常。说明问题出在 P4002(3)脚至 IC4002(19)脚这段电路中。关机后,用万用表检查,发现从 IC4002(19)脚至电容 C4019 之间印制板铜箔线条已断裂开路。

检修结果:重新补焊后,故障排除。

例82 松下 NV－M9000 型摄录像机,摄录时聚焦不良

故障症状:机器摄录时聚焦不良。

检查与分析:该机有自动和手动聚焦两种聚焦功能。如果手动聚焦良好而自动聚焦不良,说明自动聚焦控制电路有问题。但该机在手动和自动聚焦控制下均不能达到良好聚焦,说明问题出在镜头组件上。该机光学系统的组成如图 2－14 所示,此故障部位应在外光学部分。拆开镜头组件发现补偿组的镜片由于固定的胶水粘合不好造成脱位,使得光通路发生变化而导致聚焦不良。

将补偿组的匀片重新安装在原固定支架上,并用快固胶黏剂将镜片与支架粘牢,等胶水干后,再把镜头组件重新组合即可。

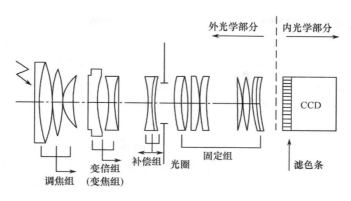

图 2 - 14

检修结果:经上述处理后,故障排除。

例83 松下NV-9000型摄录像机,插入磁带后,发出"嗡嗡"声

故障症状:机器插入磁带后,发出"嗡嗡"声,5s后,进入保护状态,自动断电。

检查与分析:经开机观察,发现主导轴电机转动正常,故障可能出在磁鼓部分。先通电仔细试听"嗡嗡"声发出位置,确定在磁鼓部分。断开电源用手转上鼓较流畅,但细听有"沙沙"的细微摩擦声。拆下上鼓,用专业润滑油在上鼓转孔内及下鼓转轴上滴上数滴。装好上鼓,手轻拨动,细听无摩擦声,通电试机,"嗡嗡"声消失。

检修结果:经上述处理后,故障排除。

例84 松下NV-M9000型摄录像机,加载后自动断电停机

故障症状:机器插入磁带后,自动断电停机保护。

检查与分析:根据现象分析,问题可能出在加载驱动及传动机构。检修时,先开机观察,发现加载时鼓电机转动正常,加载停止后主导轴电机和收带盘均不转动,接着卸载。重新接通电源开关,按快进或倒带键卷带正常,弹出带盒,模拟带盒进仓后按重放键,观察机械机构传动过程,发现压带轮还没有完全靠向主导轴时,电源指示灯熄灭,机器立即卸载。检测加载驱动电路,用万用表测加载电机驱动集成块IC6001输出驱电压接插件P6004,红表笔接(1)脚,黑表笔接(2)脚,按重放键,磁带加载时电表指示从低电平0V变为高电平6V,说明IC6001输出的加载电机驱动电压正常,经进一步检查发现加载电机皮带严重松驰。

检修结果:更换新皮带后,故障排除。

例85 松下NV-M9000型摄录像机,摄录后重放,屏幕上半部分无图像

故障症状:机器摄录后重放,屏幕上半部分无图像,下半部图像跳动。

检查与分析:根据现象分析,问题可能出在走带控制机构及主导轴伺服控制电路。检修时,打开机盖,检查机械机构及各导柱位置正常,模拟带盒进仓后按重放键,发现驱动齿轮杆齿轮与主皮带轮齿轮啮合转动时发出周期性的"嘎嘎"声,而"嘎嘎"声是因主皮带轮齿轮与驱动齿轮杆齿轮啮合不良所致。进一步检查发现主皮带轮轴上的弹簧卡圈向外移出1mm左右,因此引起主皮带齿轮与驱动齿轮杆齿轮啮合转动不良,从而造成主导轴转动不良,出现摄录时图像不正常现象。

检修结果:将弹簧卡圈正确复位后,故障排除。

例86 松下NV-M9000型摄录像机,摄录重放时,无伴音

故障症状:机器摄录后重放,有图像,无伴音。

检查与分析:根据现象分析,该故障一般发生在机器音频记录信号处理电路。检修时,打开机盖,在记录状态下,用示波器观察接插件 FP4001(6)脚,然后对着话筒喊话,示波器上有音频信号波形显示,将示波探头移到 T4001(3)脚观察超音频偏磁振荡信号丢失,说明问题出在超音频偏磁振荡电路中。用万用表检查超音频偏磁振荡变压器 T4001 初级(6)脚无电压(正常值放状态为 0V、记录状态为 4.5V),说明超音频偏磁振荡器电源供电 S·TAB 5V 电压已丢失。由原理可知,超音频偏磁振荡器电路电源供电电压变换及控制过程是由开关电源输出 REG 5V 电压,经系统控制防误抹 S·TAB 开关和晶体管 QR6004 控制产生 S·TAB 5V 电压,为超音频偏磁振荡电路提供工作电压;同时,超音频振荡器工作电压还受系统控制微处理器 IC6004(17)脚输出的信号电平控制,在记录状态按开始/停止键,IC6004(17)脚输出高电平加到 QR4003 基极,Q4005 集电极输出 4.6V 电压经 T4001 初级(6)、(4)脚给 Q4004 提供偏置电压和工作电压,超音频偏磁振荡电路进入工作状态。根据上述分析,用万用表检查 S·TAB 5V 电压异常,判断为 QR6004 内部不良。

检修结果:更换 QR6004 后,故障排除。

例87 松下 NV - M9000 型摄录像机,摄录或重放时,寻像器屏幕上信号微弱不同步

故障症状:机器摄录或重放时,寻像器屏幕上信号微弱不同步。

检查与分析:根据现象分析,该故障可能发生在视频信号处理电路。检修时,打开机盖,用示波器先测量信号处理集成块 IC3001(1)脚,摄像头送来的视频信号波形正常,再测量 IC3001(10)~(12)脚输出给寻像器的亮度信号和送给录像机的亮度信号,发现此两脚的亮度信号波形异常。用万用表测量 IC3001 的(58)脚 AGC 电压为 0.37V 且抖动,正常时为稳定的 2.3V。检查其外接元件,发现(58)脚的外接电容 C3002 内部严重漏电。

检修结果:更换电容 C3002 后,故障排除。

例88 松下 NV - M9000 型摄录像机,寻像器屏幕上显示数字变焦状态 100 倍

故障症状:机器摄录时,寻像器无图像,显示为数字变焦状态 100 倍。

检查与分析:根据现象分析,该故障一般发生在数字视频电路及相关部位。经开机检查,该机器机械变焦时,变焦电机不动作,说明问题可能出在微处理器 IC312 周围。因为变焦电机的受控最终反映在 IC312 的(42)、(43)脚,所以将检修的重点放在微处理器及外围电路上。检修时,打开机盖,用万用表测 IC312 的各引脚电压,未见异常,测 IC309(MN1882020VON)的引脚电压也基本正常。再用示波器测试各点波形,测试中发现 X301、X301 两端的波形正常,但复位电路 IC311(MN13821)的(2)脚在开机瞬间应有一个由高至低的复位脉冲,但在检测中未发现此脉冲,于是在加电后用一个 100Ω 的电阻将(2)脚对地瞬间短路。然后拨动变焦电机手柄,则变焦动作,寻像器亦显示出图像,由此证明 IC311 内部不良。

检修结果:更换 IC311 后,故障排除。

例90 松下 NV - M9000 型摄录像机,寻像器无图像或光栅时亮时暗

故障症状:机器摄录时,寻像器无图像或光栅时亮时暗。

检查与分析:经开机检测主机信号没有送至寻像器。当用手提拉主机与寻像器之间的连线时,发现寻像器中出现了图像,证实故障是由连线插头松动所致。将此连线插头重新插好后,试机一切正常。

另有一台机器,寻像器光栅时亮时暗。经查为寻像器的供电异常。卸下寻像器,打开外壳,发现管座松动,重新插好管座,工作恢复正常。

检修结果:经上述处理后,故障排除。

例91 松下 NV－M9000 型摄录像机,运转失灵,磁带不能出盒

故障症状:机器装入较差磁带时,有时运转失灵,磁带不能出盒。

检查与分析:检修时,打开机盖,手动退出磁带后,检查发现加载电机驱动集成块 IC6001 内部损坏,该集成块的型号为 BA6219BFP,24 脚卧式排列,体积较小。IC6001 的(9)脚为 Vcc,(14)、(23)脚为驱动输出,(6)、(7)脚是控制输入端口,微处理器 IC6004(124)、(125)脚输出的控制信号控制加载电机正转或反转。经检测发现微处理器的控制功能及 IC6001 的 Vcc 电压都是正常的,由于无相同型号集成块替代,考虑到 M9000 摄像机的机械结构与 M7、M8000 等机型相似,而且对于加载电机一般无速度和相位要求,只要能按照微处理器的指令正常运转就行,因此决定用驱动集成块 M54543L 替代。

代换电路如图 2－15 所示,将加载电机引线剪断,接至 M54543(3)、(7)脚,为防止机器中的电源电路负载加重,M54543L 的供电电源直接从非稳压 12V 输入。这种接法的缺点是加载电机运转时画面有轻微横条干扰,不过这种干扰对各种功能并无影响,因为录或放都必须在加载电机停止运转后才工作。M54543L 使用双路电源,为简化电路,改用一路电源供电,并在电源(1)与电源(2)之间串接了一只 3Ω 电阻。对于集成块 M54543L 的固定,可用双管胶将其粘贴在加载电机右下方的金属底座上,由于 M54543L 的散热片不接地,因此不能让散热片接触底座,而应将胶木面贴在底座上,这样散热良好。

检修结果:经上述代换后,故障排除。

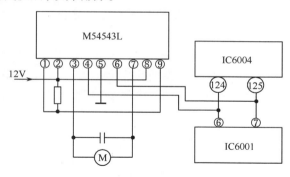

图 2－15

例92 松下 NV－M9000 型摄录像机,开机后指示灯一闪即灭

故障症状:开机后电源指示灯一闪即灭。

检查与分析:根据现象分析,该故障可能发生在电源电路及相关部位。检修时,打开机盖,开机后用万用表测 NO REG12V 电压正常,数秒钟后发现脉冲变压器 T1001 内部冒烟,说明故障出在 T1001 与 Q1004 组成的开关电源初级振荡回路中。取出电池,焊下开关管 Q1004,用万用表检查发现已穿损坏,更换 Q1004 后,再检查脉冲变压器 T1001,从电路板上焊下后用万用表检查初级绕阻(1)～(2)脚间已短路,因此造成插上电池时 12V 电压通过 T1001,初级绕组直接加到损坏的开关管 Q1004 集电极上,过大的电流流过 T1001 初级绕阻引起短路损坏。

检修结果:更换 T1001 后,故障排除。

例93 松下 NV－M9000 型摄录像机,带仓经常自动弹起

故障症状:机器在移动时,带仓经常自动弹起。

检查与分析:根据现象分析,该故障一般发生在带仓锁定机构及按钮开关等相关部位。检修时,打开机盖,取下上操作键印刷板,按压各按钮开关,发现 EJECT 键按压时无弹性,用万用表 R×100 挡测两端电阻,时通时断,按压时也呈现时通时断现象,说明该按键开关内簧片已老化失去弹性。因该开关为超薄性型,无件可换,尝试将此开关上金属片加热后取下,即可取出开关内失效的簧片。将触点擦洗干净,另找一大小相同的普通按键内的簧片装上,恢复原状,按压手感正常,用万用表测接触良好。

检修结果:经上述处理后,故障排除。

例 94 松下 NV－M9000 型摄录像机,在其它录像机上重放时,图像彩色时有时无

故障症状:机器自录自放正常,而将像带到其它普通录像机上重放时,伴音正常,图像效果差。

检查与分析:根据现象分析,问题可能出在 S－VHS 触压开关上。经检查发现此触压开关 7mm 的触压杆已磨掉 3mm,导致 VHS 盒带装入后不能使开关接通,致使该机始终处于高带摄录状态,造成用该机摄制的节目带不能在普通录放像机中正常重放图像。

对于很少用 S－VHS 带的用户,可用一竹签插入开关孔将已断触压杆压入,使其开关始终接通即可。对于需使用 S－VHS 盒带的用户,可用适当的塑料柱粘补触压杆磨损部分,或用 0.5mm 的铜丝用烙铁加热后从断开的触压杆中心压入。只要按压铜丝顶端运行灵活,即可恢复正常使用。

检修结果:经上述处理后,故障排除。

例 95 松下 NV－M9500 型摄录像机,机器不能压下盒仓

故障症状:机器不能压下盒仓,无法装盒工作。

检查与分析:经开机检查发现带仓锁定机构"C"折断,如图 2－16 所示。由于该件市场上不易买到,但可采用应急办法,即改变一只弹簧的挂位,机器就可正常使用。

具体改动方法为:将损坏的"C"元件取下,将弹簧"4"的"7"端从底盘摘下改挂在带仓固定部分的"6"处,即可使锁定部分正常工作。

检修结果:经上述处理后,故障排除。

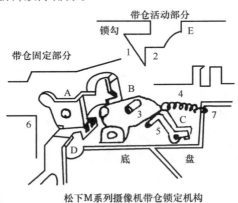

松下 M 系列摄像机带仓锁定机构

图 2－16

第3章 DVD、VCD机故障分析与维修实例

第1节 万利达DVD、VCD机故障分析与维修实例

例1 万利达N960型DVD,5.1声道输出无声

故障症状:机器重放时,5.1声道输出无声。

检查与分析:该故障一般为机器的音频输出模式设置不当造成。若在使用过程中用户发现上述故障,可以重新设置音频输出模式。具体操作方法如下(用遥控器操作):

(1)按设置键进入设定菜单;

(2)选择"通用设定"一栏,按OK键;

(3)用"⇔"键光标移至"音频输出"选项栏的"模拟"选项,按OK键即可。

若用户选择光纤或同轴输出,音频出格式应设置成"SPDIF/源码"或"SPDIF/PCM"选项。

检修结果:经上述处理后,故障排除。

例2 万利达N980型DVD,重放时图像被分成两幅

故障症状:机器重放时,图像行不同步,有时画面被分切成为两幅图像,伴音一切正常。

检查与分析:该故障应重点检查视频编码电路,且大多为视频编码器BT864无正常行同步信号所致。检修时,打开机盖,通电用双踪示波器测BT864(52)脚行同步信号,发现波形明显不对,对照电路往后检查,当查至解压板ZIVA-3(157)脚时发现该脚同步信号完全正常,估计是印刷电路有断裂的问题,经仔细检查,发现在通往BT864(52)脚线路穿孔处有氧化的现象,致使行同步信号在此中断,使BT864不能对行同步信号进行编码。

检修结果:重新连线并清理电路板后,故障排除。

例3 万利达N980型DVD,重放时有伴音无图像

故障症状:机器重放时有伴音无图像。

检查与分析:该故障应重点检查解码板上的视频编码电路。检修时,打开机盖,首先用示波器测试编码芯片BT864(28)~(35)脚输入数据(VDA-TA0~VDA-TA7)及电源,完全正常;再测(49)、(50)脚场、行同步信号也正常;测(43)脚CLR时钟27.00MHz以及(47)脚Reset信号、用于控制的(40)、(41)脚串行数据SDA和串行时钟SCL也未见异常;但测BT864(10)脚无视频输出。由此判定BT864内部不良。

检修结果:更换BT864后,故障排除。

例4 万利达N996型(逐行扫描)DVD,图像边缘呈齿轮状

故障症状:机器重放时,图声基本正常,但移动极快的活动图像边缘呈齿轮状,有时还伴有水波纹干扰。

检查与分析:根据现象分析,该故障一般出在视频数据解压或视频编码部分。由于这两部分是由U5 NDV8501来完成,经开机检查,果然发现芯片U5内部失效。

检修结果:更换U5后,故障排除。

例5　万利达 VCP－A3 型超级 VCD,重放时图声停顿

故障症状:机器重放时,图声停顿,"马赛克"严重。

检查与分析:根据现象分析,该故障一般发生在数字信号处理及伺服电路。该机器索尼激光头 KSS－213V,DSP 处理采用 CXD2585Q,前置放大采用 CXA2549M,伺服驱动采用 BA6392,解压部分采用 CL8820,图像和音频 D/A 转换分别采用 BT852、CS4338K。

检修时,打开机盖,首先用示波器监测 CXA2549M(17)脚眼图波形,发现该波形幅度极不稳定且模糊不清。初步判断故障在伺服环路。用万用表测伺服供电完全正常,测 BA6392 基准电压 2.5V 也正常,CXA2549M(13)、(15)脚分别输出的 TE、FE 误差信号电平也基本正常(约 2.5V)。由于在实际维修中 CXA2585Q 损坏较多,在与正常主板对比 CXA2585 数据未见异常的前提下,试换 CXA2585,故障不变。再测电源,发现解压部分供电 5V 纹波很大,断开主板单独测试电源 5V 电压正常,无纹波干扰,这说明此 5V 纹波是由解压部分引起。经仔细检查发现 5V 滤波 C208 内部不良。

检修结果:更换 C208(100μF/16V)后,故障排除。

例6　万利达 A26 型超级 VCD,重放时图像异常,光栅暗淡

故障症状:机器开机后,屏幕光栅暗淡且有斑块,放入碟片播放,图像异常,但伴音正常。

检查与分析:根据现象分析,问题出在解码电路。该机器图像及声音解码集成块在 ESS3883 芯片上。根据伴音正常这一现象,应重点应检查由 ESS3883 输出的视频信号及其外围电路。检修时,打开机盖,用示波器测视频 27MHz 晶振,其振荡正常。测 ESS3883(61)脚的视频信号输出不正常,尝试更换 ESS3883 后,故障不变。再进一步检查该脚外围部分,当用示波器测 C49 时,发现无任何信号及电压,正常时应为 2.5V。经检测发现 C49 内部失效。

检修结果:更换 C49(容量为 0.1uF)后,故障排除。

例7　万利达 S223 型超级 VCD,托盘不能进仓

故障症状:机器托盘出盒后,再按进盒键,托盘不能进盒,操作显示均正常。

检查与分析:经开机检查托盘进出传动机构无故障,因有操作显示,说明 CPU 工作正常,问题一般出在托盘进出控制电路,有关电路如图 3－1 所示。

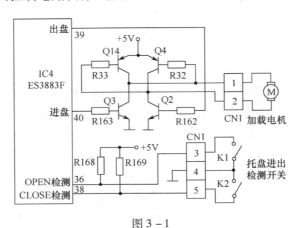

图 3－1

由原理可知,托盘加载电机由 IC4(ES3883)控制,正反运转分别由(39)、(40)脚输出的指令控制。IC4 接收到"CLOSE"操作信号后,其(40)脚输出托盘进的高电平指令,送到 Q3 基极,Q3 导通,并使 Q4 正偏而导通;(39)脚输出低电平,Q2 与 Q14 同时截止,+5V 电压→Q4→

加载电机→Q3→地,加载电机顺时针旋转。通过托盘进出传动机构驱动托盘向机内移动,当移至重放位置时,托盘进出检测开关 K2 闭合,给(38)脚送入低电平信号,中断(40)脚高电平,加载电机停转。

根据上述分析,检修时,打开机盖,在托盘伸出机外状态下,反复按出/入盒键。用万用表测 CN1(1)、(2)间电压为 0V,正常应为 4V 左右;Q3 基极电压为 0V,正常为 0.7V。检查 4 只驱动三极管正常。测 IC4(40)脚输出为 0V 低电平,正常应为 4.2V 高电平,由此判断故障是由于 IC4 未发出入盒指令引起。检查托盘进出检测开关 K1、K2 正常,测 IC4(38)脚电压始终为 0V,正常时托盘在机外应为 4.2V,只有托盘进仓到位时为 0V。分析可能是(38)脚与 +5V 间的上拉电阻 R169 开路,经检查发现 R169 内部断路。

检修结果:更换 R169 后,故障排除。

例8 万利达 CVD – A1 型超级 VCD,开机后不工作,显示异常

故障症状:开机后不工作,显示"－－－:－－－"。

检查与分析:开机观察,机芯无任何动作,也不显示"NO DISC",判断故障出在伺服控制电路。检修时,打开机盖,取下仓盒面板,将机芯端出机外并倒扣在台面上,解下连接电缆,将伺服板与解码板连接好。通电后先用万用表测伺服板插口处的供电脚,两组 +5V 正常;测板上各 IC 的电源脚电压也正常;关机后再检查 IC2(OM5284),伺服 CPU 各外围重要元件,并代换其(14)和(15)脚的晶振、(4)脚的复位电路元件,均未查出问题。于是与一块正常伺服板对比测量 IC2 各脚对地电阻,发现其(40)脚用红/黑表笔测得仅为 0.3kΩ/0.7kΩ 左右,因此判定 IC2 内部损坏。

检修结果:更换 IC2(OM5284)后,故障排除。

例9 万利达 VCD – A3 型超级 VCD,有伴音无图像

故障症状:机器重放 VCD 时有伴音无图像。

检查与分析:该故障应重点检查视频 DAC、编码及输出部分。该机解压芯片为 CL8820 – P160,视频编码器为 BT852KTF(U301)。由原理可知,BT852(7)脚输出为一路色度信息,(32)脚输出一路复合视频信号,而实际两路均为复合视频信号。检修时,打开机盖,找到解码板上,沿两路视频 RCA 插口小心谨慎地逆向检查。U301(7)、(32)脚之后为 L301、L304、D301、D304 及 R303、R304 和 C306 ~ C310、C316 ~ C320 所组成的低通滤波网络(LBP),查元件均无开路、短路现象。但检查 U301 时,发现其表面温度明显偏高。试用酒精棉球反复擦拭其表面,由 U301(7)脚输出的一路开始有杂乱的黑条纹出现,进而出现对比度由浅到深直至较清晰的彩色图像。此时按 STOP 键,有背景为牡丹花图案和万利达超级 VCD 商标出现,由此说明该故障是编码器 U301 内部其中一路复合视频信号合成电路损坏而引发的。

检修结果:更换 U301(BT852KTF),或给 U301 表面加装散热片作应急处理,故障排除。

例10 万利达 N10 型 VCD,托盘不能出盒

故障症状:开机后机器重放时无图声,面板无显示,不能正常工作。

检查与分析:该故障应重点检查解码电路。开机观察激光头及伺服驱动电路均无异常,电源各组输出电压也正常,说明故障出在解码板上。

检修时,打开机盖,用示波器测解码板上各脚时钟信号正常,测 CL13(74HL373)第(9)脚复位信号,发现波形杂乱,测 U12(CPU)和 U1(CL484)接口,波形也呈异常状态,经进一步检查为 U12 内部不良。

检修结果:更换 U12 后,故障排除。

例 11 万利达 N10 型 VCD,按进出盒键,托盘不动作

故障症状:按进出盒键,操作显示正常,无托盘出盒动作。

检查与分析:操作显示正常,说明系统控制微处理器能发现托盘进出盒指令,伺服驱动电路未能执行指令,因此应重点检查伺服驱动电路。检修时,打开机盖,检查该电路相关元件,发现装盒电机驱动管 T101 和 T103 均已损坏,更换后试机,发现托盘进出动作缓慢,而 T101 和 T103 表面发热严重。用手轻轻推拉托盘发现阻力较大。拆下托盘,见其 4 个滑动轨道上有污物阻塞。

检修结果:清除托盘滑轨上污物后,故障排除。

例 12 万利达 N28 型 VCD,显示"DISC"死机

故障症状:按电源开关后,屏显示"DISC"后死机,不能工作。

检查与分析:该故障应重点检查微处理控制电路。检修时,打开机盖,用示波器检查机器在开机瞬间微处理器 U12 和解压芯片 U1 复位信号电平变化正常,U12 外围 X2 有振荡信号波形,而时钟振荡器 U7 无输出波形,判定 U7 不良。

在 VCD 机中,解压缩芯片对 U7 的振荡信号要求较高,当重放时 U7 振荡幅度的变化或频率漂移,均有可能发生死机现象。

检修结果:更换 U7 后,故障排除。

例 13 万利达 N28 型 VCD,碟片飞速旋转不读盘

故障症状:重放 VCD 时,碟片飞速旋转,不能读盘,机器无法工作。

检查与分析:该故障一般应重点检查主轴电机驱动电路或数字信号处理电路。检修时,打开机盖,先断开主轴驱动块 TDA7073A(2)脚(主轴电机旋转控制信号输入脚),然后用万用表测其(16)脚和(13)脚的电压,为正常值 +5.7V,说明 TDA7073 没损坏,判断问题出在数字信号处理电路。于是重点检查以 SAA7345 为核心的数字信号处理电路及外围元件,发现因积分电容 C49 内部不良。

检修结果:更换 C49 后,故障排除。

例 14 万利达 N28 型 VCD,重放时无图无声

故障症状:机器重放 VCD 时无图无声,屏显一切正常。

检查与分析:该故障应重点检查解码及供电电路。检修时,打开机盖,用万用表先检查解压板 5V 和 3V 供电。该机的 3.3V 电压,由 V2(BD136)和 V1(2SC945)组成简单的线性稳压器提供。检测 BD136 的 e 极有 5V 电压,但 c、d 极为 0V,进一步检查取样放大管,发现 2SC945 的 b、e 极已短路。

检修结果:更换 2SC945 三极管后,故障排除。

例 15 万利达 N28 型 VCD,机内有异响不读盘

故障症状:机器入碟后不读盘且机内异响。

检查与分析:开机观察,机内异响声为激光头来回进给滑动所致,但托盘出盒正常,说明 U105 工作正常,分析原因可能是伺服驱动或同步时钟异常。检修时,打开机盖,用示波器测 U101(SAA7345)(13)、(14)脚,发现无 33.868MHz 晶振信号。测(13)脚电压为 0V,经查外接电容 C301 内部不良。

检修结果:更换 C301 后,故障排除。

例 16 万利达 N28 型 VCD,碟片有时反转

故障症状:开机后,放入 VCD 碟,碟片有时反转,不能正常工作。

检查与分析:该故障应重点检查主轴伺服控制电路。由主轴恒线速伺服电路可知,其控制原理为比较重建时钟和基准时钟来获得控制信号,控制主轴电机恒线速旋转,其中重建时钟是从 U101SAA7345(8)脚输入的 RF 信号中获得,基准时钟是由(13)、(14)脚外接的振荡器经分频后提供,这两个时钟信号经 SAA7345 内鉴相器进行比较,得到控制电压,从(22)、(23)脚输出至驱动电路,驱动主轴恒线速旋转。经开机用示波器检查 U101(13)、(14)脚无时钟振荡波形,进一步检查外围电路,发现 C110 引脚脱焊。

检修结果:重新补焊后,故障排除。

例 17　万利达 N28 型 VCD,VCD 碟读成"CDDA"

故障症状:开机后,放入 VCD 碟片读成"CDDA",不能正常工作。

检查与分析:根据现象分析,该故障一般发生在解码电路。由原理可知,从数字解调电路送来的数据(CD – DATA)、位时钟(CD – BCK)、左右声道时钟(CD – LROK)和误码检测(CD – C2P0)信号从解码芯片 CL484CD 接口输入,微码自动检测输入数据流的格式并控制电子开关实行相应转换。当输入数据流为 CDDA 格式时,电子开关被设置在 CDDA 位置,这时信号不经 MPEG 解压,由音频接口直接输出;当输入数据流为 VCD 格式时,电子开关接通 MPEG 解压电路,在微码控制下进行解压处理。

根据上述分析,检修时,打开机盖,用示波器观测 CL484(103)、(104)、(105)、(106)脚数字信号,其波形和幅度正常。拔下连接器 CN2,用万用表 R×10 挡测试上述各脚对地正向电阻,其值均为 180,亦属正常。再用示波器观察 ROM 各脚瞬时波形,发现(4)脚波形异常;关机测 ROM(4)脚与 CL484(58)脚之间不通,仔细检查发现 CL484 引脚虚焊。

检修结果:重新补焊后,故障排除。

例 18　万利达 N28 型 VCD,重放时无图像、无伴音

故障症状:机器重放 VCD 时,无图像、无伴音。

检查与分析:根据现象分析,该机能读盘且有屏显,说明微处理器、伺服电路基本正常,重点应检查解压板电路。检修时,打开机盖,用示波器检查数字信号处理器 SAA7372 输出的 BCK、LR、CK、DATA 的信号,发现其中 DATA 信号不正常,电压高达 5V,正常时应为 2.2V。进一步检查 SAA7372 外围电路,发现电阻 R39 有一引脚正好与 5V 电压线路碰触。

检修结果:拨开短路点后,故障排除。

例 19　万利达 N28 型 VCD,重放时图像无彩色

故障症状:机器重放时图像无彩色,其它功能均正常。

检查与分析:该故障应重点检查视频 D/A 转换及编码电路。检修时,打开机盖,用示波器和万用表检测编码块 BT852(17)～(24)脚的输入信号及电压和外围元器件均无异常,再检查 S 端子的切换电压也正常,说明 BT852 内部损坏。

检修结果:更换 BT852 后,图像彩色恢复正常。

例 20　万利达 N28 型 VCD,碟片转动一下即停机

故障症状:开机后,放入 VCD 碟片转动一下即停机,不工作。

检查与分析:开机观察,激光头寻迹动作不良,用示波器检测聚焦信号正常,测 U108(TDA7073)的(9)、(12)、(13)、(16)脚电压,发现在静态的情况下电压不一致。进一步检测 U108(2)脚电压低于(1)、(6)、(7)脚,检查(2)脚外围元件,发现 C152 电容内部损坏。

检修结果:更换 C152 后,故障排除。

例 21　万利达 N28 型 VCD,托盘不能出盒

故障症状:开机后,按进出盒键,托盘不能出盒。

检查与分析:该故障一般发生在托盘电机驱动及传动机构。由原理可知,托盘电机由 CPU(OM5234)控制,正反向运转分别由(11)、(10)脚输出的指令控制。检修时,打开机盖,按下出盒键,用万用表测(11)脚为低电压,T01、T04 导通,电机运转。出盒到位后,限位开关断开,给(14)脚送入高电平信号,中断(11)脚低电平,电机停转。测(11)脚有低电平,出盒指令输出,检查限位开关,接触、断开均正常。用万用表 R×1 挡,将两表笔并在电机两端,给电机加上 1.5V 电压,结果电机转动良好,说明电机正常。进一步检查电机两端无工作电压,顺路查找驱动管 T101、T104 发现 T101 内部不良。

检修结果:更换 T101 后,故障排除。

例 22　万利达 N28B 型 VCD,不读盘,显示紊乱

故障症状:机器入碟后不读盘,显示紊乱。

检查与分析:该故障可能发生在电源及系统控制、操作显示电路等相关部位。检修时,打开机盖,首先检查电源电路,发现电源整流滤波板上 2C8 电解电容炸裂短路,把短路电容拆下,开机后一切功能正常。查电容 2C8 为耐压 25V 的滤波电容,提供显示用的 −27V,由于电容炸裂而两极短路,致使 −27V 电压短路而引起显示紊乱,导致机器不工作。

检修结果:更换 2C8 后,故障排除。

例 23　万利达 N28K 型 VCD,热机状态下不能出盒

故障症状:机器重放 VCD 图声正常,但热机状态下托盘不能出盒。

检查与分析:经检查该机托盘传动机构正常,判断故障出在其驱动或控制电路。检修时,打开机盖,当按动托盘进出键时,用万用表测 CPU(IT9800)(37)、(36)脚有控制电压输出,但不能保持,仅使仓门动一下即停。查驱动四只三极管,均正常。进一步检查机芯进出到位检测开关和电机,无异常,再试机观察,待故障出现时,用万用表测得 CPU 出仓检测(43)脚电压为 0V,而正常应为 5V 左右。拔下 CN401 插头,测得(43)脚为高电平,说明 CPU 正常。经进一步检查发现检测开关内部不良。

检修结果:更换检测开关后,故障排除。

例 24　万利达 N30 型 VCD,无规律自动停机

故障症状:机器有时不能读盘,有时无规律自动停机。

检查与分析:开机观察,激光头在聚焦搜索时,主轴转动速度时快时慢,径向电机带动光头组件无规律来回移动,始终读不出碟片曲目。根据现象分析,该机主轴旋转,且 U7(OM5234)(7)脚 FOK 信号输入端有高、低电平变化,说明 RF 信号、FOK 检测电路正常,排除问题出在聚焦及循迹伺服、主轴伺服和数字信号处理电路的可能。

检修时,打开机盖,先测 U5 各脚工作电压,发现(4)脚电压为 1.1V,偏低于正常值 1.6V,(4)脚为 U5 的参考电压输入端,(4)脚电压异常导致伺服系统无法正常工作。用万用表测(4)脚对地正反向电阻值较正常值小,判断(4)脚有漏电现象,经仔细检查发现(4)脚外接电容 C28 内部漏电。

检修结果:更换电容 C28 后,故障排除。

例 25　万利达 N30 型 VCD,不能重放

故障症状:放入 VCD 碟片后能读盘,但按重放键显示"NO DISC",不工作。

检查与分析:机器能读盘,说明激光头工作正常,故障可能出在 RF 信号检测电路。检修时,打开机盖,先查 RF 信号检测电路,读盘时用示波器测控制电路各点电平,发现 D2 负极电平为 0V,经进一步检查发现电容 C37 内部击穿短路。

检修结果:更换 C37 后,故障排除。

例 26　万利达 N30 型 VCD,碟片转速太快不能读盘

故障症状:开机后放入 VCD 碟,碟片转速度太快,不能读盘。

检查与分析:该故障应重点检查主轴电机驱动及数字信号处理电路等相关部位。检修时,打开机盖,用万用表检查数字信号处理器 SAA7345(7)、(8)、(9)脚电压 2.5V 均正常;再断开 TDA7073 第(2)脚,发现 TDA7073(13)、(16)脚电压均为 6V,也正常;进一步检查主轴电机伺服信号输出电路相关元件,发现外接积分电容 C14 内部不良。

检修结果:更换电容 C14 后,故障排除。

例 27　万利达 N30 型 VCD,卡拉 OK 状态有噪声干扰

故障症状:机器重放时图声正常,但卡拉 OK 状态时,有噪声干扰。

检查与分析:该故障一般发生在卡拉 OK 信号处理电路。检修时,打开机盖,检查话筒、音频线、插头、插座等均未发现问题。由原理可知,该机卡拉 OK 功能是由 CPU 对 YSS216 内 DAP 处理控制来实现的。经开机反复试听,说明各功能正常,仅为卡拉 OK 状态时有噪声。用万用表测量 YSS216 各脚电压,发现(2)、(3)、(17)脚电压很低且不稳定。噪声出现时表针随之摆动,判定随机存储器 YSS216 内部不良。

检修结果:更换该存储器 YSS216 后,故障排除。

例 28　万利达 N30 型 VCD,遥控及面板操作均失效

故障症状:机器开机后,遥控及面板操作均不起作用。

检查与分析:该故障产生一般有以下两种原因:①面板显示、操作控制电路不良;②微处理器、系统控制电路异常。因为面板显示操作控制电路与选碟控制电路共用现微处理器数据接口,所以此现象可以用断路法来检查。打开机盖,先用万用表测微处理器的(21)脚为 5V,(22)脚为 0V,(23)脚为 0V,正常情况下(21)、(22)、(23)脚均应为 5V;拔下操作显示面板的数据接口,电压无变化;再断开选碟控制电路的数据接口,电压恢复正常。判断故障出在选碟控制电路,用万用表 R10 挡测 74LS125 的(3)、(6)、(8)脚正向电阻,发现 74LS125(3)、(6)脚正向电阻很小,判断其内部不良。

检修结果:更换 74LS125 芯片后,故障排除。

例 29　万利达 N30 型 VCD,重放时有伴音无图像

故障症状:机器重放 VCD 时,有伴音无图像。

检查与分析:根据现象分析,重放时,伴音正常,说明解压芯片和 DSP 芯片工作正常,故障一般出在视频 D/A 变换器及其以后的电路中。检修时,打开机盖,检查 D/A 变换器电路,用示波器观察 D/A 芯片 BT852 的(7)脚和(32)脚均无视频输出信号,用万用表测 BT852 的供电端电压正常,但(2)脚的补偿端电压仅有 2.5V 左右,正常应为 3.6V,(4)脚的基准电压偏高,达 2.4V,正常应为 1.25V 左右,查外围相关元件均正常,判断 BT852 内部不良。

检修结果:更换编码芯片 BT852 后,故障排除。

例 30　万利达 N30 型 VCD,显示"NO DISC"不工作

故障症状:机器入碟后显示"NO DISC",不能工作。

检查与分析:开机观察,激光头有正常的激光束射出,物镜能上下做聚焦搜索动作,且放入碟片时,主轴电机能带动碟片旋转,但数秒钟即停。分析故障出在循迹、进给伺服系统。检修时,打开机盖,用手拨动进给电机齿轮,将激光头移至径向运动方向的最外端。通电开机时,激光头能回至零位,说明径向进给系统工作正常,问题在循迹伺服电路。用万用表 R×1 挡测循迹线圈驱动集成块 U108(TDA7073A)的(9)、(12)脚时,激光头无动作,正常时物镜应有径向动作,判断循迹线圈有问题。经仔细检查发现循迹线圈一引出端虚焊。

检修结果:重新补焊后,故障排除。

例 31　万利达 N30 型 VCD,重放无图像无显示

故障症状:机器入碟后,显示屏无任何显示,屏幕为灰底色,无图像,也无雪花点及条纹。

检查与分析:根据现象分析,该故障一般发生在解码芯片 CL484 与 CPU 的数据接口部分。检修时,打开机盖,开机,用示波器测 40.5MHz、27MHz 时钟电路都有振荡;再测 CPU 的(33)~(39)脚,发现(37)脚偶尔出现 3V 左右的电压,其余全为低电平,正常情况下这 7 只脚的电平是一致的,判断电阻 R1 变值。用万用表 R×1K 挡测试,把红表笔接 CPU(40)脚,黑表笔依次接 CPU(33)、(34)、(36)、(37)、(38)、(39)脚,发现(40)脚与(37)脚几乎短路;用 R×10 挡测得为 25,卸下 R1,测 CPU 引脚间阻值依旧。由此判定 CPU 内部不良。

检修结果:更换 CPU 芯片后,故障排除。

例 32　万利达 N30 型 VCD,重放时图像布满"马赛克"方块

故障症状:开机画面正常,读盘正常,显示屏显示的读盘分秒正常,但重放时图像上布满了"马赛克"方块。

检查与分析:该故障通常是解压缩芯片、DRAM 不良所致。检修时,打开机盖,先尝试更换DRAM,故障依旧。由此可判断为解码芯片 CL484 内部不良。

检修结果:更换解压缩芯片 CL484 后,故障排除。

例 33　万利达 N30 型 VCD,不能读出 TOC 目录

故障症状:机器入碟后,不能读出 TOC 目录。

检查与分析:开机观察,发现激光头上下聚焦搜索后,碟片启动旋转但立即停下来。由原理可知,主轴启动,光点试读意味物镜找到会聚焦点,机芯控制 CPU 通过总线接收到 U5 送来的 FOK 和 FZC 信号。光点试读过程中,机芯控制 CPU 根据(7)脚检测 RF 信号包络幅度来确认试读工作能否通过,以决定下一程序的展开。机芯控制 CPU(7)脚的检测牵动 RF 前置放大器 U4 和 V1~V3 组成的包络检波器。

根据上述分析,开机用示波器观察 U4(10)脚的 RF 信号幅度 1.1V,但对应 U7(7)脚一直无低电平跳变,说明故障出在 U10 的(7)脚与 U4 的(10)脚间 RF 包络检波网络。经进一步检查发现,检波二极管 D2 内部不良。

检修结果:更换 D2 后,故障排除。

例 34　万利达 N30 型 VCD,不能读盘,自动关机

故障症状:不能读出 TOC 目录,机器入碟后不能读盘,且显示"ERROR"时自动关机。

检查与分析:根据现象分析,问题可能出在激光头及循迹伺服电路。检修时,打开机盖,先用示波器在主轴旋转时测 U4(9)脚眼图波形幅度 1.1V 基本正常,只是波形下部有毛刺现象感觉朦胧。RF 波形是光点打在光盘信息纹轨反射,被 5 分割光电检测器检抬转换的 9 种正弦波电信号的组合,只有光点准确沿着碟片刻录的螺旋信息纹中心扫描时,示波器上显示的才是清晰完整、变化连续的眼图波形。若激光头的循迹伺服工作不正常,光点间歇偏离信息纹中心,扫描到无信号镜面区,匀称连续变化的波表就会变得断续不完整,即出现毛刺和缺口。同时光点偏离到镜面区,机芯控制微处理器 U7(7)脚检测不到 V1~V3 送来的包络幅值,会按照读取出错处理。

在电机启动碟片旋转过程中,用万用表监视循迹伺服驱动芯片 U3(2)脚电压为 2.1V,正常 2.5V,检查该脚外围的 LPF 电路 R26、C27,发现电阻 R26 内部不良。

检修结果:更换 R26 后,故障排除。

例 35　万利达 N30 型 VCD,重放时图声时有时无

故障症状:机器重放 VCD 时图像伴音时有时无。

检查与分析:根据现象分析,问题可能出在激光头进给伺服电路。由原理可知,激光头进给误差信号由循迹误差信号经低通滤波产生,循迹伺服控制工作正常,两种信号的公共通道工作必定正常。由此检查重点应在 U5(24)脚后续的积分滤波和进给伺服驱动电路。

检修时,打开机盖,用示波器监视 U2(6)脚电压在 2.2～2.5V 间变化,相对循迹伺服来说,进给伺服作为一种粗调控制读盘激光头由光盘内圈向外圈一圈圈平移,在短时间内激光头的位移甚微,因此测量其瞬间重放点时,循迹伺服控制电压变化较大,而进给伺服直流电压基本上稳定不变。再测 U5(24)脚时电位基本稳定,经仔细检查积分滤波器中 R4、C10,发现 C10 内部不良。

检修结果:更换 C10 后,故障排除。

例 36　万利达 VCP N30B 型 VCD,重放时无规律出现"影剧院"声场转换

故障症状:机器重放时,无规律地出现"影剧院"声场转换、"A→B"区段重复播放及音量逐步减小等失控现象。

检查与分析:开机观察,当失控现象出现时,遥控器仅有"电源"、"屏显"、"画面停止"等少数几个按键有效,其余按键均失效;按动如"选曲 1"等其它按键也会出现"影剧院"的声场转换动作,但面板上各键操作功能正常。检查遥控器是否存在按键漏电现象导致该机失控,取出遥控器电池,经长时间试机未见失控故障,判定遥控器坏。因为遥控器主板上元件不多,逐一检查后未发现异常,判定为遥控芯片 PT2210 内部损坏。

检修结果:更换芯片 PT2210 后,故障排除。

例 37　万利达 S223 型 VCD,重放时图像模糊

故障症状:重放时,伴音正常,图像模糊。

检查与分析:根据现象分析,该故障一般发生在解压电路之后的视频编码器和视频 D/A 变换器等电路中。该机视频编码和视频 D/A 转换电路均集成在 ES3883F 内部(同时还有音频 D/A 转换、卡拉 OK、声道切换等电路),有关电路如图 3－2 所示。由原理可知,ES4108F 解码后的视频数据以 YUV 数字图像格式输出至 ES3883F 内部的视频编码器和 D/A 变换电路,经处理后从(58)、(61)、(64)脚分别输出色度信号、亮度信号、复合视频信号,再经 Q6、Q7、Q8 激励放大后分别由 S 端、AV 端输出。由此判断故障为 IC8 及外围电路不良引起。

ES3883F 输出正常画面应具备以下条件:①数、模供电 5V 正常;②(13)脚复位电压正常;③27MHz 视频时钟信号正常;④ES3883F 与 ES4108F 间的 RISC 片选信号、时钟信号、数据总线中传输的数据正常;⑤ES3883F(82)、(84)脚分别送出行同步、场同步脉冲至 ES4108F (119)、(118)脚;⑥ES3883F(86)～(89)、(92)、(94)、(96)、(98)脚与 ES4108F(115)～(113)、(110)～(106)脚之间连接正常;⑦ES3883F 内部各部分工作正常;⑧外围电阻、电容等正常。

该机器伴音正常,上述条件中①、②点不必检查,但故障涉及的电路元件仍很多。本着先易后难的检修原则,更换 XT2(27MHz)无效。再进一步仔细检查,发现 ES3883F(87)脚脱焊。

检修结果:重新补焊后,故障排除。

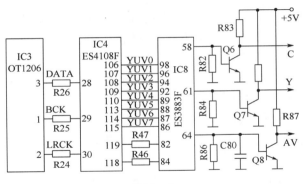

图 3 - 2

例 38　万利达 MVD3300 型 VCD,不能重放 MIDI 碟片

故障症状:机器重放普通 VCD 图声正常,但重放 MIDI 碟片时,只能选出曲目名,读不出所选歌曲的内容。

检查与分析:该故障一般发生在 MIDI 专用音频解码电路 C728(MIDI. SOUD)。经开机检查与代换试验,证明 C728 内部失效。

检修结果:更换 C728 后,故障排除。

例 39　万利达 MVD5500 型 VCD,重放 MIDI 碟死机

故障症状:机器重放 MIDI 碟一段时间后,屏幕上出现"ERR"(出错)字符,随即死机,所有控制功能不起作用。

检查与分析:改放普通 VCD 盘,一切正常,因而判定故障部位在 MIDI 专用音频解码电路。重点检查 MIDI 解码电路用的存贮器 MIDI. ROM3. 1 和动态存贮器 UT61256 - 35。

检修结果:更换上述两只集成电路后,故障排除。

例 40　万利达 MVD5500 型 VCD,有时不能重放

故障症状:机器入碟后,能读盘,但屏幕上显示"PBC 无",不能进入正常重放状态,有时即使能正常重放,图像也会停顿频繁,常将 2.0 版 VCD 碟读成 1.1 版。

检查与分析:根据现象分析,该故障一般发生在数字信号处理及解码电路,且大多为解码电路的压缩编码数据流误码严重,或 LRCK、BCK 滤形异常。经开机用示波器实测,LRCK 波形有尖锋。在数字信号处理器 SAA7372(28)(LRCK 输出)到地之间加接一个 47pF 的电容,以滤除 LRCK 时钟波形中含有的干扰脉冲,故障排除。若接 47pF 电容后,激光头仍将 2.0 版 VCD 盘读成 1.1 版,显示"PBC 无",可将解码电路中的动态存贮器 HY514264B 换成 GM91C4264CJ60 即可。

检修结果:经上述处理后,故障排除。

例 41　万利达 MVD5500 型 VCD,不读盘,显示"换盘 2"

故障症状:机器入碟后不读盘,碟片转几圈后就自动停止,屏幕显示"换盘 2"。

检查与分析:该故障的一般原因有激光头脏污不良、数字伺服电路 SAA7327 不良。该机经检查为激光头物镜脏污所致。

检修结果:清洁激光头物镜后,故障排除。

例 42　万利达 MVD5500 型 VCD,重放一段时间后图像消失

故障症状:机器刚开始重放正常,工作一段时间后图像消失。

检查与分析:根据现象分析,重放不久图像消失,故障一般是由解码电路或主 CPU 均不工作所致。检修时,用示波器检查主 CPU、CL484、动态存贮器都正常。经进一步检查发现 MU-SIC3.2 芯片内部不良。

检修结果:更换 MUSIC3.2 芯片后,故障排除。

例 43 万利达 MVD5500 型 VCD,重放 MIDI 盘,只有"沙沙"声

故障症状:机器重放 MIDI 盘,只有"沙沙"的噪声,重放普通 VCD 一切正常。

检查与分析:根据现象分析,该机重放普通 VCD 碟正常,说明系统控制电路、CL484 解码电路、伺服电路均正常。激光头能读 MIDI 盘,仅是伴音中有"沙沙"的噪声,故检修时,用示波器测 74HC157(14)脚输入的 9.6MHz 波形,发现不稳定,经检查该脚外接电阻 R5 损坏。74HC157 为通用数字集成电路,采用 14 脚双列塑料封装,贴片焊接,内部包含 4 个 2 选 1 数据选择器,(8)脚接地,(16)脚接电源。其内部逻辑如图 3 −3 所示。

其内部共有 4 个 2 选 1 开关,每个选择开关有两个输入脚 A、B,用于输入 2 路不同的信号,在(1)脚(数据选择控制电压)的控制下,选择 A、B 中的某一路输出,4 个选择开关的输出端分别为 1Y、2Y、3Y、4Y。当(15)脚选通端为高电平时,4 个 2 选 1 开关均不工作。当(15)脚为低电平 0V 时,4 个 2 选 1 开关工作。若(1)脚(数据选择)为 0V,则 4 个选择开关把从 A 端输入的信号从 Y 端输出。若(1)脚为高电平,则 4 个选择开关把从 B 端输入的信号从 Y 端输出。由于 R5 不良,从而导致该芯片工作异常,致使故障发生。

检修结果:更换 R5 后,故障排除。

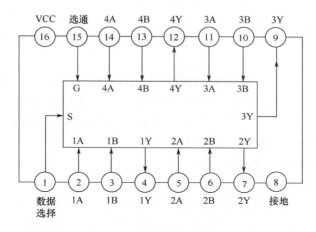

图 3 −3

第 2 节 长虹超级 VCD、VCD 机故障分析与维修实例

例 1 长虹 S100 型超级 VCD,显示屏不亮

故障症状:开机后,显示屏不亮,重放时图像伴音正常。

检查与分析:根据现象分析,该故障一般发生在显示屏及供电电路。检修时,打开机盖,用万用表测 −28V 电源输出端电压为 0V,测开关变压器次级绕组电压正常,测 V108 的 c 极电压也正常,说明 V108、R108、VD113、C130 等元件有故障。经进一步检查发现 R108 开路,使得 V108 的 b 极无电流回路,V108 截止,导致 V108 的 e 极无 −28V 输出。

检修结果:更换 R108(5.1k/0.5W)后,机器显示恢复正常。

例 2　长虹 S100 型超级 VCD，入碟后不读盘

故障症状：放入 VCD 碟后，机器不读盘。

检查与分析：该故障应重点检查 CD 伺服与主控 CPU 之间通信的 DSA 总线 DSA - RST、DSA - DATA、DSA - STB 及 DSA - ACK 是否正常，然后检查 CD 伺服与 CVD - 1 之间的 I²C 总线 CD - DATA、CD - LRCK、及 CD - RCK 是否正常。该机经检查为解码芯片 CVD - 1CD 信号输出引脚脱焊。

检修结果：重新补焊后，故障排除。

例 3　长虹 S100 型超级 VCD，重放时，无伴音

故障症状：机器重放 VCD 时有图像，无伴音。

检查与分析：该故障应重点检查音频信号及卡拉 OK 信号处理电路。检修时，打开机盖，先用遥控器或本机键打开卡拉 OK 电路，从 P401、P402 插入传声器，调节音量，检查有无传声器信号输出。若有传声器信号输出，则说明卡拉 OK 处理电路 N401、音频输出电路正常，故障在 U13 与接插件 DS3 及 U13 与音频输出电路之间的传输导线。若无传声器信号输出，则应检查静音电路、音频输出电路及卡拉 OK 处理电路 N401。该机经检查为卡拉 OK 信号处理电路 N401（M65839）内部损坏。

检修结果：更换 N401 后，故障排除。

例 4　长虹 S100 型超级 VCD，演唱卡拉 OK 无声

故障症状：机器重放 VCD 时图像和伴音正常，但演唱卡拉 OK 时，话筒无声音。

检查与分析：根据现象分析，该故障一般发生在卡位 OK 电路或系统控制电路。该机的卡位 OK 电路采用集成电路 M65839，具有话筒信号放大、话筒音量控制、数码延时混响处理、混响音量控制等功能。

检修时，打开机盖，用万用表测 M65839（19）脚的 +5V 工作电压正常，（31）脚（话筒开关控制端）也有控制低电平输入，（34）~（36）脚的 CPU 控制数据和时钟正常，说明系统控制电路正常，故障出在卡拉 OK 电路。再检查 M65839（32）、（33）脚的 1MHz 时钟信号及有关外围元件均无异常，由此判定 M65839 内部损坏。

检修结果：更换 M65839 后，故障排除。

例 5　长虹 S3200 型超级 VCD，显示屏无显示

故障症状：开机后显示屏无显示，重放及其它功能均一切正常。

检查与分析：根据现象分析，该机其它功能均正常，说明问题出在显示屏及供电电路。检修时，打开机盖，用万用表先测量 XS502 各脚输出电压，- 20V 输出端无电压，其它输出端电压正常，断开 - 20V 输出端负载测量，仍然为 0V，说明 - 20V 电源电路有故障，有关电路如图 3 - 4 所示。由原理可知，VD506、VD507、C503、C504 构成倍压整流电路，VS03、R506、VD500 组成稳压电路。检修时，打开机盖，用万用表测 T501 的次级有交流电压，说明变压器正常，测 C504 的正极与 C503 的负极之间直流电压正常，说明倍压整流电路元件也正常。再测 VS03 的发射极与地之间电压为 0V，正常值应为 - 20V，故判断稳压电路有故障。逐一检查 VS03、R506、VD500、

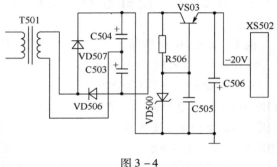

图 3 - 4

C505、C506 等各相关元件,发现 R506 内部开路。由于 R506 开路,使得 VS03 的基极失去偏置电压,造成 VS03 截止,引起 VS03 无直流电压输出,从而导致显示屏无显示。

检修结果:更换 R506 后,故障排除。

例6 长虹 VD3000 型 VCD,不能正常检测

故障症状:开机后放入 VCD 碟,三碟转动不停,不能正常检测,按出盒键无效。

检查与分析:该故障应重点检查碟架转动控制电路。检修时,打开机盖,用万用表测电源组件 XS501 各脚电压均正常,排除了电源原因。重点检查碟架转动控制电路,如图 3 - 5 所示,测 XS106(2)脚和(4)脚有随碟架转动而变化的电压,排除碟位开关 K1、K2 工作不良原因。测 N106(CH52011)(59)脚和(60)脚的架位信号输入为正常,测(21)和(22)脚的电压分别为 5V 和 0V,(18)脚始终为 0V,而无碟架转动的高电平输出,测 N106 电源电压正常,各复位电压正常。用示波器测 N106(49)、(50)脚的系统时钟信号也正常,而 N106(18)脚却无正常的转动正脉冲输出,仔细观察,发现该机的碟架转动似乎比正常机转动得快些,试用手给碟架施加阻力,使碟架转动变慢,碟架能在显示的碟位停下。测各脚电压,发现(6)脚的电源电压已从正常的 8V 上升到 11.2V,从而使 N105 输出的碟架转动电压增大,碟架转动变快,碟位输入信号失常,N106 判断失误,引起 N106(18)脚无制动正脉冲输出而不能正常制动碟架。N105 供电电压是由稳压块 LM317 提供的,经检查发现 LM317 内部已击穿,使 11V 电压直接加到 N105,从而导致该故障发生。

检修结果:更换稳压块 LM317 后,故障排除。

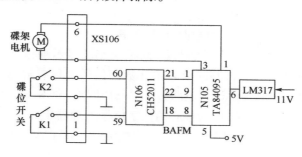

图 3 - 5

例7 长虹 VD3000 型 VCD,开机后无显示,功能键不起作用

故障症状:开机后无显示,各功能键均不起作用。

检查与分析:该故障应重点检查电源电路。检修时,打开机盖,用万用表测电源电路 XS501 上各输出电压均无,但场效应开关管 V501 的漏极有 +300V 电压,N501(KA3842)(7)脚电压正常,(6)脚无输出,判断是保护电路动作所致。将过压保护电路中可控硅 V502 的控制极断开后,测 +5V 电压偏低,进一步检查该电路相关元件,发现稳压二极管 VD510 内部不良。

检修结果:更换 VD510 后,故障排除。

例8 长虹 VD3000 型 VCD,读盘正常,不能重放

故障症状:机器入碟后,读盘正常,但不能重放。

检查与分析:开机观察,激光头及伺服驱动电路工作正常,判断故障可能出在数字信号处理或 VCD 解码电路。检修时,打开机盖,用万用表测解压板三根信号输入线(BCK、LRCK、DATA 端)均为 2.5V 左右,说明数字信号处理器工作正常。测解压板供电电压 +5V 正常,分

析解码芯片 CL484 工作条件,该芯片(123)脚(V_{ddMAX})为 +5V 电压,(112)脚 V_{dd} 为 +3.3V 电压,(101)脚(RESET)是复位电压,开机时为 0V,而以后则保持在 +5V 状态,实测(112)脚为 0.4V,与正常值 3.3V 相差较大。检查该电压形成电路,发现三极管 V701 内部不良。

检修结果:更换 V701 后,故障排除。

例 9 长虹 VD3000 型 VCD,重放时无图无声(一)

故障症状:重放时,无图无声

检查与分析:该故障应重点检查 VCD 解码板电路。检修时,打开机盖,观察解码板各元件无明显假焊、断裂、短路等现象。用万用表测量 DATA、BCK、LRCK 数据传输的电压均为 2.5V,基本正常。让机器工作一段时间后,手摸无明显升温现象。测解码芯片 CL484(123)脚 V_{dd} 电压为 5V(正常),(112)脚 V_{dd} 电压为 0.5V(正常值 3.3V),此 3.3V 电压由 5V 电压经过 V701(C2073)调整管后获得。检查 V701,发现其内部不良。

检修结果:更换 V701 后,故障排除。

例 10 长虹 VD3000 型 VCD,重放时,无图无声(二)

故障症状:重放 VCD 时,无图像无伴音,播放 CD 正常。

检查与分析:该故障应重点检查 VCD 解码电路以及视音频 D/A 转换电路。检修时,打开机盖,先检查解码电路易损件以及外接电容无故障,再用万用表测量 CL484(19)脚电压为 1.3V 正常,(20)脚电压为 0V,正常时应为 1.3V。进一步检查(20)脚外围元件,发现 C710 内部漏电。

检修结果:更换 C710 后,故障排除。

例 11 长虹 VD3000 型 VCD,重放时,无图无声(三)

故障症状:重放 VCD 时,无图像、无声音,面板操作及显示均正常。**检查与分析:**开机观察,激光头及伺服、驱动电路正常,判断故障出在数字信号处理或解码电路。检修时,打开机盖,测连接数字信号处理电路与解码板电路接插件 XP702 的 BCK、LRCK、DARA 端电压,均为 2.5V 左右,由此推断以 CXD2500BQ 为核心的数字信号处理器工作正常。判断故障出在解压缩电路。该机解压缩芯片采用 CL484,特点是功耗大,对 +5V 电源要求高,当 +5V 下跌至 +4.8V 左右便不能正常工作。

用万用表测电源接插件 XP502 的(9)脚 +5V 正常,因此判断故障出在 CL484 及其外围电路。CL484 正常工作时,必须满足以下条件:(123)脚为 +5V 电源;(112)脚为 +3.3V 电源;(101)脚是复位电压,开机为 0V,以后应长期保持 +5V;(19)脚、(20)脚为晶体主振信号,应有 40.5MHz 振荡信号。先用万用表对关键点电压进行测试,当测试到(112)脚时,发现电压仅为 0.4V,与正常值 +3.3V 相差很大,而(112)脚为 CL484 最主要的电源供电端,其供电电路如图 3 - 6 所示。+3.3V 是由 V701 提供的,拆下 V701 进行测试,发现其内部已损坏。

检修结果:更换 V701 后,故障排除。

例 12 长虹 VD3000 型 VCD,重放时图像正常,无伴音

故障症状:重放 VCD 时,图像正常,无伴音。

检查与分析:该故障应重点检查音频 D/A 转换电路。检修时,打开机盖,用万用表测音频 D/A 转换块 N203(SM5875BM)(7)(数字电源)、(9)、(17)脚(左声道模拟电源)+5V 电压正常,(15)脚(右声道模拟电源)为 0V(正常时为 4.75V)。测音频信号放大器 N201(NJM2100)(8)脚、音频信号放大器 N202(8)脚(NJM2100)供电电压也为 0V。由原理可知,+11V 电源经 V206、C1846、VD212、R221 和 C210 组成的串联稳压电路,送到 N201(8)、N202(8)和 N203

76

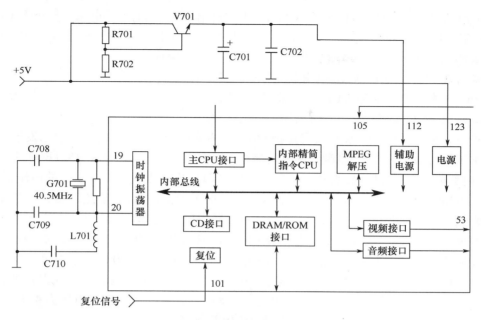

图 3 – 6

(15)脚。经检查上述相关元件,发现 C210 内部损坏。

检修结果:更换 C210 后,故障排除。

例 13　长虹 VD3000 型 VCD,重放 0.5h 后自动关机

故障症状:机器重放 0.5h 自动关机,且无任何显示。

检查与分析:该故障应重点检查电源电路,大多为电路中有元件热稳定性不良所致。检修时,打开机盖,用万用表测 V501 漏栅级电压为 300V 正常,测 N501(7)脚电压为 16V 也正常,再用示波器检测 N501(1)脚却无振荡信号输出,说明 N501 停振。断电后,检查 N501 ~ N503,发现 N503,表面温度极高,由此判定为 N503 内部不良。

检修结果:更换 N503 后,故障排除。

例 14　长虹 VD3000 型 VCD,碟片飞转,显示"NO DISC"

故障症状:机器入碟后,碟片飞转,激光头组件往外移动,显示"NO DISC"不工作。

检查与分析:该故障应重点检查主轴伺服控制电路。由原理可知,当激光头物镜开始聚焦搜索时,N102(CX2500BQ)的(4)脚输出主轴伺服控制信号,经 R145、R144 输入到驱动电路 N103(BA6196)的(4)脚,由该驱动信号控制主轴电机正常转动,为此应重点检查主轴伺服控制信号是否送入 N103。

检修时,打开机盖,用万用表测量 N102 的输出端,有驱动电压输出。用示波器测量 N103(4)脚驱动信号输入端,发现无驱动控制信号。进一步检查外围元件,发现 R144 内部开路。

检修结果:更换 R144 后,故障排除。

例 15　长虹 VD3000 型 VCD,开机无任何反应,也无屏显示

故障症状:开机后,机器无任何反应,也无屏显示。

检查与分析:该故障一般发生在电源电路。检修时,打开机盖,用万用表测滤波电容 C505 两端电压为 300V 左右,正常;场效应管 V501 漏极电压为 300V,正常,其余两极电压为零,限流电阻 R516 无烧焦痕迹,在路测其阻值也正常。再测 N501 各脚电压均为零,说明电路未起振,N501 启动振荡须其(7)脚由 +300V 经 R501 限流给 C506 充电提供电压。检查 R501 已开路,更换后开机,一切正常,但过几分钟后开关电源又停振,进一步检查 R501、C506、R517、VD505 等相关元件,发现 VD505 内部损坏。

检修结果:更换 VD505 后,故障排除。

例 16　长虹 VD3000 型 VCD,自检正常,不能读盘

故障症状:机器入碟后自检一切正常,但不能读盘。

检查与分析:开机观察,激光头聚焦搜索时,无激光射出,说明问题出在激光发射控制电路。正常工作时,光电二极管将激光信号转换成信号从集成块 N101(CXD1821BQ)的(34)脚输入,经内部电流/电压转换放大和比较后从其(33)脚输出与激光强度成正比的电压,并加到三极管 V102 的基极,改变三极管 V102 集电极与发射极之间的阻值,使流过激光二极管的电流随激光强弱而自动变化,以达到控制激光二极管输出恒定光功率的目的。

由原理可知,激光二极管的工作电压由 V104、V102 提供,开机后 N106(16)脚输出一低电平,使 V104 饱和导通,V104 集电极输出 +5V 电压加到 V102,使 V102 导通,激光二极管便发出激光。根据上述分析,检修时,打开机盖,用万用表测量 N106(16)脚电压,在聚焦搜索时为 0V,正常;再测 V104 工作电压,发现 c 极电压为 1.8V,而正常时 V104b 极电压为 4.2V,c 极电压为 4.9V,e 极电压为 5V。故判断三极管 V104 内部断路。

检修结果:更换 V104 后,故障排除。

例 17　长虹 VD3000 型 VCD,托盘不转动

故障症状:机器入碟后,托盘不转动,不能正常工作。

检查与分析:该故障应重点检查主轴电机或其驱动电路和主轴传动机构。检修时,打开机盖,先检查主轴电机正常,查其传动机构也正常,检查接插件 XS106 也无接触不良故障,用万用表测量主轴电机驱动电路 N105(TA84095)的(2)脚 +5V 电压也正常。继续检查其(6)、(8)脚电压为 2.1V 左在,而正常值应为 8V。检查其外围(如图 3 - 7 所示)R154、R153、R155、V107、R156、R157 等相关元件,发现 R153 内部不良。

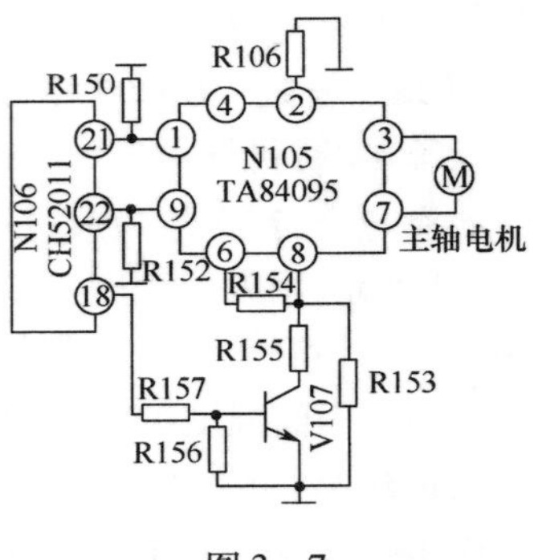

检修结果:更换 R153 后,故障排除。

图 3 - 7

例 18　长虹 VD3000 型 VCD,不能读出碟片数据

故障症状:机器放入 CD、VCD 碟片均不能识读相应数据。

检查与分析:开机观察,碟片能旋转,但始终不能读取数据。判断故障出在循迹伺服电路,可能是无循迹控制信号所致。由原理可知,该机器循迹伺服信号的形成由 N101(CXD1782BQ)的(42)脚 TEO 端输出,如图 3 - 8 所示。经 R115 和 VR101(TAGIN)返回 N101 的(44)脚 TEI 端,经集成块内部循迹伺服相位补偿电路进行相位补偿反相放大后,从(13)脚 TAO 端输出循迹伺服控制信号,然后送往后续电路控制循迹线圈。检修时,打开机盖,先将机器处于重放状态,用示波器测 N101 的(13)脚 TAO 端无循迹伺服控制信号波形,再测 N101 的(42)脚有 TEO 信号输出。当测 VR101 动触片时发现信号波形消失,经检查发现可调电阻 VR101 内部损坏。

检修结果:更换 VR101 后,故障排除。

图 3 - 8

例 19　长虹 VD3000 型 VCD,无开机画面,不能重放

故障症状:机器入碟后,能够读取碟片目录,按重放键后显示屏能够正常显示时间,但无图像无伴音,也无开机画面。

检查与分析:根据现象分析,机器入碟后能够正常读取 TOC 目录,也能够执行播放指令,说明 RF 放大与伺服处理电路、数字处理电路正常。无图像无伴音无开机画面,说明故障在解码芯片 CL484 及其外围电路。检修时,打开机盖,开机,用示波器检测解码板输入接口 XS702 的(1)(CDCLK)、(3)(DATA)、(4)(BCLK)、(5)(LRCK)脚信号正常,进一步证明激光头、RF 放大与伺服处理电路、数字处理电路工作正常。再检测 CL484 的(64)~(74)等脚均无信号输出,说明故障在 CL484。

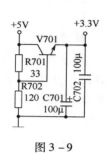

用手触摸 CL484,表面温度和室温差不多,证明 CL484 根本没工作,于是测试其电源电压,发现(65)、(97)等脚的电压只有 0.3V,顺着 CL484 的供电电路检查,发现 CL484 的电源电压是由一只三极管 V701 供给的,如图 3-9 所示。测 V701 集电极电压为正常的 5V,基极为 3.9V,发射极输出只有 0.3V,输出不正常,测 V701 无损坏,进一步检查发现电容 C701 内部漏电。

图 3-9

检修结果:更换 C701 后,故障排除。

例20　长虹 VD3000 型 VCD,无法转换碟位

故障症状:机器入碟后,碟架不能转动,无法读盘与重放。

检查与分析:开机装入碟片,碟架不能转动,无法转换碟位,判断故障出在转碟机构及其驱动电路。检修时,打开机盖,检查 N105,用万用表测其(2)脚的 +5V 和(6)脚的 +8V 电压均正常,说明 N100 及有关电源电路正常;测(1)脚、(9)脚的输入控制信号正常,但(3)脚和(7)脚的输出信号异常。经查为 N105 内部不良。

检修结果:更换 N105(TA8409S)后,故障排除。

例21　长虹 VD3000 型 VCD,机器入碟后,不读盘

故障症状:开机后,放入 VCD 碟不读盘。

检查与分析:开机观察,机器入碟后,碟片不转,判断故障出在激光头伺服电路或主轴电机及驱动电路。由原理可知,机器在聚焦 OK 信号正常时,激光头便读取 VCD 碟片上的信息,将拾取的帧同步信号送到主轴伺服电路 N102 的(24)脚,如图 3-10 所示。此信号在 N102 内部,经叠加电路、同步保护电路、定时发生器处理,转换成频率为 7.35kHz 帧同步信号,加至恒线速度处理器与定时发生器 2 产生的频率为 7.35kHz 的标准信号进行频率和相位比较,然后由 N102(4)脚输出误差信号。N102 的(4)脚输出的误差信号经 R145、R146、C119 组成的低通滤波器滤波后,经电阻 R144 加至 N103 的(4)脚,去控制主轴电机的旋转速度。另外,主轴电机的启动是由 N106 来控制的,当 N101 的(25)脚输出高电平聚焦 OK 信号时,N106 的(14)脚便输出高电平,经 R120、VD113 等元件加至 N103 的(4)脚高电平输入启动信号是否正常。

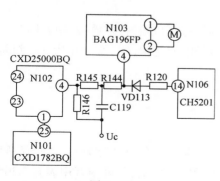

图 3-10

根据上述分析,检修时,打开机盖,用万用表实测发现 N103(4)脚无高电平启动信号,继续检测 N106 的(14)脚高电平启动信号正常。因此判断 N106(14)脚至 N103(4)脚之间电路中的元件有故障。经仔细检查发现 VD113 内部开路。

检修结果:更换 VD113 后,故障排除。

例 22　长虹 VD6000 型 VCD,待机正常,不能开机

故障症状:插上电源后,机器待机正常,但不能开机。

检查与分析:该故障应重点检查开关机控制电路。由原理可知,当机器由待机状态进入开机状态时,N804(BA9700)(14)脚由高电平变成低电平,使 V401、V505、V504 导通,BA9700 工作。不能开机,说明故障可能出在这些元器件上。检修时,打开机盖,用万用表测 V401c 极电压为 0V,测 BA9700 工作电压正常,但其余电压异常,说明 BA9700 内部不良。

检修结果:更换 BA9700 后,故障排除。

例 23　长虹 VD6000 型 VCD,重放时,无图像无伴音

故障症状:机器重放 VCD 时,无图像,无伴音。

检查与分析:根据现象分析,机器重放时无图无声,故障一般出在解码板及供电电路。检修时,打开机盖,应首先检查解码集成电路 N801 的电源电压,用万用表测解码板上 V801(BA033)输出电压为 3.3V,正常;测 XP501 的 +8V 和 −8V 电压,发现无 +8V 电压,该 +8V 电压由 N5025 稳压输出;测 N502 的(3)脚为 0V,测 N502 输入端(1)脚还是 0V 测 V504,发射极为 10V,基极为 0V,集电极为 0V。由此判定 V504 内部损坏。

检修结果:更换 V504 后,故障排除。

例 24　长虹 VD8000 型 VCD,碟片不转,不能读盘

故障症状:机器入碟后,碟片不转,不能读盘。

检查与分析:由原理可知,机器入碟后,激光头应由外向内移动,移动到位后,激光头物镜应上下移动几次,同时发射激光。光敏管检测到信号后,输入至 N203,在 N203 内产生 RF 信号,由 N203 的(10)脚输出。在聚焦良好的情况下,RF 信号由 C256 耦合,加至 V201 的 b 极,经 V201 放大后,再由 C259 耦合至 V202 的 b 极,经 V202 放大后由 c 极输出放大的信号,经 VD202 整流、C258 滤波,使 V203 导通,机芯微处理器 N202 的(7)脚变为低电平,N202 发出的主轴旋转指令至 N207,N207 就会输出主轴电机控制信号,使主轴电动机旋转。

检修时,试将 V203 的 c、e 极短接一下,使 N202 的(7)脚加入低电平,主轴电机旋转,说明其它电路正常,故障只发生在 N203 的(10)脚至 N202 的(7)脚之间的元器件上。先检查耦合电动容 C256、C259 均正常,用万用表测量 V201 各极电压也正常,故判断故障发生在 V202、V203 及其外围元器件上。逐一检查 V202、V203、R247、R248、R254、C258、R255、R256、VD202 等相关元件,发现 V202 内部不良。

检修结果:更换 V202 后,故障排除。

例 25　长虹 VD8000 型 VCD,不能正常开机

故障症状:插上电源后,有待机指示灯,不能正常开机。

检查与分析:该故障应重点检查电源控制电路。检修时,打开机盖,按重放键,用万用表测 V102b 极电压为正常 0V,c 极电压为正常 5V。测 N104(2)脚电压正常,(4)脚电压为 0V,判断 N104 内部不良。

检修结果:更换 N104 后,故障排除。

例 26　长虹 VD8000 型 VCD,屏显示"NO DISC"不读盘

故障症状:机器入碟后,屏显示"NO DISC",不能读盘。

检查与分析:开机观察,托盘进出、旋转正常,但激光头无聚焦动作,LD 有激光。判断故障出在激光头聚焦控制电路。检修时,打开机盖,拆下机芯下面的伺服板,开机用万用表测 N205(5)脚,无 9V 电压,再检查其供电电路,发现限流电阻 R228 引脚脱焊。

检修结果:重新补焊后,故障排除。

例27 长虹 VD9000 型 VCD,重放时无图无声

故障症状:重放 VCD 时,不能正确显示碟片的种类,且无图像无伴音。

检查与分析:开机观察,重放 VCD 时,时间显示正常,判断故障可能出在 VCD 解码电路。检修时,打开机盖,用万用表测解码板供电稳压块 N202 的输出电压为 0V,正常应为 5V,测输入电压正常,说明 N202 内部不良。

检修结果:更换 N202 后,故障排除。

例28 长虹 VD9000 型 VCD,读盘正常,重放无图无声

故障症状:机器入碟后读盘、显示均正常,重放时无图像无伴音。

检查与分析:该故障应重点检查 VCD 解码电路。检修时,打开机盖,先用万用表检查解码芯片 CL680 各供电脚压均正常,时钟信号及 DRAM/ROM 接口电路也未发现问题。用手按压解码芯片时发现有时屏幕出现图像,但很快消失,故怀疑解码电路 CL680 引脚有虚焊现象,经仔细检查果然如此。

检修结果:重新补焊后,故障排除。

例29 长虹 VD9000 型 VCD,开机有屏显,不工作

故障症状:开机后有屏显,整机不工作。

检查与分析:根据现象分析,开机后显示屏有显示,说明 VFD 荧光显示屏灯丝 3.5V 交流电压及 −24V 供电正常。问题可能出在电源控制电路。检修时,打开机盖,用万用表测量 CPU 的 +5V 供电电压仅 1V 左右,测三端稳压器 N101 输入端 +8V 电压正常,关机,摸管壳烫手,测负载阻值基本正常,怀疑 N101 内部性能不良。

检修结果:更换 N101(7805)三端稳压器后,故障排除。

第3节 新科 DVD、VCD 机故障分析与维修实例

例1 新科 850 型 DVD,VCD 与 DVD 均不读盘

故障症状:机器入碟后,VCD 与 DVD 均不读盘,屏显示"NO DISC"。

检查与分析:该故障一般发生在 CD/DVD 信号处理公共通道。开机观察,托盘入仓后物镜内红色激光点十分微弱,在激光头上下聚焦搜索 3 次后,激光 APC 电路立即关闭。如图 3–11所示,由激光 APC 原理电路可知,激光二极管能够点亮,说明 IC503(57)脚已经输出了 LD ON 高电平开启 APC 电路,问题是包括 Q501 在内的 APC 电路工作是否正常、激光头内的激光二极管 LD 性能是否良好。检修时,打开机盖,用万用表在激光管点亮时测量 IC502(52)脚电压4.1V,Q501 集电极电压为 2.5V,说明问题出在激光头内部。拆开光头组件,在 LD 两端直接加 2.5V 电压并微调 VR,LD 光强度依然,测 LD 两端正向电阻达 70kΩ,说明其内部已失效。

检修结果:更换激光管,重新调整 VR,使激光二极管电流即 Q501 集电极电流为 180mA,故障排除。

例2 新科 850 型 DVD,无屏显,不工作(一)

故障症状:所有键功能失效,显示屏也不亮,机器不工作。

检查与分析:该故障一般发生在电源电路。检修时,打

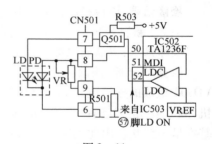

图 3–11

开机盖,查保险管 F801 完好,用万用表测 C805 正端电压 300V,测厚膜电路 Q803(4)脚在开机瞬间电压无跳变为零,说明电源不具备振荡条件,测电源启动电阻 R804 标准值为 510kΩ,查正反馈电路中 D807、Z820 良好,正反馈绕组(2)~(1)、储能绕组(6)~(3)直流电阻也正常。断开光耦合器(3)脚电阻 R806,开机电源振荡工作。焊下检测光耦合器 D802,发现其内部损坏。

检修结果:更换 D802 后,故障排除。

例 3　新科 850 型 DVD,无屏显,不工作(二)

故障症状:开机后,显示屏不亮,按任何操作功能键均不起作用,机器不工作。

检查与分析:根据现象分析,故障出在电源电路。检修时,打开机盖,用万用表测关键点测试脚 Q803(4)脚无任何跳变电压,电压表始终为零。测 Q803(2)与(1)脚、Z802 均都损坏。

检修结果:更换 Q803、Z802 后,故障排除。

例 4　新科 850 型 DVD,有屏显示,不工作

故障症状:开机后屏显示"00",操作键不起作用。

检查与分析:该故障应重点检查电源 ON/OFF 控制电路。检修时,打开机盖,用万用表测稳压保护模块 Q821(2)脚电压 6.3V,处于 OFF 方式。再查 R828、D829 良好,由此判断故障在 Q827 输入电路。测 Q827 基极电压 0.3V,ON 方式对应饱和导通为 0.7V,又测接插件 CN801 (3)脚电压 2.8V 正常,再查 R831 和 D830,发现 R831 内部损坏。

检修结果:更换 R831 后,故障排除。

例 5　新科 850 型 DVD,显示"00"功能键不起作用

故障症状:插上电源后,屏显示"00",所有按键均失效。

检查与分析:该故障应重点检查电源及控制电路。检修时,打开机盖,用万用表测 Q821 (2)脚电压 6.3V,断开 R831,测 CN801(3)脚电压 2.8V,说明 CPU 已经发出 ON 指令。查 D829、D830、Q827 良好,依次断开 +9V 过压保护中 D828、+8V/ +9V 短路保护中的 D831、D832 和数字 +5V 短路保护中的 D833,发现断开 D833 时电源进入 ON 工作方式,但数字 +5V 无输出。由原理可知,电源调整管 Q823 发射极输出的数字 +5V 电压既受 Q821(6)脚电平控制,又受 Q825 截止一导通控制。断开 Q825c 极,+5V 输出恢复正常,经检测发现 Q825 内部损坏。

检修结果:更换 Q825 后,故障排除。

例 6　新科 850 型 DVD,开机后有屏显,操作键失控

故障症状:开机后,显示屏有正常显示,按各操作功能键均失控,不能正常工作。

检查与分析:根据现象分析,问题一般出在电源及控制电路。检修时,打开机盖,用万用表先通电检测 Q821(2)脚电压为正常值 0.7V,再测 Q821(4)脚以及 Q823 发射极与 Q824 集电极电压,发现 Q821(4)脚电压为 0.2V,断开 Q821(5)脚电压 +6V 正常,由此推断故障在 Q821 (4)脚内模拟 +5V 稳压器。

检修结果:更换稳压控制模块 Q821 后,故障排除。

例 7　新科 858 型 DVD,通电即烧保险丝

故障症状:机器通电即烧保险丝 T301,不工作。

检查与分析:该故障出在电源及相关电路。检修时,打开机盖,用万用表检查 VD301 ~ VD304 组成的整流电路无短路现象,断开变压器 T301 的(6)脚后换上同型号规格的保险丝试机,测 C301 正端已有 +300V 电压。断电测 N301 的(3)、(2)脚间阻值,与正常值相差较大,并基本呈短路状。由此判定 N301 内部损坏。

检修结果:更换 N301(TOP223Y)后,故障排除。

例8 新科 2100 型 DVD,重放时,机顶温度太高

故障症状:机器重放时,机壳顶部温度太高。

检查与分析:开盖观察,机器内有 DVD 机芯及开关电源、卡拉 OK、声像解码、输出端子四块电路板,通电工作十几分钟后,解码板上有两块集成块(UP68D01、D1890)温度很高,输出端子板上为解码板供电的 7805 散热片温度也较高。为保证机器的热稳定性,给发热的集成块加装了散热片,并对 VCD 机的解码板进行降压工作。试剪开稳压块 7805 输出脚,串入 3 只 1N4007 二极管,检查无误,开机试验,除播放 DVD 碟无声外,其它一切正常。改串 2 只二极管再试,所有功能正常,对操作无任何影响。经检测加装二极管降压后,解码板工作电流减少了200mA。此时 7805 散热片微温,加装散热片后的集成块温度也降低了许多。机器连续工作2h,机壳顶部已无温度上升感觉。

检修结果:经上述处理后,故障排除。

例9 新科 2200 型 DVD,重放时,前、混合声道无声

故障症状:机器重放时,主前、混合声道无声。重放 5.1 声道编码格式的 DVD 时,中置及环绕声道正常。

检查与分析:该故障一般发生在 D/A 转换及音频信号放大电路。检修时,打开机盖,先用信号寻迹法(用电视机音频输入线作探头)查插件 XP202 的(1)、(3)脚(前置信号输出脚),发现电视机中已有较小声音。由此可判定故障在音频放大及输出板上。

仔细观察该音频放大板,其混合输出组采用两片 N4558(分别为 N207、N208),而主前输出组则只采用 1 片 N4558(N206)。用信号寻迹法分别对 N206、N207、N208 的输入、输出脚进行检拾,均表现为输入正常而输出无声。于是检查 3 片 N4558 和相关引脚电压,与正常值并无差异。由于 3 片 N4558 同时损坏的可能性非常小,转而改查其输出端的静音电路,发现 4 支输出端静音管(分别控制混 L、R 及前 L、R)的基极均有高达 10V 左右的电压。显然该故障是由静音误动作引起,进一步检查发现与四只静音管基极相连的 V203(2SB709)内部短路。

检修结果:更换 V203(2SB709)后,机器伴音恢复正常。

例10 新科 SVD210MP 型超级 VCD,面板各操作键失控

故障症状:机器遥控正常,面板上各操作键均失控。

检查与分析:根据现象分析,导致面板键控失效有以下 3 种原因:①键控编码电路损坏;②按键卡死或漏电;③键控板上其它相关元件损坏。该机键控编码及显示屏驱动皆由集成电路 D501(UPD16311)完成。因故障机在用遥控操作时屏显一切正常,故暂时排除由 D501 产生故障的可能。检修时,打开机盖,先对各按键及外围元件进行检查,当查至 S508(STOP 按键)时发现其两端阻值较小,但将其拆下检查却无故障,因该机键控板印板线较密,故怀疑印板上的灰尘受潮后漏电所致。用松香水对整个印板进行全面清洗并用电吹风吹干后再试机,故障不变。于是再仔细检查 S508,发现 S508 两端比正常机的阻值偏小,用放大镜仔细观察,发现S508 经 D503 与 D501 之间相连的印板铜箔线竟然与另一条线有轻微短路。

检修结果:消除短路点,故障排除。

例11 新科 SVD280Z 型超级 VCD,不能正常开机

故障症状:插上电源后,电源指示灯亮,但按下电源开关后不能开机。

检查与分析:该故障应重点检查电源控制及相关电路。该机电源开关不直接关断 220V 交流电,而由变压器次级感应的 9.5V 交流电经保险电阻 R336、VD336 二极管整流、N304 三端稳压器稳定为标准的 12V 直流电压加至电源开关的中心触点。当不按下电源开关时,此 12V

电压经电源开关中常通触点加至供指示用的发光二极管。当按下电源开关后,发光二极管因电源开关常通触点断开失去电源而熄灭。12V电压经电源开关另一触点又加回电源板上作为控制电压,经VD303、R333、R334分别控制2支四端稳压器(N302、N303)。因此该机应重点检查电源是否已顺利开启。检修时,打开机盖,先检查经电源开关的控制电压是否已加至四端稳压器控制脚,结果无正常的3V左右电压,再查VD303,发现其正端12V正常,而负端无电压。焊下该管检测,其内部已开路。

检修结果:更换VD303后,故障排除。

例12 新科SVD330型超级VCD,重放时图声正常,不能静音

故障症状:机器重放VCD时,图像、伴音均正常,但不能静音。

检查与分析:该故障应重点检查静音控制电路。检修时,打开机盖,按动静音键,用万用表测量MUTE端电压为正常高电位,说明CPU电路工作正常。再测c极电压为零(在静音状态下应为高电位),说明故障发生在V303、V302及其外围电路,逐一检查VD304、V303、V302、R344、R345、R346、R340,发现VD304开路。

由于VD304开路,使得MUTE端的高电位无法加至V302的基极,导致V302截止,又使V303、V304、V305均处于截止状态,造成该故障发生。

检修结果:更换VD304后,故障排除。

例13 新科SVD330型超级VCD,不能正常开机

故障症状:机器不能正常开机。

检查与分析:根据现象分析,该故障一般发生在CPU控制及复位电路。检修时,打开机盖,用万用表测解码板8V、5V、3.3V正常,但测复位块D101无复位输出电压,判断复位电容C149内部不良。经焊下检测发现C149内部严重漏电。

检修结果:更换C149后,故障排除。

例14 新科SVD330超级VCD,重放时图像正常,无伴音

故障症状:机器重放VCD时,图像正常,无伴音输出。

检查与分析:该故障应检查伴音信号处理及放大电路。检修时,打开机盖,先将V304、V305从电路中拆下后开机,伴音恢复正常,说明伴音处理电路工作正常,故障发生在静音电路。测MUTE端为正常低电位,将V304、V305重新焊好,并断开V302的基极后开机,有声音输出,说明故障发生在V302、V301及其外围电路,逐一检查VD304、R344、V302、R340、VD301、C329、R343、V301QD、R342,发现R342开路。

由于R342开路,使得V301截止,使V302、V303、V304、V305均处于导通状态,从而导致静音故障。

检修结果:更换R342后,故障排除。

例15 新科SVD330型超级VCD,无+8V电压输出

故障症状:开机后,无+8V电压输出。

检查与分析:根据现象分析,该故障发生在电源电路。检修时,打开机盖,用万用表先测量电源变压器(6)、(7)和(8)、(7)绕组的交流电压。若无交流电压,说明(6)、(7)和(8)、(7)绕组断路;若电压正常,再检查F301、F302是否熔断,并检查VD309、VD310、C334、C332、VD304等元件,如以上元件均正常,则为N303损坏。同理,检修时也应注意在VCD电源未开启时,N303也无+9V电压输出。该机经检查为VD304内部损坏。有关电路如图3-12所示。

检修结果:更换VD304后,故障排除。

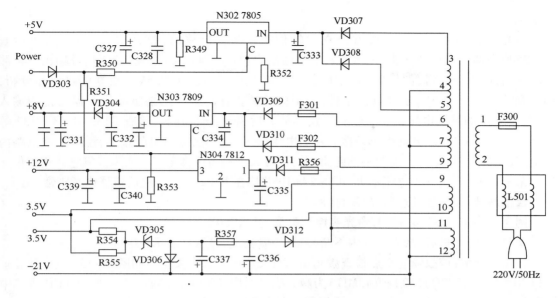

图 3 - 12

例 16 新科 S - 260(MP)型超级 VCD,无屏显,也无开机画面

故障症状:开机后无显示,也无开机画面,机器无任何反应。

检查与分析:该故障应重点检查电源部分。检修时,打开机盖,用万用表测 N303(7809)输出电压正常,而 N302(7805)输出只有 1V 左右。测 N302 的(4)脚控制端无 2V 电压。N302 是 4 端稳压器,控制端有 2V 电压后,才能正常工作,由此判断 2V 电压的供电部分有问题。进一步检查其供电电路,发现 R350 两端的电压为 12V 左右,从而导致 N302 的(4)脚无 2V 电压输入。经检查发现电阻 R350 内部开路。

检修结果:更换电阻 R350 后,故障排除。

例 17 新科 SVCD220 型超级 VCD,不能正常开机

故障症状:开机后,显示屏无显示,指示灯待机亮、开机灭,机器不工作。

检查与分析:根据现象分析,问题一般出在电源控制电路。检修时,打开机盖,用万用表检查该机电源电路是否有正常供电电压,测 N302(LM7805)工作电压,发现 N302 电压正常;测量 N303(KA7809)稳压电路(4)脚(C 端)电压开机时应为 2V、待机时应为 1V,而实测发现开机时为 1V、待机时为 0V(不正常);测量 R350(47kΩ)电阻一端为 0V,另一端为 12V,说明该电阻 R350 不良。取下测量电阻 R350,发现确已开路。

检修结果:更换 47kΩ/0.5W 电阻后,故障排除。

例 18 新科 20C 型 VCD,重放时图像有"马赛克"现象

故障症状:重放 VCD 时图像有"马赛克"现象。

检查与分析:开机观察,激光头工作正常,用万用表检测电源各组输出电压均正常,分析原因可能是 RF 信号强度太弱,再仔细检查 RF 信号产生和传输电路,发现 CXA1782BQ(31)脚输出端与(32)脚之间的电容 C14 已被厂家去掉,而(31)与(32)脚之间的两个串联电阻中间有电阻 R14 和电容 C15,对 RF 信号也有分流作用。

检修结果:断开 R14 和 C15 后,故障排除。

例 19 新科 20C 型 VCD,机器入碟后,碟片反转

故障症状:机器入碟后,碟片反转,一会儿听到机内发出"嗒嗒"声响,然后自动停机,显示屏显示"00"。

检查与分析：该故障应重点检查主轴伺服系统。检修时,打开机盖,用万用表检查 CXD2500 各脚工作电压正常,用示波器测该集成电路(4)脚有主轴伺服控制信号输出。再测 BA6395 各脚电压正常,但(10)脚电压仅为 1.88V,正常值应为 2.5V。根据电路原理分析, (10)脚电压高于 2.5V,主轴电机正转;否则应反转。查此脚为主轴驱动放在器的正相输入 端,与(23)脚的基准电压 2.5V 进行比较,经放大后驱动主轴电机。检查 R132、R133、C132 等 外围元件均无异常,断开此引脚外接元件后电压恢复正常,测输入电阻很小,说明集成电路内 部电路已局部损坏变质。如购不到此集成块也可采用提高该脚电压办法来修它。用箝位三 极管来提高电压,因该脚电流不大,可将 2AP10 并接在 R132 上。开机后机器恢复正常。

检修结果：经上述处理后,故障排除。

例 20　新科 22C 型 VCD,激光头控制失灵,显示"00"

故障症状：开机后,激光头向内不断移动,控制失灵,显示屏显示"00"不工作。

检查与分析：该故障应重点检查激光头运行失控电路。有关电路如图 3-13 所示,微处理 器(CXP50116-702Q)(53)脚(LIMIT)为激光头进给限位开关检测脚,开关 K 为 VCD 机芯中 的限位开关,CXA1782(16)脚为进给伺服电机控制信号输出端。开机后,微处理器将通过 (53)脚对开关 K 的状态进行检测。若 K 没有闭合,则微处理器(53)脚为高电平,微处理器发 出控制信号,使 CXA1782 中的 TM6 闭合,从 CXA1782(16)脚输出进给伺服电机控制信号,信 号峰值电压 1.8V 左右,此电压通过 BA6395 的驱动电路输出驱动电压使电机反转,则激光头 向内移动;当激光头碰触开关 K 后,开关 K 对地闭合,此时微处理器(53)脚为低电平,微处理 器通过(53)脚检测到低电平后,控制 TM6 断开,进给伺服电机停止转动。若微处理器(53)脚 到限位开关 K 的连线不通或某种原因使微处理器(53)脚始终为高电平,则微处理器将控制 CXA1782(16)脚始终输出进给伺服电动机控制信号,使电动机一直反转,造成激光头传动齿 轮打滑失灵。检修时,打开机盖,经仔细检查发现是主板上微处理器 CXP50166-702Q(53)脚 LIMIT 至 CP3 插座第(5)脚的电路印板铜箔断裂。

检修结果：重新补焊后,故障排除。

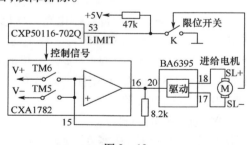

图 3-13

例 21　新科 22C 型 VCD,重放时,左、右声道均无伴音

故障症状：机器重放时,左、右声道均无音频输出,图像正常。

检查与分析：该故障一般发生在解码电路的音频转换电路或音频放大电路。检修时,打开 机盖,先将功放机或电视机音频输入分别接在 PCN5 插座上的红、白(解码板左、右声道输出) 两线与地之间。如果声音正常,说明故障在后边的音频放大电路 PIC1(4558D)及其外围元件, 若仍无声则为解码板音频转换电路不良。经检查声音正常,说明问题在 PIC1 及相关元件。

用万用表测 PIC1 各脚电压均不正常,其(8)脚供电仅为 3V 左右,正常为 12V,同时(8)脚外接限流电阻 PR29(100Ω)发烫变焦。将 4558D 拆下检测,发现(8)脚与(4)脚短路。

检修结果:更换 PIC1、PR29 后,故障排除。

例 22　新科 22 型 VCD,开机无任何动作,有屏显

故障症状:插上电源后,按 POWER 键,机器无任何动作,显示屏有显示。

检查与分析:开机后有屏显,说明 IC5(主 CPU)基本正常,问题可能出在电源控制电路。检修时,打开机盖,用万用表测各组电压均正常。按 POWER 键,测 IC5(80),有高电平开机信号输出。检查 PD18、PR5 正常。尝试用导线短接 PQ7c、e 极,机器能够正常工作,说明 PQ7 内部开路,使 IC5(80)输出的高电平不能使 PQ7 导通,主电源处于关机状态。

检修结果:更换 PQ7 后,故障排除。

例 23　新科 22 型 VCD,市电较低时,唱卡拉 OK 图像扭曲

故障症状:市电压较低时,唱卡拉 OK,图像扭曲,甚至死机。

检查与分析:用调压器将交流电压调到 220V,唱卡拉 OK 时,图声一切正常;当调到 180V 时,出现上述现象。用万用表测传声器插座电压,发现其 12V 电压已下降到 8V 左右,且不稳定。该机的传声器插座兼放音电源开关,当插上传声器时,电源自动供电。经进一步检查电源滤波电路,发现滤波电容 2C40 内部严重漏电。

检修结果:更换 2C40 后,故障排除。

例 24　新科 25C 型 VCD,开机数分钟后,显示消失不工作

故障症状:机器每次开机 5min 后屏显示消失,不能工作,故障重复出现。

检查与分析:该故障应重点检查电源供电或负载电路。检修时,打开机盖,用万用表 10V 直流档测量 CPU 供电电压为 1V 左右,正常时为 5V。该机 CPU 由三端稳压器 IC2(7805)供电,测 IC2 输入端无 12V 输入(实测约为 4V 左右),该 12V 电压由变压器输出 10.5V 交流电压,经整流、滤波后得到。测 10.5V 交流电压正常,测滤波电容正常,用万用表 R×1k 测 4 只整流管也正常,但由于开机 5min 后机器才出现故障,故怀疑整流管热内部稳定性变差。

检修结果:更换 4 只整流管,故障排除。

例 25　新科 26C 型 VCD,遥控失灵

故障症状:机器面板控制正常,但遥控失灵。

检查与分析:先检查测遥控器是否正常,若正常则应查面板上 4501 接收头电源(5V)是否加上。若电源正常,则可用遥控器发出指令,用万用表 10V 档测 U501(1)脚是否有控制信号输出。若无,则换 U501 即可。若有信号输出则应查键控板至电源板 XP501 第(1)脚(RMC)端有无控制信号输出,若仍有正常控制信号,则应查 ES3207 RMC 端是否脱焊。该机经检查为 ES3207 内部不良。

检修结果:更换芯片 ES3207 后,故障排除。

例 26　新科 28C 型 VCD,碟片不转

故障症状:机器入碟后,碟片不转,不能工作。

检查与分析:开机观察,机器入碟后,碟片不旋转,激光头托架能够上升。不放入碟片,当托盘进入后激光头不动,也无激光束出现。由原理可知,激光头托架上完全到位后,激光头物镜才会动作。再装入碟片,待碟片进盒、激光头托架上升后,立即用手略向上托起托架,结果读盘正常,由此说明故障因激光头托架没有完全到位所致。经查引起这种故障的机械部分件有多处,作为应急处理,可以用增加助动的办法解决。

检修结果:找来收音机调谐盘上拉线上的小弹簧 3 个,串接后,一头钩在托架上,另一头钩

在片仓滑轨支架上,给托架一个上拉力,促使其上升到位;为获得平衡,托架两侧各装一个这样的弹簧。弹簧装好,故障排除。

例27　新科30B型VCD,重放时无像无伴音

故障症状:机器读盘正常,重放时无图像无伴音。

检查与分析:该故障应重点检查数字信号处理器与VCD解压板之间电路。检修时,打开机盖,先用示波器检测数字信号处理器CXD2500BQ的BCK、DATA、LR＋CK的信号波形均正常。说明数字信号处理器工作正常,进一步检查解压板,用万用表检测其工作电压为5V正常,再检查复位时钟信号也正常,判断解码板内部损坏。

检修结果:更换解码板后,故障排除。

例28　新科320型VCD,无显示,不工作

故障症状:开机后,无屏显,各功能键不能操作,机器工作。

检查与分析:该故障应重点检查电源电路。检修时,打开机盖,检查发现电源电路板上的R347、R348均已烧断,VD308、VD346也已烧变黑。将R347、R348、R346、VD308均更换后,试机故障依旧。用万用表测VD308正极电压为－22V,低于正常值－20V,再测接插件XP301部分引脚无电压,经检查发现XP301相关引脚脱焊。

检修结果:重新补焊后,故障排除。

例29　新科320型VCD,不能正常开机,无显示

故障症状:插上电源后,按开机键,不能正常开机,无屏显,待机指示灯也不亮。

检查与分析:根据现象分析,问题一般出在电源及控制电路。由原理可知,该机在待机状态时,除一组＋5V供给CPU、交流3.5V和直流－21V供给显示屏外,其它各组电压均受CPU的Power ON(65)脚控制。检修时,打开机盖,用万用表测CPU集成块CXP50116－723Q的(75)脚有＋5V供给电压,按压电源开关键,发现CPU的(65)脚无高电平输出,查面板电路,发现无＋5V供电。顺着电路检查,发现从插座CZ05出来的扁平连线在一折叠处有一根线断。

检修结果:重新连线后,故障排除。

例30　新科320型VCD,无开机蓝屏,重放无图无声

故障症状:开机后屏显示正常,无蓝屏,放入碟片后能读盘,但重放时无图无声。

检查与分析:该故障应重点检查解压板或其供电电路。检修时,打开机盖,用万用表检查机内的各组供电电源,发现机内的＋5V和＋3.3V电压均很低,其中＋3.3V供电仅为＋0.4V,＋5V供电仅为＋1V,怀疑C325和C326等相关电容对地漏电。但逐个断开C325和C326后＋5V和＋3.3V供电仍然很低,说明故障还在前级电路。进一步顺电路往前查N305、C327等相关元件,发现C327内部严重漏电。

检修结果:更换电容C327后,故障排除。

例31　新科VCD320型VCD,开机无蓝屏,不能重放

故障症状:开机后无蓝屏,不能重放。

检查与分析:根据现象分析,该故障一般发生在CPU或解码电路。CPU要正常工作,外加电源、系统复位、晶振等要正常。该机主CPU由解码器ES3210内部的CPU组成,副CPU为CXP84120控制全机工作。故无蓝屏故障,实际也无屏显,不能加载和聚焦搜索。

检修时,打开机盖,先检查编码器及主CPU(解码电路ES3210内)的供电及其外围电路,发现解码器(1)、(31)、(51)脚上无VDD3(＋3.3V)及(81)脚上无VDD(＋5V)电压。此电压

由电源变压器8V绕组经整流、滤波而得,有关电路如图3-14所示。检查整流输出C327上有11.2V电压,而四端稳压器输出端R335热端却无5V电压,从而导致3.3V也无输出。经查N305控制端C脚上的控制电压为0V,而从CPU输出到R334的POWER ON却有4V。怀疑N305有故障。拆下N305,测量其C脚内部短路。

检修结果:更换N305(KA78R05)后,故障排除。

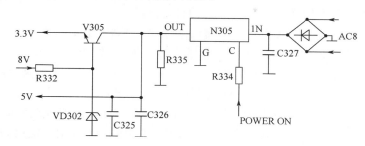

图3-14

例32 新科320型VCD,机内发出"嗒嗒"声,不读盘

故障症状:开机后放入VCD碟,机内发出"嗒嗒"声,不读盘。

检查与分析:开机观察,机器入碟后,激光头能径向移动,但物镜上下跳动发出"嗒嗒"声。判断故障出在电源或聚焦伺服部分。检修时,打开机盖,用万用表测各供电电压正常,说明问题出在聚焦伺服部分。再测CXD2545(93)FOK电压波动不止,说明CXD2545工作不稳定,分析该机16.9MHz时钟电压由N301(1710)供给,测N301(6)、(5)脚电压也上下变化,进一步检查发现N301引脚脱焊。

检修结果:重新补焊后,故障排除。

例33 新科330型VCD,重放时图像有水波纹

故障症状:重放VCD时,图像有水波纹且彩色不均匀。

检查与分析:该故障应重点检查解码电路,一般为CH7201不良。检修时,打开机盖,先检查更换CH7201芯片,如无效,则为解码芯片ESS3204损坏。若开机或重放时屏幕出现较大竖线条(有时在屏幕上部出现),一般为ESS3204损坏,有时故障在N/P制转换中能消除。若图像出现一条较短的线条,一般则为芯片DRAM不良或ESS3204损坏。该机经检查为CH7201芯片内部损坏。

检修结果:更换CH7201后,故障排除。

例34 新科330型VCD,右声道无伴音

故障症状:重放VCD时,右声道无伴音,图像正常。

检查与分析:根据现象分析,该机重放时图像正常,且左声道伴音也正常,说明整机电源、微处理控制及音频DAC电路均基本正常,重点应检查右声道输出及放大电路。检修时,打开机盖,先用万用表检测右声道信号输出电路正常,进一步检查其放大电路,发现信号耦合电容C55内部开路。

检修结果:更换电容C55后,故障排除。

例35 新科330型VCD,托盘出盒及选曲时有严重噪声

故障症状:托盘出盒及选曲时有严重噪声干扰。

检查与分析:该故障应重点检查静音控制电路。由原理可知,该机在非重放状态下,微处理器 CXP50116(66)脚输出高电平静音控制信号加至开关管 Q2、Q6b 极,使 Q2、Q6Q 饱和导通,左、右声道音频信号对地旁路,从而实现静音。检修时,打开机盖,用万用表实测在非重放状态下,CXP50116(66)脚有高电平静音控制信号输出,说明 Q2 工作不正常。检查 Q2 外围电路无异常,经查为 Q2 内部断路。

检修结果:更换 Q2 后,故障排除。

例 36　新科 330 型 VCD,入碟后,数秒钟自动停机

故障症状:开机后,放入 VCD 碟,数秒后自动停机,不能读盘。

检查与分析:开机观察,机器入碟后,碟片旋转正常,分析故障可能出在聚焦循迹伺服电路。检修时,打开机盖,将万用表拔在 R10 挡,红表笔接地,黑表笔去碰触 RF 放大/伺服信号处理器 N103(CXA1782BQ)(13)脚 TAO 输出端,激光头出现水平径向微动,说明伺服功率放大器 N104(BA6395)正常;再将黑表笔依次碰触(44)脚 TEI 端口,激光头径向动作较前一次反应剧烈,而碰触(42)脚 TEO 端,激光头几乎无反应,说明问题发生在(42)脚至(44)脚之间的循迹误差信号通道。

分析 CXA1782BQ 内部电路结构,(42)脚输出的 TEO 信号通过(43)脚外接 CPF 滤波后,从内部比较放大器放大后再给 TM1、TG 开关选能送往循迹相位补偿器,进行相位校正放大,最后从 N103(13)脚输出去驱动循迹线圈。

根据上述分析,进一步检查 N103(43)脚外围 CPF 中的 R120、R121、C125、C126 时间常数元件,发现电容 C126 内部不良。

检修结果:更换电容 C126 后,故障排除。

例 37　新科 330 型 VCD,重放一段时间后死机

故障症状:重放一段时间后,机器死机。

检查与分析:该故障应重点检查 VCD 解码及供电电路。该机解码芯片采用美国 DSS 公司生产的第四代解压芯片 DSS3210。检修时,打开机盖,当故障出现时,用万用表测 DSS3210(81)脚电源端 +5V 供电正常,测(29)脚复位电平也正常。当测至(51)脚时,发现该脚电压只有 1.2V,正常应为 3.3V,说明故障就是此电压不正常引起的。进一步检查其供电电路,发现 +3.5V 稳压管内部不良。

检修结果:更换 3.5V 稳压管后,故障排除。

例 38　新科 330 型 VCD,自检正常,不读盘

故障症状:开机后,放入 VCD 碟,自检正常,但不读盘。

检查与分析:开机观察,激光头聚焦伺服部分均无异常,判断故障出在数字信号处理器 DSP 部分。检修时,打开机盖,用万用表测 DSP 芯片(CXD2540Q)的 LRCK、DATA 引脚电位,发现机器读盘时 LRCK 电位为 2.5V 左右,DATA 电位为 0V,显然不正常。试换晶振无效,检测其外围阻容元件也未发现异常,检查芯片引脚也未有虚焊故障。进一步检查供电电路,发现该板稳压块 7805 的输出电压不稳定。断电后检测 7805 发现其内部不良。

检修结果:更换 7805 后,故障排除。

例 39　新科 330 型 VCD,读盘时间长,选曲困难

故障症状:机器入碟后,读盘时间长,重放时选曲困难,特别是放至碟片后几首曲目时,易发生碟片飞转。

检查与分析:根据现象分析,该故障一般发生在激光头及伺服控制电路。检修时,打开机盖,用示波器测 DSP(CXD2500)(24)脚输入的 RF 信号幅度,仅 0.5V_{P-P}。测主板上激光管的供电电阻 R117 上压降已从正常的 0.5V 变大到 0.7V。擦拭物镜后 RF 信号变大到 0.6V$_{P-P}$，但仍小于标准值 1.2V$_{P-P}$。R117 上电压降大，说明此时 LD 管电流已偏大，但 RF 幅度仍小，表明激光头内 LD 管老化。

检修结果:更换新激光头后,故障排除。

例40　新科330型VCD,不能正常开机

故障症状:插上电源后,按下面板或遥控器电源键不能开机,有时偶尔能开机,但关机后又不能开机。

检查与分析:根据现象分析,该故障一般发生在电源开/待机控制电路,有关电路如图 3 - 15 (a)所示。由原理可知,接入市电后,电源变压器次级电压中有一组通过整流滤波后,稳压产生 +5V,提供给主控 CPU - IC08(CXP50116 - 713)作工作电源,主控 CPU 复位清零,自动处于待机状态。当按一下面板或遥控器电源键时,主控 CPU 开/待机控制端(65)脚输出高电位,控制管 Q8 导通,向后面各稳压、负载电路提供 18V 脉动直流电,机器加电工作。若再按一下电源键,主控 CPU(65)脚输出变为低电位,Q8 截止,切断 18V 电源,机器处于待机状态。

检修时,打开机盖,用万用表测主控 CPU(65)脚始终为 0V 低电位,处于待机状态,测电源板 CN4 插座的 CPU +5V 端(5)脚电压正常,并已送至 IC08 的(31)、(34)、(75)脚,测 IC08 复位端(32)脚复位正常,时钟振荡(72)、(74)脚电压也无异常。CPU 的工作条件已具备,但仍不能正常工作,进一步分析原因,如果键控电路中的按键漏电同样也会造成 CPU 不能工作。试将键控输入排线从 CZ05 插座上拔出,保留遥控接收头接线,如图 3 - 15(b)所示。用遥控器控制开机,但 IC08(65)脚电压仍无变化,由此怀疑 IC08 不良。为慎重起见,将 IC08 引脚全部补焊一遍,以排除虚焊因素,并更换 IC08(72)、(74)脚外接的晶振 X2(4.194MHz)及起振电容 C74 和 C75(20pF),结果故障现象不变,由此判定 IC08 内部损坏。

检修结果:更换 IC08(CXP50116 - 713)后,故障排除。

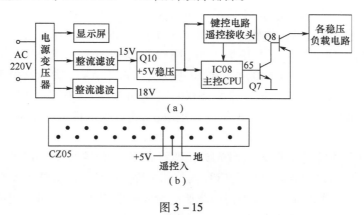

图 3 - 15

例41　新科330型VCD,碟片旋转正常,不能读出目录

故障症状:开机后,显示屏上字符正常,能自动进行三碟碟片检索、激光头升起、聚焦搜索,碟片能正常旋转,但读不出目录及菜单,有开机画面。

检查与分析:该故障一般发生在解压板上。检修时,打开机盖,用示波器测解压板上 WRN 线上波形异常,显示为很宽的方波(正常时应为窄脉冲),在碟片旋转的前提下测量 D0 ~ D3 线上为 0V 电压不变。测量 REQ 引脚为 0V,而正常时应 5V。由此可判断 REQ 线有开路点。仔细检查发现为主控 CPU 的(40)脚虚焊。通过检修发现,尽管 WRN 线、D0 ~ D3 线上波形或电压异常,但故障并不在这些引脚上。REQ 线应该在开机后恒为 5V,现在变为 0V,说明该脚才是故障根源。

另外,在主板与解压板的 ACK 线开路时,会同时引起 WRN、REQ 线上由正常的窄脉冲变为宽方波。D0～D3 线上恒为 0V,当 D0～D3 线某一脚开路时,也会导致上述故障发生,但解压板上对应的引脚会变为 0V,而其余引脚波形正常。

检修结果:重新补焊,故障排除。

例 42　新科 330 型 VCD,碟片旋转不停,读不出目录

故障症状:机器入碟后,碟片持续旋转不停,显示屏上可出现"VIEDO CD"字符,但读不出目录、菜单。无开机画面,出盘键失效,停止键失效。

检查与分析:该故障应重点检查解码板电路,其原因有可能是子码 Q 未加到主控 CPU,或主板到解压板数据线、控制线有开路现象,也有可能是解压板内部未正常工作。具体原因可能有以下几点:

(1) 子码 Q 若未加到主控 CPU,碟片旋转 15s 后会停止,而该机旋转不停,故障应在主板到解压板的连线及解压板内部。

(2) 因为无开机画面,说明解压板内部电路未工作。

(3) 若是主板到解压板的数据线、控制线有开路,不会影响开机画面。

通过以上分析,说明故障在解压板内部。打开机盖,用万用表先检查 ES3210 的 +5V 电源,+3.3V 电源正常,27MHz 时钟正常,查看解压板背面左边的地线与右边地线不通。

检修结果:用导线连接后,故障排除。

例 43　新科 360 型 VCD,机器入碟后不读盘

故障症状:机器入碟后,不读盘,多功能显示屏显示"NO DISC"。

检查与分析:开机观察,激光头托架没有上升到位。用手拨动齿轮,转动灵活,并能使激光头托架上升到位,此时机器亦能正常播放。由此说明故障部位在激光头位置开关至 CPU 之间。由原理可知,托盘进仓后,位置开关"CLOSE"闭合,CPU(43)脚为低电平;开关仓电机继续转动,通过齿轮机构使激光头托架上升,同时带动激光头位置开关移动,使位置开关"DOWN"断开、"UP"闭合,CPU(40)脚由低电平变为高电平,(41)脚由高电平变为低电平,开关仓电机停转。此后,CPU 结合位置开关"STOP"、"ADDR"的状态,从(26)、(27)脚发出寻碟指令,控制 D111(BA6208)输出寻碟电机的驱动电压,使寻碟电机 M2 正转或反转,以完成寻碟动作。

根据上述分析,该机托盘进仓后,激光头托架没有到位,位置开关"UP"也未闭合,却能进行寻碟,说明 CPU(41)脚已得到低电平或 CPU 内部相关部分损坏。该脚外部相关元件有位置开关"UP"、电阻 R185,经查均完好,而 CPU(41)脚始终为低电平,因而断定 CPU 内部局部损坏。

检修结果:更换 CPU(CXP84120)后,故障排除。

第 4 节　松下 DVD、VCD 机故障分析与维修实例

例 1　松下 A100 型 DVD,重放不久自动停机

故障症状:机器重放不久自动停机。

检查与分析:该故障应重点检查电源电路。该机采用新器件 STRM 毓电源厚膜电路 IC1011(STRM6559IF),是一种它激式并联型开关电源,有关电路如图 3-16 所示。

检修时,打开机盖,用万用表在故障出现时测 IC1011 的引脚电压,发现(1)脚为 300V,(2)脚为 0V,(6)脚为 2V,说明电源停振,原因为(6)脚电压偏离所致。进一步检测 IC1011 电源脚(5)的电压为 16.5V,正常,分析是(6)脚外接元件热稳定性变差,测 D1031 正常,焊下 C1031 电容,测量发现内部漏电。由于 C1031 漏电,使 16.5V 电压经 R1031、D1031 加至 IC1011(6)脚,导致振荡器(OSC)停振,机器自动关机。

检修结果:更换 C1031 后,故障排除。

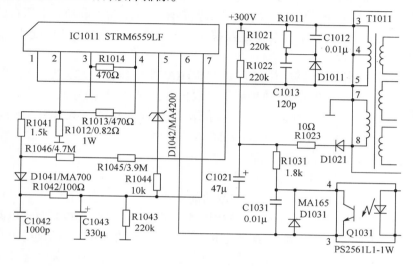

图 3－16

例2 松下 A300MU 型 DVD,重放时无图像无伴音

故障症状:机器读盘及屏显示均正常,但重放时无图像无伴音。

检查与分析:该故障应重点检查视音频信号通道及视音频信号处理和供电电路。该机器视音频信号的通道包括前置放大块 IC5001 和频道读取处理块 IC7001。检修时,打开机盖,用示波器检查 IC5001(64)脚、IC7001(51)脚和(28)脚输出的信号波形均一切正常。再检查音、视频信号处理电路的供电电路,用万用表测 IC1111 输出 3.3V 电压,正常;IC1121 输出 +5V 供电电压,仅为 4.3V。检查其相关滤波电阻元件无异常,判定为 IC1121 内部损坏。

检修结果:更换 IC1121 后,故障排除。

例3 松下 A300MU 型 DVD,重放时,中置声道无声音

故障症状:机器重放 AC－3 碟片时,中置声道无声音。

检查与分析:该故障应重点检查声音信号处理电路。检修时,打开机盖,检查中声道插孔 J8004 的接触电阻和插孔外围电路中的电阻、电容均正常。由原理可知,该机中置信号的形成是由音频解码器 IC4001(MN67730MH)的(48)脚、(49)脚、(55)脚输出的数字音频信号,经 IC4211(PCM1710)数/模转换后,从其(16)脚输出,再经接插件 P24101 的(5)脚、(26)脚加至 IC4221(2)脚进行放大处理后从插孔输出。检修时,打开机盖,用示波器观察 P24101(5)脚有正常的音频信号波形,IC4221(NJM4580M)的(2)、(1)脚波形也正常。但当测量其(6)、(7)脚波形时,发现两脚的波形异常,仔细检查 IC4221 的(6)、(7)脚外围元件,发现电容 C4243 内部不良。

检修结果:更换 C4243 后,故障排除。

例4 松下 A300 型 DVD,不读盘,显示"NO DISC"

故障症状:机器入碟后读不出目录,屏显示"NO DISC",不工作。

检查与分析:开机观察,机器入碟后,碟片旋转稳定,但显示屏只有电源接通初始显示,无 TOC 目录内容,判断故障出在循迹伺服或进给伺服环路。检修时,打开机盖,试插入测试盘 DVDT－SO1,用示波器探头接在 IC7001(17)脚波形正常,说明主轴电机的旋转速度稳定。依序按下"STOP"、"PLAY"、"OPEN/CLOSE"键,屏显示自检结果"H03",查资料"H03"代码为循迹出错。由该机伺服控制原理可知,聚焦、进给伺服在短期内位移甚小,播放时伺服驱动电路输入端电压稳定;主轴电机转速在短期内可视为不变,其驱动电路输入端电压也是恒定的。只有循迹伺服要随时对激光束的轨迹中心进行校调,其驱动电路输入端动态电压自然漂移不定,正常时在几十毫伏至几百毫伏。这样通过监视驱动电路输入端动态电压的变化范围就可以判定循迹伺服环路工作是否正常。

根据上述分析,用毫伏计监视 IC2051(18)脚 TRACK 电压,发现其变化范围明显变窄,再测(20)脚电压正常。由于(20)脚进给伺服信号取自循迹误差 TE 信号低频分量,如果 IC 芯片内 TE 信号通道出问题,势必影响进给伺服环工作,因此判断问题在 IC2051(18)脚至 IC2001(91)脚外围电路。经仔细检查发现电容 C2055 内部漏电。

检修结果:更换 C2055 后,故障排除。

例 5　松下 A300 型 DVD,托盘不能进出仓

故障症状:开机后,托盘不能进出仓,控制功能失效。

检查与分析:经开机检查,托盘传动机构无故障,问题一般出在其控制驱动电路。检修时,打开机盖,脱开 IC2051(3)、(4)脚,在加载电机两端加 4.5V 直流电压,托盘进出仓正常,可以排除加载电机有问题。待载片托盘入仓,用万用表监视 IN－SW 检测开关闭合,IC6031(38)脚为低电平,激光头静止不返回光盘中心导入区零轨;手动进给传动机构,将激光头平移回到中心位置,监视 IC2001(32)脚的激光头限位开关 ST－SW 闭合;斜视激光头物镜无红光射出,物镜也不发生上下聚焦搜索动作。两次人工协作都不能使机芯进入下一道工作程序,判断问题出在中央控制系统。电源接通,VFD 屏点亮,说明操作/显示驱动微处理器 IC6501 进入工作,关键在系统控制微处理器 IC6031 与受控(包括与 IC6501、IC2001、IC6001 等)单元的通讯联系是否启动进行。根据上述分析,用万用表和示波器测量 IC6031(8)脚 VCC、(1)脚 RST 电压为 +5V,(14)脚时钟信号频率 27MHz。测(43)脚 SCL、(44)脚 SDA 电压为 2.7V、4.9V,检查发现 SCL 线上拉电阻 R6033 内部损坏。

分析其原因为:IC6031(43)、(44)脚 I^2C BUS 用于接收操作/显示驱动微处理器 IC6501(14)、(16)脚送来的用户指令编码信息,I^2C BUS 不传送数据时,SDA、SCL 都是稳定高电平。在数据交换期间,只有 SCL 线为高电平或在 SCL 位于上升/下降沿时,传送数据才会生效;而在 SCL 线为低电平时,才允许 SDA 线上的数据进行改变。由此可知,当 IC6031(43)脚 SCL 线电压下降到 2.7V 时,IC6501 与 IC6031 通过 I2C BUS 交换的数据全部无效。

检修结果:更换上拉电阻 R6033 后,故障排除。

例 6　松下 A330 型 DVD,机器不读盘

故障症状:机器入碟后,不能读出 TOC,VFD 屏显示"ERR"。

检查与分析:开机观察,激光头物镜中红色光点,也能上下搜索聚焦,但碟片转动片刻即刻停下来。依序按下本机"STOP"、"PLAY"、"OPEN/CLOSE"功能键,显示屏上显示故障自检代码"U51",说明问题出在聚焦伺服环路。

由原理可知,影响聚焦伺服控制环路工作的因素有:激光头组件内光盘接收器中 A1－A4;IC2001(58)脚至激光头插件(5)脚 SRF1 内的聚焦平衡控制电路;IC5001(7)脚与 IC2001

(89)脚之间的聚焦平衡控制电路;IC5001(9)脚与 IC2001(79)脚之间的聚焦伺服误差信号 FE 传输通道。

经开机检查发现 IC2001(79)脚虚焊。

检修结果:重新补焊后,故障排除。

例 7 松下 A330 型 DVD,重放时图像无彩色

故障症状:机器重放时,图像无色彩,伴音正常。

检查与分析:该故障一般应重点检查视频 D/A 转换电路。检修时,打开机盖,用示波器测该机器视频输出集成电路 IC3161 的 9 脚(YOUT)有亮度信号输出、(14)脚(COUT)无色度信号输出,再测 IC3161 的色度信号输入引脚(14)脚(CIN),仍然无色度信号的波形,正常的波形为 $1V_{P-P}$。

进一步检查视频编码和视频 D/A 转换电路 IC3532(SIV0117A)的 31 脚,其色度信号正常。它是模拟色度信号的输出端,再对其外围电路进行检查,发现可调电阻 VR3202 内部断路。

检修结果:更换 VR3202 后,故障排除。

例 8 松下 800CMC 型 DVD,面板无显示,不工作

故障症状:插上电源后,面板无任何显示,机器不工作。

检查与分析:根据现象分析,该故障一般发生在电源电路。检修时,打开机盖,用万用表测 300V 直流电压正常。测 IC1011(5)脚(工作电压)为 3V,正常值为 17V,说明 IC1011 启动电压或工作电压回路有故障。断电后测启动电阻 R1021、R1022 均正常,测 IC1011(5)脚的工作电压回路,即 T1011(7)~(8)脚、R1023、D1021 也正常。由于该电压不仅是 IC1011 的工作电压,也是光耦合器 Q1031 的工作电压,所以如果该路负载有故障,该电压便会下降,经进一步检测,发现 Q1031 内部损坏。

检修结果:更换 Q1031 后,故障排除。

例 9 松下 800CMC 型 DVD,DVD 不能正常读盘

故障症状:重放 DVD 时,激光头不能读出 TOC,只能读出 OO,显示"OO - READ"。

检查与分析:根据现象分析,该故障可能有以下原因:激光头组件不良;循迹伺服电路及循迹驱动电路异常;前置放大电路有故障;伺服控制电路有故障。检修时,用示波器测 AS2 信号测试点 TC2025,发现比正常值明显偏小,说明激光头或前置放大电路损坏。经进一步检测,发现激光头内部不良。

检修结果:更换激光头后,故障排除。

例 10 松下 880CMC 型 DVD,面板显示"F893"

故障症状:开机后,机器面板显示"F893",不工作。

检查与分析:根据该机检修信息表得知,F893 与 IC6302 有关。检修时,打开机盖,用示波器在出现"F893"时测 IC6302 地址脚波形均正常,但所有数据均无波形,仅有 3V 直流电压。该现象主要是储存的程序出现小错误,可利用重新写程序的方法修复,或用一只已写入程序的 IC6302 更换。

检修结果:更换一块已写入程序的 IC6302 后,故障排除。

例 11 松下 880CMC 型 DVD,重放时图像有"马赛克"

故障症状:重放 DVD 时,图像出现"马赛克"现象。

检查与分析:根据现象分析,机器重放时,出现"马赛克"图像一般与解码电路 IC3001 及其外接 IC3051(16 M SDRAM)和 IC3061(4 M SDRAM)有关。检修时,打开机盖,用万用表及示波器测 IC3001 为 3.3V 工作电压、复位电压和晶振信号均正常。测 IC3001 和 IC3051、IC3061 之间的地址脚形正常,但数据脚却无波形只有 3V 直流电压。SDRAM 内每一位的 0 与 1 信息是存储在电容上的,由于不可避免的电容漏电及 SDRAM 对工作电压的敏感性,所以其故障率较其它 IC 高。该机经检查为 IC3051 内部不良。

检修结果:更换 IC3051 后,故障排除。

例 12　松下 880CMC 型 DVD,面板锁住不工作

故障症状:开机后,机器面板显示 WELCOME(锁住),不能工作。

检查与分析:根据现象分析,问题一般出在控制及信号储存电路。检修时,打开机盖,用万用表及示波器测电源板 +5V、+3.3V 输出电压均正常,测各 IC 复位电压、工作电压、晶振信号均正常,测各 IC 通信脚发现 IC6201(70)、(72)脚只有 3V 直流电压但无波形,正常时该电压应有波形。由原理可知,IC6201(70)、(72)脚和 IC6303(6)、(5)脚及 IC2001(36)、(37)脚进行通信,其中任何一只 IC 不良均会出现该故障。IC6303 是 E2PROM,其内部储存了一些初期设定信息和区域码信息。由于 IC6303 故障率较 IC6001、IC6201 高,所以在通信不良时应尝试首先更换。该机经检查果然为 IC6303 内部不良。

检修结果:更换 IC6303 后,故障排除。

例 13　松下 880CMC 型 DVD,重放时有图像无伴音

故障症状:机器重放时,有图像无伴音,面板时间显示正常。

检查与分析:根据现象分析,解码电路 IC3001 及其外接 RAM IC3051、IC3061 均正常,故障一般出在 IC3001 之后的音频处理通道中。由原理可知,IC3001(185)脚(AOUTO)、(181)脚(SRCK)、(179)脚(LRCK)输出信号分别通过连接器 PS4201(4)、(1)、(3)脚送到 IC4201,经数模转换后从 IC4201(13)、(16)脚输出音频模拟信号,送到 IC4306,经放大并和 MIC 信号混合后输出。

检修时,打开机盖,用示波器测数据及时钟信号已送至主板,因此应检查 IC4201 以后的通路及 A MUTE 信号。A MUTE 信号从 CPU(IC6201)(3)脚输出,经 LB4008 送到 PS4201(21)脚。用万用表测 PS4201(21)脚为 0V,正常时为 3V;测 IC6201(3)脚有 3V 电压输出,说明 IC6201 正常;断电后检查 LB4008,发现内部已断路。

检修结果:更换 LB4008 后,机器伴音恢复正常。

例 14　松下 890CMC 型 DVD,面板无任何显示

故障症状:机器通电后面板无任何显示,不工作。

检查与分析:该故障产生原因有:电源不工作;副 CPU IC6001 未工作;显示屏供电电路有故障或显示屏本身不良。检修时,打开机盖,用万用表测电源输出,各路电压均正常,测 IC6001 复位电压正常, +5V 电压也正常。用示波器测晶振无波形,说明是晶振损坏使 IC6001 不工作。更换晶振后 STANDBY 灯亮,按 POWER 键不起作用,仍处 STANDBY 状态。

用示波器测操作板上的按键,发现有 5～0V 的瞬间变化,该变化电压已送到 IC6001(84)脚。正常时 IC6001(84)脚在收到信号后从 IC6001(79)脚输出低电平,经 QR6004 反相后形成 3.3V 电压,送到电源板连接器 FP4701(17)脚,受控电压有输出,使主 CPU 等工作。实测 IC6001(79)脚一直为 5V,查 QR6004 正常,再测 IC6001 各脚电压,发现(2)脚电压仅为 0.3V,正常值为 5V,用万用表电阻档测(2)脚对地电阻值为 0.8kΩ,正常时为无穷大,说明(2)脚外接电容 C6041 内部漏电。

检修结果:更换 C6041 后,故障排除。

例 15　松下 SL – VS300 型 VCD,机器不读盘,显示"NO DISC"

故障症状:机器入碟后,屏显示"NO DISC",不读盘。

检查与分析:开机观察,机器入碟后,碟片不转,激光头上下聚焦寻迹动作正常,判断故障出在主轴电机及驱动电路。检修时,打开机盖,用万用表测 IC702(38)脚(RF　DET)、(32)脚(FE)电压均正常,测 IC703 工作电压正常。测 IC703(17)、(18)有 2 ~ 4V 波形,说明主轴电机或托盘有故障。先用手转动一下托盘,发现其转动不畅,经检查,托盘高度失调。

检修结果:经重新校正后,故障排除。

例 16　松下 SL – VS300 型 VCD,托盘不能出盒

故障症状:按出盒键,托盘不能出盒。

检查与分析:该故障一般发生在托盘电机驱动及托盘机构传动部位,具体原因及检修步骤为:

(1)机械传动部位,主要是托盘右侧长齿条上的齿轮掉齿。在开机后,会听到机器中发出的"咔咔"的声音,经检查后该机传动部位正常。

(2)解码板及驱动电路故障。用万用表测加载电机驱动电路 IC790 的工作电压只有 0.5V,正常值为 7.6V。测 IC11(1)脚,发现只有 1.4V,正常值为 8.3V,测 Q13、Q14b – c 极电压正常,用手摸 CPU 及解码板均烫手,测解码板(1)对地电阻为 1.1kΩ,正常值为 8.9kΩ,怀疑电动机驱动块 IC790 内部损坏。

检修结果:更换 IC790 后,故障排除。

例 17　松下 SL – VS300 型 VCD,按"POWER"键自动停机

故障症状:插上电源后,待机灯亮,但一按"POWER"键则自动停机保护。

检查与分析:该故障应检查解码板及相关电路。检修时,打开机盖,用万用表测解码板(1)脚为 1 ~ 2V,正常值为 3.3V,(7)脚为 2 ~ 4V,正常值为 5V;测解码板(1)、(8)、(7)脚对地电阻值为 200Ω,正常值(1)脚为 8.9kΩ,(8)、(7)脚为 ∞,由此断定解码板内部短路。

检修结果:更换解码板后,故障排除。

例 18　松下 SL – VS501 型 VCD,重放时无图像

故障症状:重放 VCD 时,伴音正常,无图像。

检查与分析:根据现象分析,该故障应重点检查解码板上的视频编码电路。经检查,确为编码块 BH7326F 内部损坏。由于该集成块不易购买,可以用价廉易购的 CXA1645M 作代换。经查资料得知两者的引脚功能完全一致,但是对比两者的实际应用电路发现:采用 CXA1645M 的电路中(如图 3 – 17 所示),其(9)、(13)、(14)、(18)脚对地均外接有元件;而采用 BH7236F 的电路,其(9)、(13)、(14)、(18)脚均为空脚;其它脚接法与 CXA1645M 完全相同。参照图示在新代换上的(13)、(14)脚的印板上直接焊上相应元件;(18)脚为彩色色调调整脚,当制式为 NTSC 制时对地接入 20kΩ 电阻;为 PAL 制时对地接入 16kΩ 左右电阻。这两种不同阻值电阻的接入是靠 Q1、Q28 组成的电子控制电路来实现的,在这里为方便焊接,省去了控制电路,只在(18)脚对地间焊上一只 18kΩ 左右电阻即可。

检修结果:经上述处理后,故障排除。

例 19　松下 SL – VM510 型 VCD,开机无任何反应

故障症状:开机后无任何反应,按各功能键均无效。

检查与分析:该故障应重点检查电源及控制电路。检修时,打开机盖,检查保险管完好,用

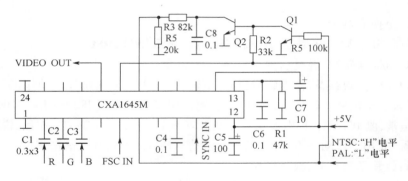

图 3 – 17

万用表测电源变压器三组副绕组上的交流电压分别为 3.2V、8.1V、11.4V,正常。检测受控的输出电压 8.1V、7.7V、5V 及 AC3.2V 均为 0V,说明故障在电源控制电路。由原理可知,电源控制信号由 IC401(22)脚发出,正常工作时输出 4.6V 高电平,此电压加到 Q23 的 b 极,控制 Q24、Q25 导通,从而控制 8.1V、7.7V、5V、AC3.2V 电压的导通。经检查发现 Q24 内部开路。

检修结果:更换 Q24 后,故障排除。

例 20 松下 LX – K750EN 型 VCD,重放时左声道无伴音

故障症状:重放时,左声道无伴音,其它功能均正常。

检查与分析:该故障应重点检查左声道电路,有关电路如图 3 – 18 所示。检修时,打开机盖,用示波器测集成电路 IC102B 的(7)脚,无音频信号输出波形。测集成电路 IC101(12)脚输出左声道波形正常,测 IC102B(5)脚无输入音频信号波形,说明故障在 IC101(12)脚与 IC102(5)脚之间的电路元件中。检查相关元件发现,电容器 C116 短路,电阻 R106 的阻值变大。

检修结果:更换 C116 和 R106 后,故障排除。

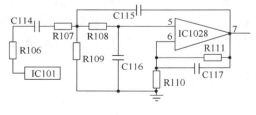

图 3 – 18

第4章 MP3、MP4、MP5 播放机
故障分析与维修实例

第1节   MP3 播放机故障分析与维修实例

例1   瑞星 MP3 播放机,不能正常开机

故障症状:用电源给机器供电,按开机按钮后有开机电流,但放开按钮后电流就下降为零,不能正常开机。

检查与分析:该故障一般是开/关机电路的三极管电流放大倍数太小或者三极管损坏。当按开机键时,PLAY_ON 应该为接近电池电压,PWR_ON 应该为高电平(3.3V)。如果该两点电压异常,通常是三极管损坏、场效应管(IS2305)损坏、3.3V 稳压的 LDO 损坏。

该机经检查为场效应管(IS2305)内部损坏。

检修结果:更换场效应管(IS2305)后,故障排除。

例2   瑞星 MP3 播放机,不需按键直接开机

故障症状:用电源给机器供电后,不需按键直接开机。

检查与分析:该故障一般是开/关机电路的三极管损坏或者场效应管的型号不对。该机经检查为开/关机电路的三极管内部损坏。

检修结果:更换三极管后,故障排除。

例3   瑞星 MP3 播放机,开机后总处于充电状态

故障症状:固件升级成功后,开机后总处于充电状态。

检查与分析:该故障一般是由 USB_DET 脚出现异常所致,重点检查 USB 到电池充电的二极管是否击穿或漏电造成电池供电时 USB_DET 的检测电压达到门限值(一般为 1.5V 以上);还应检查主控芯片的 USB_DET 脚被击穿。该机经检查为主控芯片的 USB_DET 脚击穿损坏。

检修结果:更换 USB_DET 后,故障排除。

例4   瑞星 MP3 播放机,录音有杂音

故障症状:录音有杂音。

检查与分析:检查 MIC 的偏置电路是否异常,经过一级 RC 滤波后的 MIC 电压为 2V 左右;MIC 损坏或是与 MIC 并联的高频旁路电容误配、耦合电容漏电以及一级 RC 滤波电路参数异常,特别是滤波电容容量失效,也会导致此故障。如果以上检查未发现异常并且排除软件上的相关设置无误,可以将主控的 MIC 引脚交流对地短接(用 10uF 左右的电容)再录音,如果还存在噪声,可能为主控被损坏。

该机经检查为 MIC 损坏。

检修结果:更换 MIC 后,故障排除。

例5   瑞星 MP3 播放机,插入耳机后外放有声音

故障症状:插入耳机后外放有声音。

检查与分析:此故障一般是耳机检测电路错误。检查耳机检测脚的电压是否在插拔耳机的时候有电压变化(插耳机时大约为电池电压的 1/2,拔耳机时应该为 3.3V);确认外功放的静音控制是否确实有效;AD 参考电阻(连接在引脚名 REXT100kΩ 引脚的 100kΩ 电阻)是否正常,该电阻阻值异常将引起四路的 ADC(LRADC0 ~ LRADC3)转换错误。

　　该机经检查为 AD 参考电阻(100k)损坏。

　　检修结果:更换 AD 参考电阻后,故障排除。

　　例 6　瑞星 MP3 播放机,固件可以正常升级,但升级后 LCD 显示异常

　　故障症状:固件可以正常升级,但升级后 LCD 显示异常。

　　检查与分析:检查 LCD 的引正常显示脚定义是否与 PCB 上的接法一致,数据总线、控制总线、电源线中任意一根线出错都会造成 LCD 显示异常;再检查 LCD 的数据总线、控制总线是否开短路;检查固件中的 LCD 驱动程序是否为该 LCD 屏的驱动程序。

　　该机经检查为 LCD 驱动程序不对。

　　检修结果:更换 LCD 屏的驱动程序后,故障排除。

　　例 7　瑞星 MP3 播放机,每次升级成功后重新插入 USB,在电脑端认别不对

　　故障症状:每次升级成功后重新插入 USB,在电脑端总是被识别为"Rockusb Device"硬件。

　　检查与分析:检查各个按钮是否有对地短路,如果是软件上定义的固件升级按钮对地短路,就会出现此故障;检查 NAND FLASH 是否损坏。该机经检查为按钮对地短路损坏。

　　检修结果:更换按钮后,故障排除。

　　例 8　瑞星 MP3 播放机,升级固件时长时间停留在"请等待…"提示

　　故障症状:升级固件时长时间停留在"请等待…"提示。

　　检查与分析:该故障可能是由于 24MHz 晶振已经起振但是振荡频率正负偏移过大(一般用示波器实测频率在 24MHz ± 2MHz)、1.8V、3.3V 供电电压偏低、电源纹波过大等所致。

　　该机经检查为电源纹波。

　　检修结果:检修电源后,故障排除。

　　例 9　瑞星 MP3 播放机,升级固件时出现"据写入失败"提示

　　故障症状:升级固件时 NAND Flash 识别正确,但是最后出现"据写入失败"提示。

　　检查与分析:该故障可能有如下原因:① NAND Flash 的写入、片选、忙检测(FCE0、FCLE/A2、FALE/RS/A1、FWEN、FWP、RD/BY)等控制线与 CPU 的连接出现开/短路;② NAND Flash 的控制总线 FREN、FCE0、FCLE/A2、FALE/RS/A1 与芯片的连接开/短路;③ 3.3V 供电电压偏低;④电源纹波过大造成;⑤ NAND Flash 本身损坏。

　　该机经检查为 NAND Flash 本身损坏。

　　检修结果:更换 NAND Flash 后,故障排除。

　　例 10　瑞星 MP3 播放机,固件升级失败

　　故障症状:升级固件时提示"NAND Flash 厂商暂不被支持,固件升级失败"。

　　检查与分析:该故障可能有如下原因:① NAND Flash 的 8 根数据总线(D0 ~ D7)开路或短路。当数据线 D0 ~ D7 有被短路时会在每次插入 USB 接口时电脑只会认到"Rockusb Device"硬件,烧入固件的时候还会出现 NAND Flash 厂商识别出错。② 1.8V、3.3V 供电电压偏低,或是电源纹波过大造成。③ USB 线阻抗特性比较差,造成机器与电脑的通信不可靠。

　　该机经检查为 3.3V 供电电压偏低。

　　检修结果:检修 3.3V 供电电压电路后,故障排除。

例 11　瑞星 MP3 播放机,插入 USB 后电脑未能识别到该 USB 设备

故障症状:插入 USB 后电脑未能识别到该 USB 设备。

检查与分析:检修时,首先检查 1.8V、3.3V 供电是否正常,如果未测到该两组电压,应重点检查 USB 供电电路;然后,检查 USB 的通信线 DP、DM 是否与芯片连接、是否虚焊或短路;最后,检查芯片的复位电路是否正常。如果以上项目检查都未发现异常,再考虑芯片的 USB 接口与电脑的通信是否异常,以及 USB 线、电脑的 USB 接口是否损坏。该机经检查为 USB 接口损坏。

检修结果:更换 USB 接口后,故障排除。

例 12　瑞星 MP3 播放机,电池电压检测错误

故障症状:电池电压检测错误。

检查与分析:该故障可能有以下原因:①电池电压检测电路的分压电阻(两个 100k)不正常;②参考电阻(连接在引脚名 REXT100K 引脚的 100k 电阻是否正常),该电阻阻值异常将引起四路的 ADC(LRADC0 ~ LRADC3)转换错误。该机经检查为参考电阻损坏。

检修结果:更换参考电阻后,故障排除。

例 13　瑞星 MP3 播放机,播放音频/视频/收音机时无声音

故障症状:播放音频/视频/收音机时无声音。

检查与分析:检修时,如主控有音频输出,检查功放是否有供电;如正常,再检查静音控制电路是否异常,以及软件控制方式是否和电路的控制方式一致;在以上判断未发现异常时,检查功放的交流旁路电容是否击穿或容量变值、功放是否有损坏。如主控无音频输出,检查 CO-DEC 的外围器件、音频输出管脚有无对地短路。该机经检查为静音控制电路不良。

检修结果:检修静音控制电路后,故障排除。

例 14　京华 JWM – 640BMP3 播放机,有的歌曲无法播放

故障症状:有歌曲,但是有的歌曲无法播放,或者播放到某一首歌就死机。

检查与分析:检查 MP3 歌曲是否为标准格式,有的 MP3 歌曲虽然在电脑上可以播放,但在 MP3 播放机上却不能播放。MP3 播放机对 MP3 格式要求严格,更换标准格式的 MP3 歌曲文件即可。

检修结果:经上述处理后,故障排除。

例 15　京华 JWM – 640BMP3 播放机,有歌曲,但是全部不能播放

故障症状:有歌曲,但是全部不能播放。

检查与分析:在电脑上选择用 FAT 格式来格式化 MP3 播放机。如果误采用 FAT32 或者 NTFS 格式来格式化 MP3 播放机,就可造成 MP3 播放机无法播放歌曲的故障。

检修结果:经上述处理后,故障排除。

例 16　京华 JWM – 640BMP3 播放机,播放 MP3 歌曲噪声特别大

故障症状:播放 MP3 歌曲噪声特别大。

检查与分析:MP3 歌曲很多都是直接从盗版 MP3 歌碟上拷贝出来,由于盗版 MP3 歌碟制作水平不一,很多歌曲都存在明显的噪声。最好的办法是直接用电脑转录音乐 CD 为 MP3 格式,再复制到 MP3 播放机中欣赏;或者先在电脑上试听一遍 MP3 文件,确定没有背景噪声再将文件复制到 MP3 播放机上。

检修结果:经上述处理后,故障排除。

例 17　京华 JWM–640BMP3 播放机,播放歌曲不正常,程序混乱

故障症状:播放歌曲不正常,程序混乱。

检查与分析:安装随机应用软件,然后使用随机软件提供的 UPDATE 功能重写一下 MP3 播放机的芯片,最后用随机软件提供的 FORMAT 功能格式化 MP3 播放机的内存。

检修结果:经上述处理后,故障排除。

例 18　京华 JWM–640BMP3 播放机,播放次序乱跳

故障症状:播放次序乱跳,或者播放时突然中断 0.5s,然后又继续播放。

检查与分析:格式化 MP3 播放机,重新复制歌曲进去。

检修结果:经上述处理后,故障排除。

例 19　京华 JWM–640BMP3 播放机,连接电脑有时候不能找到

故障症状:连接电脑有时候可以找到,有时候不能找到。

检查与分析:MP3 播放机从电脑上拔出的时候,Windows 98 下请使用"弹出"功能再拔出,Windows ME/2000 下请使用右下角的"拔下或弹出硬件"功能再拔出,Windows XP 下请使用"安全删除硬件"功能再拔出。

检修结果:经上述处理后,故障排除。

例 20　京华 JWM–640BMP3 播放机,无法开机,有电源灯光亮

故障症状:无法开机,按住开机键无任何反应,但有电源灯光亮。

检查与分析:将 MP3 通过数据线接入电脑的 USB 口,按住播放键,大约 10s 之后系统会相继发现"SigmaTel STMP34XX MP3 Player"和"SigmaTel STMP34XX SCSI Host Adapter"两个设备,依次装入随机盘中所提供的驱动程序,再按播放键直至在"我的电脑"中出现可移动磁盘盘符,此时 MP3 的液晶屏幕上会显示"USB LINK"字样。之后运行联机软件中的"StMp3Format",将"File System"(文件系统)选择为"FAT12"然后点击"Start",几秒钟后格式化完成。执行联机软件中的"StMp3Update",点击"Start",很快应用程序就会将 MP3 的 Firmware 重新写入 MP3 中。

双击系统右下角的"安全删除硬件"图标,安全删除该 MP3 设备后,将 MP3 播放器从数据线上取下,如果升级成功,MP3 播放器被拔出后,会自动进入到 MP3 模式。将 MP3 重新插入到数据线上即可以直接认识该 MP3 设备,拷入 MP3 歌曲,再拔下后逐一测试 MP3 播放器的各个功能键,直到都能正常使用。

检修结果:经上述处理后,故障排除。

例 21　清华紫光 THM–907n MP3 播放机,MP3 机的容量比实际的少

故障症状:MP3 机的容量比实际的少。

检查与分析:该故障可能有以下几种情况:①有方案程序在内,不同的方案占用的空间不同,可能会有一定的出入。②是否有隐藏文件,将查看模式更改为显示所有文件后重新查看一下属性。③MP3 的内核程序存储在存储器里面。

检修结果:经上述处理后,故障排除。

例 22　清华紫光 THM–907n MP3 播放机,只能存储数据,而不能播放 MP3 文件,或没有声音

故障症状:只能存储数据,而不能播放 MP3 文件,或没有声音。

检查与分析:该故障可能有以下几种原因:

(1)音量太小,请调节音量。

（2）内存格式化的系统不正确,请用"FAT"系统重新格式化。这种情况很有可能使用其它格式的文件系统格式化了 MP3。MP3 一般默认的文件系统为 FAT 文件系统,而用其它格式的文件系统格式化后很有可能不能播放,只能作 U 盘使用。

检修结果:经上述处理后,故障排除。

例 23　清华紫光 THM–907n MP3 播放机,有的 MP3 格式不能播放

故障症状:有的 MP3 格式文件在 MP3 播放器上能够播放,有的不能播放。

检查与分析:出现有的 MP3 格式能够播放,有的不能播放的主要原因是它们的压缩格式层次不一样。通常 MP3 只支持用第三层压缩的 MP3,而用第一、二层压缩的只能在电脑中播放,在 MP3 播放器中不能播放。可以下载一个 MP3 转换工具把不能播放的 MP3 文件转换成标准的 MP3 格式。

检修结果:经上述处理后,故障排除。

例 24　清华紫光 THM–907n MP3 播放机,出现开机 LOGO 后不能播放

故障症状:出现开机 LOGO 后不能播放。

检查与分析:把 MP3 机和电脑连接,用驱动程序附带的格式化工具或更新程序方式重新刷新一下 MP3 即可解决该种情况。

检修结果:经上述处理后,故障排除。

例 25　清华紫光 THM–907n MP3 播放机,无法开机,但是连接 USB 后可以当 U 盘,显示正常

故障症状:无法开机,但是连接 USB 后可以当 U 盘,显示正常。

检查与分析:用万用表监测电池两端电压为 3.96V,然后按开机播放键,电池两端电压降为 3.95V 由此判断电路硬件故障的可能性不大。直接找到相同板号的固件重新刷写,故障排除。此故障有时易判为电池或是电源故障。其实许多问题都是软故障引起的,在有相同固件时,可以先刷软件,以免走弯路。

检修结果:经上述处理后,故障排除。

例 26　优百特 UM–709(256M)MP3 播放机,录音开始有噪声

故障症状:录音开始有噪声。

检查与分析:这是由于录音开始一段时间,背光还在工作,麦克风录下了背光噪声造成的。解决方法,关闭背光后再录音。

检修结果:经上述处理后,故障排除。

例 27　优百特 UM–709(256M)MP3 播放机,不能通过升级增加 FM 功能

故障症状:不能通过升级增加 FM 功能。

检查与分析:FM 功能是新款 PRO 版才有的。通过软件的固件升级是不可能达到的。

检修结果:属正常现象。

例 28　优百特 UM–709(256M)MP3 播放机,格式化后无法播放

故障症状:格式化后无法播放。

检查与分析:此现象为播放程序丢失所致,请参照说明书进行升级操作。注意,第一次弹出后需现次格式化才能将 $ nantla $. ugr 文件复制到 MP3 中。

检修结果:经上述处理后,故障排除。

例 29　优百特 UM–709(256M)MP3 播放机,不能播放 ASF 格式的音乐文件

故障症状:不能播放 ASF 格式的音乐文件。

检查与分析:因为 UM-709 只支持 64~128Kb/s 之间的音乐文件格式。如果不能正常欣赏的话,自己去搜索一个音乐文件格式转换的软件转换一下就行了。

检修结果:经上述处理后,故障排除。

例 30 金星 JXD858 型 MP3 播放机,无法开机

故障症状:无法开机。

检查与分析:该故障具体原因及检修步骤为:

(1)电池电量不足。更换电池或充电。

(2)电池保护电路损坏,致使内部锂电池过度放电。修复电池保护电路,并对电池进行小电流专业充电。

(3)晶振损坏或脱焊。更换晶振或补焊。

(4)主控芯片损坏或有关引脚脱焊。更换主控芯片或补焊。

(5)开机键损坏、断路。更换开机键或补焊。

(6)电池电极脱焊。补焊。

(7)固件丢失或损坏。重新植入固件。

检修结果:对症处理后,故障排除。

例 31 金星 JXD858 型 MP3 播放机,无法播放文件

故障症状:无法播放文件。

检查与分析:该故障具体原因及检修步骤为:①文件格式不支持;换成机器支持的格式。②下载过程中有关程序出错;格式化重新下载。③有些文件有版权保护未解除;解除版权保护。④文件错误、残缺或损坏;更换或修复文件。⑤固件损坏;重新植入固件。⑥解码芯片损坏或有关引脚脱焊;更换解码芯片或补焊相关引脚。⑦分辨率高于机器支持的最高分辨率;转换至低分辨率。

检修结果:对症处理后,故障排除。

例 32 金星 JXD858 型 MP3 播放机,自动关机

故障症状:自动关机。

检查与分析:该故障具体原因及检修步骤为:①电池电量不足;更换电池或充电。②电池电极、电源开关接触不良;补焊或更换开关、电极。③机器内部有活动金属物,使有关电路短路;检查、清理机器,去除可疑金属物。④固件损坏;重新植入固件。

检修结果:对症处理后,故障排除。

例 33 金星 JXD858 型 MP3 播放机,无法连接电脑

故障症状:无法连接电脑。

检查与分析:该故障具体原因及检修步骤为:①固件损坏;重新植入固件。②机器 USP 接口脱焊;补焊。③数据线损坏;修复或更换数据线无法连接电脑。

检修结果:对症处理后,故障排除。

例 34 金星 JXD858 型 MP3 播放机,无法操作

故障症状:无法操作。

检查与分析:该故障具体原因及检修步骤为:①按键锁定;解除按键。②固件损坏;重新植入固件。

检修结果:对症处理后,故障排除。

例 35　金星 JXD858 型 MP3 播放机,读取卡内文件时即自动关机

故障症状:插卡后开机,在自检快完成时瞬间自动关机又重复自检;当不插卡时可完成自检并可正常播放,此时插入卡时,在读取卡内文件时自动关机并重复上述故障。

检查与分析:根据现象分析,该故障可能是开关管导通后的供电回路存在短路或过流。在开机瞬间测量插卡与主控共用的 3.2V 电压,发现在故障时 3.2V 供电有一个 3.2V – 0 – 3.2V 的循环跳变,G3 两端则始终为 0V,对卡座供电引脚检查并未发现有短路现象,但拆下 G3 测量时发现其已短路。于是用一只同规格的贴片电容更换后,工作恢复正常。

检修结果:更换 G3 后,故障排除。

例 36　金星 JXD858 型 MP3 播放机,所有按键失控

故障症状:操作时,所有按键失控,连接电脑正常,显示正常。

检查与分析:用万用表电阻档测 5 个按键,只有最后一个 VOL 音量键是好的,而音量键在主菜单界面下是无效的。将上面的 4 个按键全部更换,各功能操作正常。这种 4 脚扁平按键在平时的维修中故障率很高,但 4 个同时损坏的情况并不多见。

检修结果:更换按键后,故障排除。

例 37　索尼 NW – E405 MP3 播放机,压缩的 MP3 文件在播放器中无法播放

故障症状:自己压缩的 MP3 文件在播放器中无法播放。

检查与分析:由于目前市场上的压缩格式不一样,而且压缩速率不同,因此压缩出来的歌曲压缩格式与播放器的压缩格式不兼容。播放器只支持标准的压缩格式,对非标准的压缩格式不支持。解决方法是在压缩歌曲时不要采取第一层或第二层压缩。

检修结果:经上述处理后,故障排除。

例 38　索尼 NW – E405 MP3 播放机,连接后,不能下传音乐文件

故障症状:连接后,不能下传音乐文件。

检查与分析:检修时,具体步骤为:

(1) 请确认 USB 通讯器是否已经连接了电脑及数码播放机,且播放机处于开机状态。

(2) 请确认 USB 驱动程序已安装。

(3) 请确认储存器可用的容量,及要下载的文件大小。

(4) 请检查电池是否电量不足。

(5) 请检查 USB 连接线是不是好的,或者换一条 USB 连接线试一试。

检修结果:对症处理后,故障排除。

例 39　索尼 NW – E405 MP3 播放机,出现跳过、死机现象

故障症状:播放 MP3 歌曲时出现跳过、死机现象。

检查与分析:因为某些 MP3 文件和 MP3 播放器支持的范围不同,容易出现跳过、死机的现象,一般有几个原因:①采样率不对,一般是 44.1kHz,有时 48kHz 的文件就不能用;②压缩率不支持;③VBR 不支持;④还有一个容易出现的问题,一些文件采用超级解霸压缩而来,默认的是压缩成 MP2 格式的,但显示的是 MP3 格式,大部分 MP3 机都不支持。

解决方法是删除或用软件重新转换一下,转成符合机器要求的格式即可。WMA 文件还有可能遇到版权保护的问题,这时就要用其它软件解除版权限制后才可以播放。对于出现乱码的现象,如果语言设置没问题,一般是 ID3 标签没设置好,可以自行调整。

检修结果:经上述处理后,故障排除。

例 40 索尼 NW-E405 MP3 播放机,传输歌曲时,显示"FORMAT ERROR"

故障症状:被快速格式化后用 SonicStage 传输了歌曲,MP3 上显示"FORMAT ERROR"。

检查与分析:"FORMAT ERROR"是格式错误,应该用机器本身自带的那个功能格式来格式化。

检修结果:经上述处理后,故障排除。

例 41 小博士 ATJ2091N MP3 播放机,按下开机键后,播放器没有显示

故障症状:按下开机键后,播放器没有显示。

检查与分析:根据现象分析,该故障可能有以下几种原因:

(1)机器没装电池,检查是否装电池。

(2)电池没有电,更换电池。

(3)电池装反,取出电池,将电池正确地装入机器中。

检修结果:对症处理后,故障排除。

例 42 小博士 ATJ2091N MP3 播放机,开机后,按下按键,机器无反应

故障症状:开机后,按下按键,机器无反应。

检查与分析:该故障通常是机器按键锁定所致。解决方法是拨动"HOLD"键,解除按键锁。

检修结果:经上述处理后,故障排除。

例 43 小博士 ATJ2091N MP3 播放机,播放文件时,没有声音

故障症状:播放文件时,没有声音。

检查与分析:根据现象分析,该故障可能有以下几种原因:

(1)音量太小,调节音量大小。

(2)机器正与电脑连接。

(3)没有存放歌曲,给机器中下载歌曲。

检修结果:对症处理后,故障排除。

例 44 小博士 ATJ2091N MP3 播放机,不能下传音乐文件

故障症状:连接后,不能下传音乐文件。

检查与分析:根据现象分析,该故障检修步骤为:

(1)确认 USB 通讯器是否已经连接电脑及 MP3 数码播放机,且播放器处于开机状态。

(2)确认 USB 驱动程序已安装。

(3)确认储存器可用的容量及要下载的文件大小。

(4)检查电池是否电量不足。

(5)检查 USB 连接线是不是好的,或者换一条 USB 连接线再试一试。

检修结果:对症处理后,故障排除。

例 45 小博士 ATJ2091N MP3 播放机,有的歌曲无法播放,或者播放到某一首歌就死机

故障症状:MP3 播放机中有歌曲,但是有的歌曲无法播放,或者播放到某一首歌就死机。

检查与分析:根据现象分析,该故障可能有以下几种原因:

(1)检查 MP3 歌曲是否为标准格式,有的 MP3 歌曲虽然在电脑上可以播放,但在 MP3 播放机上却无法播放。因为 MP3 播放机对 MP3 格式要求严格,请更换标准格式的 MP3 歌曲文件,或将非标准格式用软件进行格式转换。

(2)MP3 是有损压缩格式,它的解码率通常是 128kb/s,如果用户不满意这种解码率的音质,就可以用更高的解码率来压缩音乐,所以还会有 256kb/s 或更高的 320kb/s,甚至还有动态改变解码率的 MP3 格式。对于国产的 MP3 来说,能解码 320kb/s 音乐文件的 MP3 播放器并不多,而且高价位的产品肯定不能回放动态解码。所以当音乐无法播放的时候,首先应该确认文件的解码率是否被播放器所支持。

（3）如果仅仅是某些音乐无法播放的话,首先应当要检查那些无法播放的音乐文件是否有问题,特别是一些从网上下载的音乐文件,有很多虽然扩展名为 MP3,而实际上只是 MP2 格式,目前市场上很多播放器都无法播放 MP2 格式的文件,特别是一些高端机器。区别 MP3 与 MP2 的最简单的方法是:使用 WinAMP,打开音乐文件,双击文件标题,然后看一下 MPEG 信息中有一项 MPEG1.0,如果后面是 loyer3 则为 MP3 文件,如果 loyer3 则为 MP2。

检修结果:对症处理后,故障排除。

例 46　小博士 ATJ2091N MP3 播放机,耳机及外响声音均很小

故障症状:耳机及外响声音均很小。

检查与分析:该故障通常是主控音频电路有问题所致。2091 主控芯片的(8)、(9)脚是音频信号输出脚,(7)脚(PAVCC)是音频信号旁路电容脚,查这几个脚都正常,更换主控后还是一样,最后测到主控芯片的(11)脚(VRAD)对地电阻变小(只有十几欧),判断为(11)脚的对地电容(474P)短路。更换电容后,声音恢复正常。

检修结果:更换 474P 对地电容后,故障排除。

例 47　小博士 ATJ2091N MP3 播放机,无法格式化 MP3 播放器

故障症状:无法格式化 MP3 播放器。

检查与分析:由于有的播放器采用专用的格式化工具,因此在格式化 MP3 播放器的时候,只能采用 MP3 管理软件中提供的格式化工具,不要使用 Windows 系统的格式化程序,否则将会导致 MP3 播放器无法正常开机或无法正常工作。如果没有安装管理软件,应使用 Windows 系统的格式化程序,采用 FAT 文件格式化。如果误采用 Windows 系统的格式化程序中的 NTFS 文件或 FAT32 文件格式化,将使 MP3 播放机无法工作。如果已安装 MP3 播放器管理软件,而在浏览器中无法格式化移动磁盘,这是因为管理软件在某些系统中将 Windows 的格式化屏蔽了,需要使用管理软件上的格式化工具格式化可移动磁盘。

检修结果:经上述处理后,故障排除。

例 48　澳维力 MP3 播放机,歌曲播放时,显示的时间比较乱

故障症状:歌曲播放时,显示的时间比较乱。

检查与分析:目前采用 VBR 格式压缩的 MP3 文件(即可变速率压缩的 MP3 文件),在播放时由于速率的变化会引起时间显示的变化,但 MP3 播放是正常的。

检修结果:属正常现象。

例 49　澳维力 MP3 播放机,出现死机

故障症状:出现死机。

检查与分析:同时按下几个键以及其它非法操作、未关机拿掉电池、在传送文件时拔 USB 插头等情况下会出现死机问题。解决方法是:①取出电池,5S 后将电池正确地装入机器中;②对机器进行格式化,特别注意要选择正确的文件格式 FAT。

检修结果:对症处理后,故障排除。

例 50　澳维力 MP3 播放机,连接电脑时,无任何反映

故障症状:能开机,连接电脑时,无任何反映。

检查与分析:测音频电压 AVCC 的电压只有 2.4V,正常应为 3V。加电后机器进入主程序并且能播放了,联机也一切正常。如果 AVCC 的电压不正常,也能使机器进入不了主程序,也就无法连接电脑,造成固件丢失。

检修结果:经上述处理后,故障排除。

例 51　汉声 8200T 型 MP3 播放机,无屏显,同时键控无效

故障症状:无屏显,同时键控无效。

检查与分析:该机屏显驱动与键控矩阵电路采用 SM1628,同时发生无屏显和键控失效故障,原因应与 SM1628 本身及其供电或者 DATA、STB、CLCK 信号有关。首先检查 SM1628 的供电(7)脚电压为 +5V 正常,接着检查 DATA、STB、CLCK 信号是否正常,结果发现 SM1628 的 CLCK 信号输入(3)脚电压仅有 1V 左右不正常。经进一步检查,面控板与主板连接的排线 CLCK 焊点已经脱焊,其它焊点也存在不同程度的虚焊现象,给其重新焊接后,机器恢复正常。

检修结果:经上述处理后,故障排除。

例 52　飞利浦 MP3 播放机,MP3 有时会自动关机

故障症状:MP3 有时会自动关机。

检查与分析:首先检查电池电量是否充足,如果电量不足肯定会自动关机。其次要了解附近是否有电磁干扰或静电干扰,闪光灯及人体内所携带的静电都有可能使 MP3 播放机停止工作。

检修结果:经上述处理后,故障排除。

例 53　飞利浦 MP3 播放机,开机就马上关机,或者无法开机

故障症状:开机就马上关机,或者无法开机。

检查与分析:把 MP3 播放机连接到电脑 USB 端口或者专用充电器上充电(大约充电 3 ~ 5h),再开机看是否正常。采用 5 号或者 7 号电池的产品,请更换新电池试试。新购买的 MP3 播放机赠送的电池有可能电量不足,应充足电量后再用。

检修结果:经上述处理后,故障排除。

例 54　飞利浦 MP3 播放机,MP3 播放器连接电脑后,有时候不能找到

故障症状:MP3 播放器连接电脑后,有时候可以找到,有时候不能找到。

检查与分析:MP3 播放机从电脑拔出的时候,Windows 98 下请使用"弹出"功能再拔出;Windows ME、Windows 2000 下请使用右下角的"拔下或弹出硬件"功能,再拔出;Windows XP 中使用"安全删除硬件",再拔出。

检修结果:经上述处理后,故障排除。

例 55　飞利浦 MP3 播放机,进入未完成下载任务的文件夹时出现死机

故障症状:进入未完成下载任务的文件夹时出现死机。

检查与分析:由于下载没有顺利完成会造成 MP3 机器内数据结构的混乱,此时可能会产生多余无用的文件,同时造成 MP3 机器的死机。重新开机并格式化内置内存即可。

检修结果:经上述处理后,故障排除。

例 56　小月光 MP3 播放机,播放 MP3 歌曲噪声特别大

故障症状:播放 MP3 歌曲噪声特别大。

检查与分析:MP3 歌曲很多都是直接从盗版 MP3 歌碟上复制下来的,由于盗版 MP3 歌碟制作水平不一,歌曲本身存在明显的噪间,最好的办法是直接用电脑转录为音乐 CD 为 MP3 格式,再复制到 MP3 播放机中欣赏;或者先在电脑上试听一遍 MP3 文件,确定没有背景噪声再

将文件复制到 MP3 播放机上。

检修结果：经上述处理后，故障排除。

例 57　小月光 MP3 播放机，MP3 歌曲播放次序乱跳

故障症状：MP3 歌曲播放次序乱跳，或者播放时突然中断 0.5s，然后又继续播放。

检查与分析：检查系统设置是否在随机播放状态，在随机播放状态下歌曲播放次序会随机乱跳，属正常现象。否则格式化 MP3 播放机，重新复制歌曲。

检修结果：经上述处理后，故障排除。

例 58　小月光 MP3 播放机，用超级解霸制作的 MP3 无法播放

故障症状：用超级解霸制作的 MP3 无法播放。

检查与分析：由于用超级解霸制作的 MP3 文件，实际上是 MP3 文件名的 MP2 文件，部分 MP3 机无法识别这种文件，在播放时会发生死机、跳过歌曲等问题。

检修结果：用其它文件播放，故障排除。

例 59　小月光 MP3 播放机，播放机中有歌曲，但是全部不能播放

故障症状：播放机中有歌曲，但是全部不能播放。

检查与分析：在电脑上选择用 FAT 格式来格式化 MP3 播放机，如果误采用 FAT32 或者 NTES 格式化 MP3 播放机，就可造成 MP3 播放机无法播放歌曲的故障。播放器出现这种问题，首先确定是一部分音乐无法播放还是全部音乐无法播放。如果所有音乐都无法播放，则可以先对播放器进行一次格式化，其中一些无驱动的播放器要注意格式化后的文件系统，因为播放器的容量都不大，所以一般播放器都只支持 FAT16，如果使用了错误的文件系统进行格式化，就有可能会造成文件无法播放、死机或无法开机的问题。

U 盘和 MP3 这些采用 FlashRAM 为存储介质的产品，通常只支持 FAT12 或 FAT16，如果误用 FAT32 格式化，那就无法认出文件。FAT 是文件分配表的缩写，FAT16 使用了 16 位的空间来表示每个扇区配置文件的情形，故称之为 FAT16；而如果采用 FAT32，那么控制芯片相应就要用 32 位来记录每个扇区的信息，那么成本会高很多，显然不是最合适的方案。之所以会有 FAT32，是因为 FAT16 不支持 2G 以上的分区，而现在多数的闪盘或 MP3 的容量都在 2G 以下。目前高档的闪盘已经采用 FAT32，但 MP3 播放器的控制芯片多数不支持 FAT32。遇到这种情况，就是闪盘功能 FAT32，但却不能播放 FAT32 存储的 MP3 文件。

此外闪存的读取次数是没有限制的，但抹除写入的次数是绝对有限制的。早期的闪存每一记忆单位只有 1000 次重复抹写的次数限制，而现在已提高到 10000 次。这里的重复抹写包括格式化，所以要尽量避免格式化，任何对闪存的操作都要在电力充足下进行。

检修结果：经上述处理后，故障排除。

例 60　小月光 MP3 播放机，无法开机，但可以连接电脑

故障症状：无法开机，但可以连接电脑。

检查与分析：观察 ATJ 2051 主控各引脚有些引脚是否已氧化，将 ATJ2051 各脚重新焊接一遍，再次接上维修电源，按 PLAY 键，开机正常。

检修结果：经上述处理后，故障排除。

例 61　金刚 2.0MP3 播放机，有时自动重启，有时使用正常

故障症状：可以开机，但开机后显示一个充电图标，按 M 键后可进入播放界面，有时自动重启，有时使用正常。连接电脑正常。

检查与分析：重点检查电源充电电路。首先测 USB 端口的正极，发现有 3.3V 左右的电压,有些波动。正常情况下此处在未接充电器和电脑时应该是 0V,所以可以确认是锂电池电压回流。分析 RK2606 原理,判断 D1、D2 这两个二极管出现问题。更换 D2 后故障依旧,再次更换 D1,故障排除。分析此故障原因是电池很久没用,电量下降,再次充电时造成电流增高,使充电部份损坏。

检修结果:经上述处理后,故障排除。

例 62　金刚 2.0MP3 播放机,不开机不能连接电脑

故障症状:不开机不能连接电脑。

检查与分析:检查发现显示屏的二根线脱焊。细心焊好线,开机一切正常。

检修结果:经上述处理后,故障排除。

例 63　金刚 2.0MP3 播放机,不小心格式化了,无法使用

故障症状:不小心格式化了,无法使用。

检查与分析:格式化没有注意格式,磁盘格式是 FAT32 所以无法使用。再重新格式一下,把它改成 FAT 格式。

检修结果:经上述处理后,故障排除。

例 64　金刚 2.0MP3 播放机,将其格式化后就不能播放歌曲了

故障症状:将其格式化后就不能播放歌曲了。

检查与分析:不要自行进行格式化,最好利用机器自身的格式化选项进行格式化。如果在 Windows 里面进行格式化应选择 FAT16 模式进行格式化;如果选择 FAT32 模式格式化,则还需要进行一次固件升级。

检修结果:经上述处理后,故障排除。

例 65　小贝贝 MP3 播放机,打开电源即显示"充电中…",无法使用

故障症状:打开电源即显示"充电中…",无法使用,插上 USB 后可以充电。

检查与分析:该故障应发生在 ATJ2051 主控的(19)脚相关电路,此脚功能为 USB 电压检测。有两种可能:①主控损坏;②电池 3.7V 电压回流到充电电路。

先用万用表的二极管检测档测量充电二极管的正负电阻,没有发现击穿和断路。试用一个好的二极管直接代换上,再次开机,工作恢复正常。

检修结果:经上述处理后,故障排除。

例 66　小贝贝 MP3 播放机,无法开机,插上电脑有烧焦异味

故障症状:无法开机,插上电脑有烧焦异味。

检查与分析:根据现象分析,该故障大多数都是电源滤波电容击穿所致。经检查果然如此。

检修结果:更换电源滤波电容后,故障排除。

例 67　小贝贝 MP3 播放机,无法开机,拆机连上 USB 线后,闻到了烧焦的异味

故障症状:无法开机,拆机连上 USB 线后,闻到了烧焦的异味。

检查与分析:根据现象分析,该故障可能为限流电阻、电容或是稳压 IC 击穿所致。检修时,打开机盖,找到稳压 IC 旁的 J476 电容,用手摸烫手,从侧面观察,表面已烧坏,用万用表测电容两端电压只有 0.3V。焊下此电容,更换后再次接上 USB 线,MP3 恢复正常。

检修结果:更换 J476 电容后,故障排除。

例 68　小贝贝 MP3 播放机,不工作,无法开机

故障症状:不工作,无法开机。

检查与分析:检修时,打开机盖,发现输出端口无 5V 电压输出,测 C1 上无 300V 直流电压,说明故障点在 R1、D1 ~ D4、C1 元件范围。后经断电之后逐一检测,测出 R1 电阻断路,但外观却完好。将其更换后再开机,恢复正常。

检修结果:更换电阻 R1 后,故障排除。

例 69　小贝贝 MP3 播放机,充电器空载时 LED 红灯亮

故障症状:充电器空载时 LED 红灯亮,但插接 MP3 负载后熄灭,且 MP3 机不工作。

检查与分析:根据空载时 LED 红灯亮的情况,初步分析振荡电路可起振工作。检修时,打开机盖,检查低压输出部分元件未见异常。检查振荡电路部分时,测到 Q1 管 e 极所连反馈电阻 R4 阻值偏大,判断为该电阻已变质,造成振荡偏弱,输出带负载能力减弱。在更换 R4 为新电阻后,开机再试,充电器在插接 MP3 机后工作性能完全恢复。

检修结果:更换电阻 R4 后,故障排除。

例 70　小坦克 MP3 播放机,电池供电无法开机

故障症状:连接电脑可以开机并当 U 盘,接充电器也可以开机,但是电池供电无法开机。

检查与分析:检修时,打开机盖,测量电池电压为 0.8V;插上充电器,再测为 2.9V,还是偏低;拆下电池再插充电器,测电池两端电压还是只有 3V。测主控芯片 ATJ2051 的 64 脚 VCC 电压,仅为 2.45V,偏低,用手摸主控芯片有点温热,摸三脚稳压 IC(662N)烫手,判断为三脚稳压 IC 或是 ATJ2051 不良。

将三脚稳压 IC(662N)的输出脚悬空,测其输出电压,也只有 2.5V。手摸 662N 烫手,说明稳压 IC 损坏。更换 662N 稳压 IC 后,工作恢复正常。

检修结果:更换 662N 稳压 IC 后,故障排除。

例 71　小坦克 MP3 播放机,播放时声音变慢速

故障症状:播放时声音变慢速。

检查与分析:该机经检查为晶振不良。更换晶振后,工作恢复正常。

检修结果:更换晶振后,故障排除。

例 72　小坦克 MP3 播放机,开机接电脑正常,显示模糊暗

故障症状:开机接电脑正常,显示模糊暗。

检查与分析:该机经检查为显示偶合电容不良。更换电容后,工作恢复正常。

检修结果:更换显示偶合电容后,故障排除。

例 73　小坦克 MP3 播放机,无法法格式化

故障症状:开机操作各功能正常,播放歌曲时提示无文件,在关于菜单中显示可用空间为 0,插入电脑可找到磁盘,但无法法格式化。

检查与分析:根据现象分析,该故障可能是软件问题或是闪存虚焊或不良所致。

检修时,打开机盖,先拆机补焊了一遍闪存。重新开机,故障依旧。运行 HQ002K 的升级软件升级,电脑提示"设备将被复位,固件要更新完成后才能操作",按确定继续,再勾选格式化磁盘选项,点击开始,此时程序提示千万不要拔下 MP3,直到完成升级。复制几首 MP3,开机,播放正常,工作恢复正常。

检修结果:经上述处理后,故障排除。

例 74　小坦克 MP3 播放机,用电池无法开机

故障症状:用电池无法开机,关闭电源接充电器后可以开机,但充电指示灯不亮。

检查与分析:测试各功能正常,但是打开电源开关后即关机,且屏不亮。拆机后接上 MP3

充电器,测电池电压只有 1.5V。拆掉电池,再测电压还是只有 1.5V,查看电路图,发现 TC8 (J476)电容和电池是并在一起的,没有经过电源开关,起滤波作用。找到电路板上的 J476 电解电容,直接拆除或更换。再试机,工作恢复正常。

检修结果:更换 J476 后,故障排除。

例 75　OPPO MP3 播放器 MP3 播放机,不能开机

故障症状:不能开机。

检查与分析:由于该机使用内置的可充电锂电池,首先怀疑电池出现故障,测电池两端电压为 3.75V,正常。再测稳压集成电路 6206P332M 的输出端电压为 0V,测 3.3V 负载电路阻值正常,说明该稳压集成电路已经损坏。用一拆机件更换后,机器恢复正常。

检修结果:更换 6206P332M 后,故障排除。

例 76　OPPO MP3 播放器 MP3 播放机,不能开机,但能与电脑连接

故障症状:不能开机,但能与电脑连接,并可作移动盘使用。

检查与分析:根据现象分析,初步判断该机器固件丢失或错误。从网上下载其固件,并对其进行恢复升级后,机器恢复正常。

检修结果:更换固件后,故障排除。

例 77　BY－266 型 MP3 播放机,自动关机

故障症状:刚装电池时能自动开机,并有状态选择界面,但不能选择状态及进行各种操作,一段时间后自动关机。

检查与分析:机器能够显示且有状态选择界面,说明该机电源电路及主芯片电路工作均正常,故障部位应出在按键控制电路中。取出电路板,检测按键控制电路,发现 R19 一端与 3.3V 电源连接的穿板连接孔开路,导致按键控制电路失电,而引起该故障。将该连接孔用细铜丝短接后,整机恢复正常。

检修结果:经上述处理后,故障排除。

例 78　金利 2.0 英寸 MP3 播放机,连接电脑后可以找到硬件,但提示无法识别

故障症状:开机后停在主菜单界面,所有按键失控,连接电脑后可以找到硬件,但提示无法识别。

检查与分析:该故障可能为软件故障或者是机内闪存有虚焊所致。拆机对 50 脚双列扁平封装的 SDRAM 芯片 AT361716 重焊了一遍,再次开机,各功能键恢复正常,连接 USB 正常,整机工作恢复正常。

检修结果:经上述处理后,故障排除。

例 79　圆筒型 MP3 播放机,电池充不满

故障症状:可以开机,听歌正常,就是电池充不满,充 12h 也只能听 30min 不到就没电了,充不满。

检查与分析:测了一下充电电压 3.9V 偏低,继续查故障。发现两个 J476 的电容很烫。更换电容,开机还是很烫。继续检查又发现两个电容分别接一个稳压管 65ZB,于是把这个管子的输入端翘起来,发现不烫了。

检修结果:更换 65ZB 后,故障排除。

例 80　润信牌 2085 播放机,无法开机,无法连接电脑 USB

故障症状:无法开机,无法连接电脑 USB。

检查与分析:拆机,测电池 V_{BAT}＋的 3.7V 无电压,插上 USB 线,测 USB5V＋电压正常,电

池的充电电压 V_{BAT} +4.2V 正常。再测三脚稳压 IC3 的输出脚 V_{OUT} 无电压,用手摸 IC3 会发烫,初步判断 IC3 损坏或负载短路。更换 IC3 故障不变, 再用万用表电阻挡测 IC3 的 V_{OUT} 输出脚对地电阻,为 0Ω。(注:V_{OUT} 脚与主控 3 脚连接)

怀疑主控损坏,测主控的各脚对地电阻,晶振脚的对地电阻也为 0Ω;用热风枪吹下主控芯片,再测 IC3 的 V_{OUT} 对地电阻,已无短路。更换主控 2085,整机工作恢复正常。

检修结果:经上述处理后,故障排除。

例 81   润信牌 2085 播放机,插 USB 显示"充电中…",有时找不到盘符

故障症状:插 USB 显示"充电中…",有时找不到盘符。

检查与分析:该主控芯片为瑞星微方案。大多为大容量电池不良或充电二极管阻值变大,该机经检查为稳压 IC(RK2606 - VDD - 1.8V)不良,用 65K1.8V 三端稳压应急替代 3606 外 DC - DC 电路中的 CST5206 稳压 IC(RK2606 - VDD - 1.8V),工作恢复正常。

检修结果:经上述处理后,故障排除。

例 82   途韵 BW - M628R 车载 MP3 播放机,收不到音乐或者完全无声

故障症状:插到汽车点烟座上接受机发出嘟嘟的响声,收不到音乐或者完全无声无反应。

检查与分析:经检查其原因,均为 12V 变 5V 的 SOP - 8 封装的 DC - DC 电源管理 IC 损坏,型号为 ACT4060。ACT4060 是这个车载 MP3 音乐电台的设计薄弱环节,由于 ACT4060 DC - DC 电源管理 IC 不好买,决定电路用三端稳压 L7805 代替 ACT4060,三端稳压 L7805 选择输入 5 ~ 30V 耐压的型号,修改实际很简单,拿掉已经损坏的 ACT4060 和电感,按照 7805 三端稳压的资料确定输入、输出和接地脚,输入脚接到 ACT4060 的(2)脚位置,输出脚接到电感的输出端位置,中间的接地脚接到 ACT4060 的(4)脚位置即可,修复后的车载 MP3 音乐电台再用到 24V 的车上一切正常。

检修结果:经上述处理后,故障排除。

例 83   DQ - 1093 MP3 播放机,用充电器能播放音乐,而用内电池不能播放

故障症状:用充电器能播放音乐,而用内电池不能播放。

检查与分析:测量电池电压为 3.90V 正常,测开关三个点都有 3.90V 电压,再测主控 ATJ2085 的(3)、(17)、(18)、(19)、(49)脚电压都接近 3.90V,进一步检查发现电池负极与主板地不通,连线后一切正常。

检修结果:经上述处理后,故障排除。

例 84   途韵 BW - R818 车载 MP3,无法正常播放,联机无法拷贝歌曲

故障症状:无法正常播放,联机无法拷贝歌曲。

检查与分析:根据现象分析,该故障可能是由于闪存开焊引起的。检修时,接可调电源 12V,数码管有显示,但不正常,按任何键都无反应;连接电脑可发现盘符,但提示格式化,而且无法完成格式化,把机器拆开补焊闪存后,联机,数码管显示 USB,发现设备信息,可以看见里面的歌曲;接稳压电源显示歌曲数,可以调频率,工作恢复正常。

检修结果:经上述处理后,故障排除。

例 85   途韵 BW - R818 车载 MP3,无字,可连接电脑但不能格式化

故障症状:无字,可连接电脑但不能格式化。

检查与分析:连接电脑后,用 Windows 不能格式化。当用右键选择格式化时,显示容量 5.3G(用右键点击:盘属性时显示正常 114M),实际上这个机器是 128M。安装刷机软件,把程序文件、字库文件都设置好,再点"修改",显示请输入密码,密码是八个 0,输入八个 0 后点击

"确定"显示参数修改成功,这时再接入 MP3。刷好后,重新开机一切正常。

检修结果:经上述处理后,故障排除。

第 2 节　MP4/MP5 播放机故障分析与维修实例

例 1　小贝贝 HC‑605F‑V3 型 MP4 播放机,播放器出现异常

故障症状:播放器出现异常(如死机)。

检查与分析:当播放器由于不当操作出现异常情况导致无法正常工作时,按一下机器的 RESET(复位)键,再按开机键;或将播放器电源键拨动到 OFF 的位置,等待 2min 左右重新将电源键拨到 ON 的位置,播放器重新开机即可恢复正常。防止死机发生,一方面注意在进行按键时不要操作的太快,建议逐一进行操作;另一方面如果电池电量不足请及时充电。

检修结果:经上述处理后,故障排除。

例 2　小贝贝 HC‑605F‑V3 型 MP4 播放机,按键无作用或触摸屏无作用

故障症状:按键无作用或触摸屏无作用。

检查与分析:检查 hold 键是否锁定,如锁定解锁即可。

检修结果:经上述处理后,故障排除。

例 3　小贝贝 HC‑605F‑V3 型 MP4 播放机,自动关机

故障症状:自动关机。

检查与分析:该故障检修步骤如下:

(1)检查是否电池电量不足而自动关机。

(2)检查设置菜单中是否设置了自动关机选项。

(3)电压、电流问题。MP3 一般使用 7 号电池,7 号电池有 1.2V 和 1.5V 两种。如果使用 1.2V 电池,开机时瞬间电流强度可以满足开机要求,但是几秒之后电流将变小,这就会造成开机后自动关机。而大多数人使用的充电电池一般是 1.2V。

(4)内部电路短路。

(5)内部文件过多。存储器已经没有空间,就出现了开机后自动关机的现象,删除一两个文件后就恢复正常。留一点空间,对播放器的稳定工作有好处。

检修结果:对症处理后,故障排除。

例 4　KNN 牌 MP4 播放机,无法开机,接上电源也无法充电

故障症状:无法开机,接上电源也无法充电,电脑不识别。

检查与分析:根据现象分析,判断故障出在电源部位、检修时,打开机盖,用万用表测电池电压为 0V,使用 USB 插口供电,从 USB 的电源脚跨一跟线到 5V 电源插孔的正极。更改之后的线插上电脑可同时充电和充当 U 盘 USB 连接线,测电池两端还是只有 0.5V 左右。分析电路,发现 5V 电源是通过一个二极管和一个场效应管到达电池的,测二极管的负极有 4.7V 的电压,怀疑是场效应管没有导通或损坏。直接在场效应管的输入和输出脚并一个二极管。再次插上电源,已可以充电了,30min 后,拔下电源,测 MP4 各功能已恢复正常。

检修结果:经上述处理后,故障排除。

例 5　KNN 牌 MP4 播放机,黑屏关机

故障症状:在电脑认盘情况下出现黑屏关机现象。

检查与分析:该故障可能有以下几种原因:

（1）由于机器内部芯片受到震动，或者操作不当，导致程序丢失。

（2）应对机器进行固件更新。

检修结果：经上述处理后，故障排除。

例6　KNN牌MP4播放机，开机黑屏或蓝屏

故障症状：出现开机黑屏或蓝屏的现象。

检查与分析：由于开机突然，致使电流迅速冲击显示屏，引起上述问题。解决办法是关机后再次开机，多重复几次即可。建议干电池使用碱性电池。

检修结果：经上述处理后，故障排除。

例7　KNN牌MP4播放机，开机后马上自动关机

故障症状：开机后重复显示"STARTING…"，或开机后马上自动关机。

检查与分析：该故障的原因可能是：

（1）MP4感染了病毒或与下载的文件有冲突；对电脑及MP4进行杀毒。

（2）格式化方式用错；用"FAT"将MP4再格式化一次。

（3）电池没电量，对MP4进行充电。

检修结果：经上述处理后，故障排除。

例8　KNN牌MP4播放机，进行文件传输时，电脑突然死机或无任何反应

故障症状：进行文件传输时，电脑突然死机或无任何反应。

检查与分析：根据现象分析，判断在该故障可能是由于静电放电引起的。

检修时，从用户终端上拔出USB对接线，关闭电脑中的软件应用，将USB对接线重新连接到用户终端上。

检修结果：经上述处理后，故障排除。

例9　魅族MP4播放机，不能读取内存文件或内存文件神秘失踪

故障症状：使用SD卡期间，出现不能读取内存文件或内存文件神秘失踪的故障。

检查与分析：先检查一下MP4播放机和使用的SD卡是否互相兼容，如果是因为不兼容而出现内存文件丢失的情况，应尽量不要在使用内置存储器的同时插入SD卡，避免在SD卡和内置存储器之间切换使用。需要使用SD卡时，应先关闭MP4播放机，在关闭了MP4播放机内置存储器的条件下，再将SD卡插入MP4播放机，然后重新开机使用；使用SD卡完毕后，先关闭MP4播放机，然后再拔出SD卡，重新开机，再使用内置存储器来完成MP4播放机的各种操作。

当MP4播放机使用SD卡期间，出现提示内存错误或文件丢失时（此时存储器已经不能读写），可利用机器菜单的格式化功能重新格式化内存。

检修结果：经上述处理后，故障排除。

例10　魅族MP4播放机，英文界面操作正常，中文操作界面不能正常显示

故障症状：英文界面操作正常，中文操作界面不能正常显示。

检查与分析：该故障是中文字体丢失所致，需要重新安装字库。

检修结果：经上述处理后，故障排除。

例11　魅族MP4播放机，升级后，一连接电脑就提示格式化

故障症状：升级后，一连接电脑就提示格式化。

检查与分析：MP4播放机升级后出现格式化提示，说明升级操作没有成功，应重新升级。

重新升级后，如果还提示"请格式化"，这时应该先关闭MP4播放机，然后按下"ESC +

MODE"键(对于688、689MP4播放机,应同时按"ESC+播放"键),再按"开机"键。等MP4播放机开机后,屏幕显示红字符,然后进入"设置"菜单,选择"格式化"中的"FLASH"选项,进行格式化。等格式化完成后,按MP4播放机的升级方法,重新进行升级。

　　检修结果:经上述处理后,故障排除。

例12 魅族MP4播放机,有些WMA格式的歌曲在MP4播放机中却不能播放

　　故障症状:有些WMA格式的歌曲在电脑中能够播放,但在MP4播放机中却不能播放。

　　检查与分析:MP4播放机中普遍安装的是金星数码MP4播放器JXD,如果该WMA格式文件的采样率、比特优选法不符合JXD所支持的范围,那么,该WMA格式的影音文件就不能在MP4播放机中进行播放。

　　有些WMA格式的文件在制作时设置了版权保护,因此就不能在其它设备里进行播放。在使用Windows Media Player将影音文件压缩转换为WMA格式的文件时,要把"工具"→"选项"→"复制音乐"里面的"对音乐进行副本保护"选项前的对号去掉,这样制作出来的WMA格式文件就没有版权保护了。

　　检修结果:经上述处理后,故障排除。

例13 TCL C22型MP4播放机,连接电脑USB无任何反应

　　故障症状:用电池可以开机,连接电脑USB没有任何反映,也没有充电指示,其它功能正常。

　　检查与分析:经查为主控芯片RK2606的(107)脚的R5、R6两个分压电阻不良。

　　检修结果:更换R5、R6后,故障排除。

例14 TCL C22型MP4播放机,关机后一直显示充电状态

　　故障症状:无法关机,关机后一直显示充电状态。

　　检查与分析:经查为电源IC(OCP8020)损坏。

　　检修结果:更换电源IC(OCP8020)后,故障排除。

例15 TCL C22型MP4播放机,有些时候在拨播放器时,会引起电脑端的异常

　　故障症状:有时候连接播放器时,会引起电脑端的异常。

　　检查与分析:这种现象可能是文件传输中拨动USB所造成。在文件传输过程中或格式化过程中不要断开连接,以免引起电脑端异常。

　　检修结果:经上述处理后,故障排除。

例16 TCL C22型MP4播放机,有的歌曲有不同的音量

　　故障症状:有的歌曲有不同的音量。

　　检查与分析:MP3歌曲有不同的音量,因为录制的过程中间量电平调整参数不同,所以听起来音量不同。

　　检修结果:属正常现象。

例17 TCL C22型MP4播放机,在管理软件中有时无法删除

　　故障症状:播放器中的文件在管理软件中有时无法删除。

　　检查与分析:该故障通常是由于这些文件的属性为只读属性,在更改属性后即可删除文件。

　　检修结果:经上述处理后,故障排除。

例18 TCL C22型MP4播放机,MP4在电脑中显示的内存不足

　　故障症状:MP4在电脑中显示的内存不足。

检查与分析:MP4在出厂时写入了播放程序,这些程序要占用部分内存,所以MP4在电脑中显示的内存是不够标称容量的。

检修结果:属正常现象。

例19　道勤DQ-V88型MP4播放机,FM收音机收不到台

故障症状:FM收音机收不到台。

检查与分析:FM收音机的收音效果,与所在地位置的FM调频广播信号强弱有很大关系,有些地域是FM调频广播的盲区,那么在这些地区肯定会收不到台。

如果所在地区有FM调频广播信号,MP4播放机中的FM收音机却收不到台,这时可改用手动调台方式搜索一遍,如果还是一个台都不能搜到,就应该检查MP4播放机的收音模板,问题多数就出在这里。

检修结果:经上述处理后,故障排除。

例20　道勤DQ-V88型MP4播放机,无法转换影音文件为RMVB格式或RM格式

故障症状:无法将其它格式的影音文件转换为RMVB格式或RM格式。

检查与分析:下载最新版本的暴风影音,安装在电脑上,转换时在"文件类型"这一栏中选择"所有文件"栏。

如果在转换RMVB、RM格式文件的过程中,出现发送错误等错误信息,或者转换后的RMVB、RM格式文件在播放时出现停顿及卡住等不良情况,就说明转换前的原文件不能进行RMVB、RM格式的转换。

检修结果:经上述处理后,故障排除。

例21　道勤DQ-V88型MP4播放机,按下按键,播放器没有反应

故障症状:开机后,按下按键,播放器没有反应。

检查与分析:该故障通常是机器按键锁定所致。拨动HOLD键,解除按键锁即可。

检修结果:经上述处理后,故障排除。

例22　道勤DQ-V88型MP4播放机,不能快进

故障症状:不能快进。

检查与分析:因为下载的片源都不一样,转换机器编码和码率也不同,播放时就可能出现无法快进的问题。解决办法是下载码率和清晰度适中的电影。一部电影分割成3~5个容量较小的片段,再用MP4播放,一般快进问题不大,而即使按错了,重新来也能很快进到指定播放位置。

检修结果:经上述处理后,故障排除。

例23　道勤DQ-V88型MP4播放机,开机后提示"电池电压低关机"

故障症状:开机后提示"电池电压低关机"。

检查与分析:重点检查电源、主控、电压检测电路等。本着先易后难的原则,先用万用表测量电池电压,为4.1V,正常,电池损坏可以排除。通过电路分析,将重点锁定在了RK2606的(103)脚的参考电阻上(R4),其值为$100k\Omega$(104),经查损坏。

检修结果:更换$100k\Omega$(104)后,故障排除。

例24　SONY2.5英寸MP4播放机,开机后无显示,电源灯常亮

故障症状:开机后无显示,电源灯常亮,必须按RESET键才可关闭。

检查与分析:先开机,在看到电源灯亮的时候,迅速短接FLASH的(7)和(8)脚,这时机器的屏会亮;然后拿开短接的镊子接USB线连接电脑,找到G盘后格式化;再把G盘里的文件夹

建好,把歌曲拷到对应的文件夹里即可。

检修结果:经上述处理后,故障排除。

例 25　SONY2.5 英寸 MP4 播放机,死机

故障症状:死机。

检查与分析:该故障通常是由同时按下了几个键以及其它非法操作(如在传送文件时拔 USB 插头等)所致。检修时,按复位键(RESET 键)关机,按开机键重新开机。对机器进行格式化,特别注意直接在 MP4 的设置菜单中格式化内存。

检修结果:经上述处理后,故障排除。

例 26　SONY2.5 英寸 MP4 播放机,死机时没电流或电流偏低

故障症状:死机时没电流或电流偏低。

检查与分析:先检查 USB 供电是否正常、IC3.3V 及 1.8V 有无输出。如果没 3.3V 输出,测 3.3V 控制脚的 MOS 管是否正常。检测各主供电电压正常,然后看复位电路、主控复位脚 84 脚 3V 是否正常。如不正常,说明主控板坏。该机经检查为主控板损坏。

检修结果:更换主控板后,故障排除。

例 27　ATJ2085 主控型 MP4 播放机,不开机

故障症状:不开机。

检查与分析:把机子连上电脑,测供电时 3V 只有 2V,而且 3V 稳压 IC 发热,再测 3V 输出的对地电阻,发现变小(万用表的二极管挡测只有 0.3Ω 左右)。为了区分是稳压 IC 本身短路还是 3V 后面负载的问题,把 3V 稳压 IC 拆下来再测 3V 输出的对地电阻就正常了,说明是稳压 IC 坏。换稳压 IC 后用电池开机时屏闪(一亮一灭),用电源供电试机可以开机显示正常,但电流很大在 160mA 左右,而且屏有点太亮,估计是升压电路电流大。把升压 IC3 脚的对地电阻由原来的 1.5Ω 改为 20Ω 后,试机电流在 70mA 左右,显示和功能一切正常。

检修结果:经上述处理后,故障排除。

例 28　ATJ2085 主控型 MP4 播放机,存储的资料经常无故丢失

故障症状:存储的资料经常无故丢失,内存显示只有 30M 左右,经专修人员修好后,过一段时间又出现同样的故障;或者完全开不了机,插上充电电源都开不了;连接到电脑上后,无盘符显示,电脑无法识别;可以进行播放,但是不能在电脑上删除或下载音乐,不能存储资料等。

检查与分析:将 MP4 播放机的固件升级后,这些故障现象都能自行消失。但要注意:在保证电脑和 MP4 播放机都正常的情况下,USB 接口或者 USB 连线有问题,都会导致电脑不识别 MP4 播放机的故障。

检修结果:经上述处理后,故障排除。

例 29　ATJ2085 主控型 MP4 播放机,电脑不识别 MP4 播放机

故障症状:电脑不识别 MP4 播放机,将 MP4 播放机和电脑连接好后,在电脑屏幕最下边的任务栏中不出现盘符。

检查与分析:可依次进入下列菜单:"开始"→"控制面板"→"性能和维护"→"管理工具"→"电脑管理"→"设备管理器"。查看一下"通用串行总线控制器"前边是否有黄色的问号,如果有黄色的问号就卸载掉。

断开 MP4 播放机和电脑的连接,然后再重新连接一次,桌面上会弹出"硬件更新向导"对话框,选择"自动安装软件",点击"下一步",向导自动搜索软件,完成安装,这时在屏幕的右下角就会出现 MP4 播放机的盘符。

如果仍然不能识别,就应该检查一下 USB 接口,或更换一条 USB 连线重试一下。

检修结果:经上述处理后,故障排除。

例30 ATJ2085 主控型 MP4 播放机,无法开机

故障症状:无法开机。接上充电器,充电指示灯亮,但没有其它任何反应。

检查与分析:打开 MP4 播放机,拆下内置锂电池,再接上充电电源,如果这时 MP4 播放机能够开机,说明产生故障的原因是内置锂电池断路,应更换相同规格和型号的锂电池。

如果拆下内置锂电池、接上充电电源,MP4 播放机仍然不能开机,这时可以按下"开/关"键,测一下整机电流。如果 MP4 播放机的整机电流达不到 20mA,说明升压集成电路有问题,更换升压集成电路后,故障就会消失。如果 MP4 播放机的整机电流超过 20mA,说明升压电路正常,MP4 播放机仍然不能开机的原因可能是主控板烧坏,只有更换主板,或者是报废整机。

检修结果:经上述处理后,故障排除。

例31 ATJ2085 主控型 MP4 播放机,总是连续重复播放歌曲中的一小段

故障症状:总是连续重复播放歌曲中的一小段。

检查与分析:检查 MP4 播放机中的歌曲文件是否有问题,可换另一个歌曲文件进行试播,若能正常播放,说明原先播放的歌曲文件有问题,应重新复制歌曲文件。若更换另一个歌曲文件仍不能进行正常播放,说明故障原因不在歌曲文件,而在 MP4 播放机本身。

先关闭 MP4 播放机,然后按下"ESC + MODE"键,再按"开机"键。开机后,屏幕上显示红字符,然后进入"设置"菜单,选择"格式化"中的"FLASH"选项,进行格式化。格式化操作完成后,重新复制歌曲文件,试播放,故障消失。

检修结果:经上述处理后,故障排除。

例32 ATJ2085 主控型 MP4 播放机,电流正常无标无盘

故障症状:电流正常无标无盘。

检查与分析:检查升级键有无问题及 3.3V 和 1.8V 供电是否正常、晶振工作电压是否正常。该机经检查为 1.8V 供电电路不良。

检修结果:检修 1.8V 供电电路后,故障排除。

例33 ATJ2085 主控型 MP4 播放机,无显示

故障症状:无显示。

检查与分析:该故障可能是由机板问题、机器和软件不匹配、屏坏等原因所致。

检修结果:对症处理后,故障排除。

例34 ATJ2085 主控型 MP4 播放机,升级不通过

故障症状:升级不通过。

检查与分析:先测量各供电电压是否正常、FLASH 线路是否完好没断线。如果检查正常,代换一个缓存或测量缓存焊盘对地阻值有没有问题。

检修结果:经上述处理后,故障排除。

例35 ATJ2085 主控型 MP4 播放机,升级后无盘

故障症状:升级后无盘。

检查与分析:先看焊屏后能否开机,如果不可以,看 FLASH 焊盘,线路是否正常,如正常代换 FLASH 试一下,主控一般最简单判定方法也是代换。

检修结果:经上述处理后,故障排除。

例 36　ATJ2085 主控型 MP4 播放机,无盘显白屏

故障症状:无盘显白屏。

检查与分析:用万能表测电源电压是否正常,测量其 1.8V 输出电压是否正常或过高,无电压也会导致白屏。

检修结果:对症处理后,故障排除。

例 37　ATJ2085 主控型 MP4 播放机,显示暗

故障症状:显示暗。

检查与分析:测量显示屏升压电路升压是否正常,如正常说明升压电路没问题,反之就需要换显示屏。

检修结果:对症处理后,故障排除。

例 38　ATJ2085 主控型 MP4 播放机,视频显示不良

故障症状:视频显示不良。

检查与分析:判定视频问题,先要区分是视频还是机器的问题。重新下载视频文件或格式化后再下载机器对应的视频文件,如还是一样,就可判定为机器本身问题。如机器缓存线路没问题,就检测电源电压是否不正常,还有 32.768M 晶振、主控也可导致视频显示不良。

检修结果:对症处理后,故障排除。

例 39　ATJ2085 主控型 MP4 播放机,放音乐时死机

故障症状:放音乐时死机。

检查与分析:该故障是由软件及主板上问题所致。软件问题一般可以重新格式化再看,也可再升级格式化来判断软件问题还是主板问题。主板主要是供电部分及 FLASH 主控的问题。

检修结果:对症处理后,故障排除。

例 40　ATJ2085 主控型 MP4 播放机,按键功能错乱

故障症状:按键功能错乱。

检查与分析:检查按健之间控制电阻是否并联,如果串联控制的电阻损坏就可导致其它按键有问题。按键测量可用欧姆档,按住按键测两脚是否相通,如测量按键线路有没问题再用万能表测量其阻值,电阻一般是精密电阻。

如果以上都正常,按键漏电也会导致该故障发生,一般是用洗板水洗一下或直接换掉所有按键,有些按键功能由主控控制的,如线路如果没问题,就可代换主控芯片。

检修结果:对症处理后,故障排除。

例 41　ATJ2085 主控型 MP4 播放机,充不进电及显低电

故障症状:充不进电及显低电。

检查与分析:先查电池是否正常损坏,再检查充电电流及电压是否正常,如测量收发模块(9)脚、(10)脚所接电阻,如果电压过低会导致机器自动关机、音频 IC 损坏或假焊也会导致此类现象发生。

检修结果:对症处理后,故障排除。

第5章 投影、功放、卫星接收机 故障分析与维修实例

第1节 视频投影机故障分析与维修实例

例1 索尼 KP-7222PSE 型投影机,重放及接收均无图像

故障症状:机器重放及接收信号均无图像,光栅及伴音正常。

检查与分析:根据现象分析,问题可能出在视频亮度信号放大至显像管阴极之间电路。检修时,打开机盖,将机器置于"TEST"挡,屏幕上无"十"字样正线,说明故障在视频彩色处理电路 BB 板上。在 BB 板中,与视频亮度处理有关电路有 Q3101、Q3103 二极放大器与集成块 CX108。用万用表测 Q3101、Q3103 各脚电压无异常。测 CX108(24)脚电压为 0V,正常应为 4.3V;(22)脚电压也为 0V,正常为 4.6V;其余相关各脚电压基本正常。从 AV 端输入视频测试信号,用示波器测 CX108(24)脚,波形正常,测(17)脚亮度输出端波形消失,说明信号在 CX108 内被阻断。查(24)脚及(17)脚外围电路正常,怀疑 CX108 损坏,但更换 CX108 后,故障不变,说明故障不在该 IC。查其外围电路也无异常,进一步分析 CX108 的内部结构方框图,发现(24)脚内图像控制放大电路有关的还有消隐脉冲钳位电路,此钳位电路又与色同步门脉冲电路又受(5)脚输入的行脉冲信号控制。检查是否为(5)脚输入的行脉冲信号异常而影响到视信号,用万用表测(5)脚电压为 0.04V,正常应为 0.2V,用示波器测其脉冲电压,幅度极小,而正常时(5)脚应有 $4V_{p-p}$ 幅度的脉冲电压,说明行脉冲信号已消失。顺板上 BB3 插座 HDP 端查至 G 板上由 Q517 ~ Q524 等组成 H、D、P、OSC 电路,发现 Q524 内部开路。

检修结果:更换 Q524 后,故障排除。

例2 索尼 KP-7222PE 型投影机,光栅亮度下降

故障症状:机器工作时,光栅亮度下降,其它无异常。

检查与分析:根据现象分析,问题可能出在显像枪的相关控制电压等部位。检修时,打开机盖,用万用表测量 C 板上各显像枪 G2 加速极电压均为 450V,加速极电压正常。当测量各显像枪的 G1 极电压时只有 5V,而正常 2 值应为 25V 左右。分析 G1 极的电压是由 245V 通过 R702 与 R701 + R713 分压再经过 R710 供给,经检查发现 R702R、R702G、R702B 的电阻值都变大为 2MΩ,而正常值应为 270kΩ。由于这 3 个电阻承受的电压降较大而功率却较小,机器长时间使用导致 R702 电阻值变大,使供给第一阳极的电压的电压降低,光栅总亮度即下降。检修更换 R702 时,应采用 270kΩ、功率为 1W 的电阻。由于各显像枪 C 板上的 R702 变值不一样,使图像发生变异的现象也各不相同,检修时应注意观察和细心调整。

检修结果:更换 R702 后,故障排除。

例3 索尼 KP-7220CH 投影机,工作时突然无光无声

故障症状:机器工作时突然无光无声。

检查与分析:根据现象分析,该故障一般发生在高压或行输出电路。检修时,打开机盖,检

查电源保险丝 F601(5A)正常,F602(1.6A)熔断。更换后开机,喇叭中有噪声,但高压包处有烟冒出,关机检查,系高压包内层与磁芯击穿。继续检查高压输出管 Q902 均好,当检查电路板(G 板)时,发现电容 C806 与插座 G-17 时相连接的那只焊点严重烧焦,该电容串接于高压包初级回路中。分析主要是因焊点氧化,产生跳火,导至高压包瞬时峰压增高而击穿。其原因是机器使用时间太长,加之工作环境相当恶劣,易出现此故障。建议对此类机中高电压、大电流的焊点作一次检查,以免引起不必要的损失。

检修结果:更换高压包及保险 F602 后,故障排除。

例4 索尼 KP-7220CH 型彩色投影机,颜色偏紫,亮度失控

故障症状:机器开机工作时,图像颜色偏紫,亮度失控,有回扫线。

检查与分析:根据现象分析,该故障可能发生在亮度电路。涉及到亮度的电路很多,该机图像上有回扫线,说明故障在视放电路或投影电路。检修时,打开机盖,用万用表测三个视放管各管脚电压基本正常,此时可确认故障就在投影管电路。

三管彩色投影机的各投影管的亮度是受加速电压控制的,此电压是通过 RV5451、R5451 等串联分压而获得的。测三管加速极电压,此电压与输入端电压(约 400V)相差不大。怀疑 R5451、R5452、R5453 有问题,关机后测其在路电阻,远远大于 2.2MΩ,拆下后再测,三者阻值均为∞。

由于 R5451、R5452、R5453 开路,导致各管加速极电压升高,各管亮度也有不同程度提高。该机为红、蓝两管亮度高于绿管亮度,所以图像偏紫。同时也因为加速极电压过高,导致亮度失控和出现回扫线等现象。

检修结果:更换 R5451、R5452、R5453 后,故障排除。

例5 索尼 KP-7220 型投影机,高压打火后无光栅

故障症状:机器因受潮后,发生高压打火,造成无光栅出现。

检查与分析:根据现象分析,该故障可能发生在高压及行扫描电路。检修时,打开机盖,用万用表测高压正常,测行输出变压器 T503 提供的各种电压均偏低,灯丝不亮。检查行管及行输出变压器 T503 无损坏,怀疑故障在行偏转部分。

该机有三个偏转电路且相互影响,此部分有复杂的线性调整和补偿电路。根据其结构分析,高压帽离偏转线圈最近,打火时易造成其周边元件损坏;而场偏转线圈有极小阻值电阻接地,一般不会造成场故障,判断问题出在行偏转电路(有关电路如图 5-1 所示)。用万用表测行偏转对地阻值,果然 G 端偏转对地阻值为 0Ω,经检查发现 D5312 短路。用 1N4007 代换后,灯丝亮,T503 各绕组电压趋于正常,但仍无光栅。测 3 个补偿三极管 +MB 端工作电压极低,仅超过 10V,正常时应为 90V。断开各负载,恢复正常,判断有负载短路,测各三极管均是好的。再分析电路中 D5312 短路时,造成流过 T5302 的电流过大,其绕组可能因高温造成匝间短路,观察 T5302,外表与其它两个变压器不一样,冒出很多油,于是拆下来,通电再测 +MB 电压达到 90V,判定其内部损坏。

检修结果:更换 T5302 后,故障排除。

例6 索尼 VPH-1043QJ 型投影机,开机后无任何反应

故障症状:开机后无任何反应,电源无输出。

检查与分析:根据现象分析,问题一般出在电源及保护电路。检修时,打开机盖,用万用表先测量输入端是否有 300V 直流电压,如无,应检查整流滤波板电路相关元件。如有 300V 电压,电源仍不工作,则检查 REM 端有无 +12V 辅助电压、Q601 各极是否开路。如无 +12V 辅

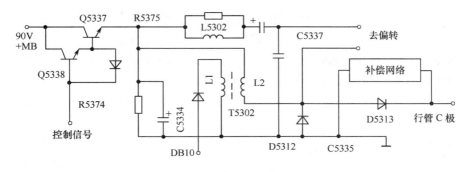

图 5-1

助电压,应检查整流板上辅助电源变压器是否工作,如辅助电压正常,Q601 完好,则应检查 GB 板。用示波器观察 Q601 基极,正常时应有 2V_{p-p}、26kHz 方波。常见故障是 R683、R684 开路; IC601 损坏。该机经检查发现 IC601 内部不良。

检修结果:更换 IC601 后,故障排除。

例7 索尼 VPH-1000Q 型投影机,图像聚焦不良

故障症状:机器工作时,图像不清晰,聚焦不良。

检查与分析:根据现象分析,问题一般出在聚焦电路及相关调整机构。检修时,打开机盖,松开镜头侧面的两只固定螺丝,在 R、G、B 单色光栅下,分别使两个螺丝在斜槽内滑动,带动镜头前后移动,使屏幕上单色光栅的中心和四角聚焦最清晰。但在实际调整时,有时不论怎样调节,聚焦效果都很差。这是因为聚焦电压偏离过多而引起,此时可在机器的左中部找到 R、G、B 三个行输出变压器,然后用小螺丝刀分别缓慢调节对应的聚焦(FOCUS)电位器,边调边观察屏幕右上角的标记,便可使聚焦达到最佳即可。

检修结果:经上述调整后,故障排除。

例8 索尼 VPH-1000Q 型投影机,开机后不工作

故障症状:开机后指示灯不亮,不工作。

检查与分析:根据现象分析,该故障一般发生在电源电路。检修时,打开机盖,用万用表测电源输出直流 115V、±15V,均为 0 伏,说明整机电源没有启动。进一步测量整流输出 +300V、辅助电源输出 28V 正常。辅助 20V 经 7812 稳压 12V 正常,怀疑输出板和振荡板电路有故障,用示波器观察 Q671、Q672 集电极输出波形,Q672 有输出,Q671 无输出,经检测发现 Q671 内部击穿。

检修结果:更换 Q671,故障排除。

例9 索尼 VPH-722QM 型投影机,工作数分钟蓝管座聚焦放电

故障症状:机器工作数分钟左右蓝色管座聚焦放电闪光,不久自动停机保护。

检查与分析:根据现象分析,问题可能出在投影管聚焦电路及相关部位。检修时,打开机盖,先查蓝色管座和周围元件及扫描、电源无问题。由于三色管管座板结构完全一样,为此采取交换使用来进行判断。先将红、蓝两管的栅压、聚焦一并调换,此时原放电跳火的蓝管工作正常而红管聚焦开始跳火。初步判断原蓝管聚焦电位板有问题。再将原蓝管聚焦、栅压调换到绿管,结果绿管管座放电跳火,其余两管正常。由此判定为原蓝管聚焦电位器有问题,放电导致栅压变化引起亮度变化,同时放电过流使扫描电路产生停振。

检修结果:更换新的聚焦组件后,故障排除。

123

例10 索尼 KP－722PSE 型投影机,有时亮度降低,散焦

故障症状:机器工作时,图像有时亮度降低、散焦,有时彩色紊乱。

检查与分析:根据现象分析,该故障一般发生在投影管座及相关部位。检修时,打开机盖,先用万用表上高压棒测量投影管管座上的加速极,聚集极电压,发现这两个电压均不稳定。断开这两上电极与管座的连接线,单独测加速极、聚焦极极电压,均稳定正常。由此说明,故障原因为投影管管座绝缘度下降所致。

检修时,用无水酒精清洗投影管管座,特别是加速极、聚焦极处的座基。然后,将管座放在 60～100W/220V 的白炽灯下烘烤约 10～15min 左右,再将管座按与拆卸相反的程序装回原处,将各连接线焊好。通电试机,故障消除。但用过一段时间后,故障依旧,彻底根治的方法的一般只有更换新管座。

检修结果:更换投影管管座后,故障排除。如一时购不到该管座,也可选用灯似的彩电管座进行适当的改制代换。

例11 夏普 XV－530H 型投影机,开机后投影灯不亮

故障症状:机器开机后,风扇转动,投影灯不亮。

检查与分析:根据现象分析,该故障一般发生在开关电路及投影灯镇流电路。由原理可知,该机镇流共分三大部分,其中电源原膜电路 IC702(M67170)的一部分与 Q701、T701、L703 构成开关电源。将交流 220V 经整流后变为约 300V 直流动脉动电路,再变为 85V 直流电压,给投影灯驱动电路供电。而投影灯泡的启动是由 T702、T703 产生的高压启辉脉冲(几千伏),先将灯内充有的气体电离发出辉光导电,再由 Q703、Q704 输出的电压维持电离使灯泡持发光。2s 后转为正常工作。Q702、Q705 与 Q703、Q704 两对管子交替导电,提供投影灯电源。

IC702 的电源由辅助开关电源提供。辅助开关电源由 IC701(STR－D1005T)、T704 等元件组成。桥式整流产生＋300V 电压经开关变压器 T704 加到 T701 的(3)脚,同时＋300V 电压还经启动电阻 R715(1W、820kΩ)加到 IC701 内大功率开关管的发射极,经 R717(1W、33Ω)接地,(4)、(5)脚接正反馈绕组,使开关电源维持正常振荡,T704 的次级经 D708、C718 整流产生 IC702 的供电电源。

根据上述分析,检修时,打开机盖,通电开机后检查,发现 G701 内没有辉光打火,测 IC702 的(1)脚无电源电压,用万用表测 C718 两端也无电源电压,判断辅助开关电源没有工作,测 IC701 的(2)脚到地电压为 6V。而正常时应为 0.6V,测 R717 为 33Ω 正常。判定 IC701 内部损坏。

检修结果:更换 IC701 后,故障排除。

例12 夏普 XV－530H 型投影机,出现亮像,色彩不良

故障症状:机器开机后为绿色背景,加入信号出现负象,色彩也不正常。

检查与分析:经开机检查,发现集成块 IC1204(LM318N)严重发热,而其它两块 IC1203、IC1202 正常。将其焊下后,此集成块已被击穿。LM318N 是一块单运放集成块,如一时未购到,可采用 NE5532 代换。NE5532 内部电路如图 5－2 所示。

NE5532 是双运放,LM318N 是单运放,引脚排列不同。代换时只用 NE5532 的一个运放,用导线将其相应的脚焊在原 LM318 对应的脚上,再用绝缘胶布包好即可。具体方法为:将 NE5532 的(1)、(2)、(3)、(4)、(8)引脚用短导线焊好引出,分别焊在 IC1204 对应的(6)、(2)、(3)、(4)、(7)脚位置上,并用胶带包好贴在线路板上即可。

检修结果:经上述代换后,故障排除。

124

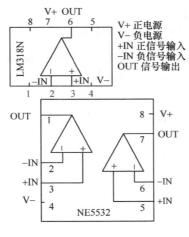

图 5 - 2

例 13 夏普 XV - 315P 型投影机,开机工作时为白光栅

故障症状:开机工作时白光栅,无任何字符显示。

检查与分析:根据现象分析,该故障一般发生在液晶显示屏及控制驱动电路。检修时,打开机盖,用万用表检测供给液晶显示屏的各路电压,发现 - 10V 电压丢失。沿该电路检测,发现 Q906 即 - 10V 供电稳压三极管 BC857 断路。

检修结果:更换 Q906 后,故障排除。

例 14 夏普 XV - 315P 型投影机,开机后灯泡不亮

故障症状:开机后投影灯泡不亮,无法工作。

检查与分析:根据现象分析,该故障可能发生在电源及逆变驱动电路。开机检查发现 6.3A 保险管内部严重发黑,镇流调压场效应管 2SK1180 击穿,保险电阻 R1701 烧断,桥式逆变驱动功率管中的 Q1703、Q1705 也均已击穿。更换上述元件后开机,又全部损坏,由此说明问题出在逆变电路。由原理可知,交流 220V 经整流滤波后得到的 300V 直流电压,通过镇流调压场效应管 2SK1180 降压至 85V 至 105V 供给桥式逆变电路。启动投影灯时,首先由逆变驱动芯片 IC1702 的(11)、(12)脚驱动 Q1703、Q1704 导通,并由 IC1702 内部的定时器,控制直流点亮投影灯 2s。随后,IC1702 的(11)、(12)脚处于 OFF 状态,而(2)、(3)脚则交替处于 ON/OFF 状态,通过逆变激励变压器 T1702 驱动 Q1702、Q1703、Q1704、Q1705 分别工作在导通/截止状态,也就是通过逆变的形式,将 Q1701 降压后得到的约 100V 的直流电,逆变成高频交流电继续点亮灯泡并稳定工作。T1703,Q1706 和 Q1707 共同组成了投影灯高压触发电路。

而该机常损坏 Q1703、Q1705 和 2SK1180,测投影灯驱动电路的电阻却无明显异常,故怀疑驱动芯片 IC1702 内部不良,但更换此芯片后,故障重现。经认真分析,是否为逆变激励变压器 T1702 内部匝间短路,如果该激励变压器次级(3)(4)(5)这个绕组中存在匝间短路的现象,势必造成逆变功率驱对管 Q1703、Q1705 的激励功率变异和不对称性,从而造成上述器件的屡次损坏。拆下 T1702,测量其电阻并无异常。试更换一新品,故障不再出现。

检修结果:更换 T1702 后,故障排除。

例 15 夏普 XV - 315P 型投影机,工作时,光栅缺蓝色

故障症状:机器工作时,光栅缺蓝色。

检查与分析:根据现象分析,问题可能出在三基色驱动电路。检修时,先打开蓝背景开关,仍无蓝色背景。由于该机投影灯能点亮且有光栅,只是缺蓝色可以肯定是液晶显示屏的三基色驱动电路不良所致。沿液晶显示屏的30芯连线的(2)脚VB2即可查到蓝驱动通道。打开机盖,用万用表分别测量蓝色信号射随器输出管Q1403、Q1402的各极电压。发现Q1403(BC847)各脚电压不正常,经查Q1403内部击穿。

检修结果:更换Q1403(BC847)后,故障排除。

例16 夏普XV-315P型投影机,不能启动

故障症状:开机后,电源指示灯亮,机器不能启动。

检查与分析:根据现象分析,该故障可能发生在电源及风扇检测电路。检修时,先查灰尘过滤网板及底部灯仓盖板的防护开关,无异常。通电用万用表测量开关电源各组输出电压正常。进一步检测,发现每按一次开灯键,EB座第(14)脚都能输出4V脉冲电压,但风扇只动一下而未能旋转起来。测量风扇电路Q718、Q719及相关元件良好,测量IC2001的(59)脚电压,在按开灯键后,未见来自风扇的5V(风扇旋转状态检测)高电平,若将IC2001的(58)脚经4.7kΩ接5V,风扇即能正常旋转,同时指示灯也亮。但这样散热风扇已失去延迟停止运转功能。经仔细检查发现风扇与电机一体化的旋转检测器内部损坏。

检修结果:更换同型号风扇后,故障排除。

例17 夏普XV-315P型投影机,风扇旋转,灯泡不亮

故障症状:开机后指示灯亮,风扇旋转,灯泡不亮,不能工作。

检查与分析:根据现象分析,问题一般出在投影灯泡及驱动电路。检修时,打开机盖,首先拉出灯碗,仔细看灯泡无起泡、无裂缝,灯丝连接无断线。再开机观察发现一按开机键,“吱”的一声灯泡点亮。故障消失,将灯泡装回原位,再试机故障依旧。分析在机壳外试验时灯碗已被拉出,灯碗与灯碗仓已脱离,而推进灯碗时灯碗就接上地线。再断开灯仓外壳上的地线,果然通电开机一切正常。说明故障就在灯座或灯碗上。拔下灯丝插座检查正常,拉出灯碗用万用表测灯丝一端与外壳短路。拨开灯丝连线,见反射镜上固定钢丝的卡簧与外灯丝引线铆钉相碰,并有接触烧痕。取下卡簧后用钳子重新调整弯曲形状再次卡进,使两者远离。值得注意的是:受灯碗凸背的影响,起固定灯碗作用的卡簧会向内收缩滑动,一旦与红丝引脚铆钉靠近,轻者将会造成灯泡启动时打火,重者则导致不能启动。所以当遇有开机风扇旋转而灯不亮时,应首先拉出灯碗看卡簧是否移动了位置。

检修结果:经上述处理后,故障排除。

例18 夏普XV-310P型投影机,有时自动停机

故障症状:机器工作时,有时自动停机,再开机无反应。

检查与分析:根据现象分析,问题可能为机内电路接触不良所致。检修时,打开机盖,通电,按电源开关,电源指示灯亮,再按待机触发按钮,发现继电器没有闭合,用万用表测继电器工作电压为0V,进一步检测发现灯盖开关处于开路状态。原因为灯盖板受长期高温变形,使灯盖开关顶不到位。卸下灯盖板,在顶杆上粘一块塑料,使灯盖将灯盖开关顶到位即可。

检修结果:经上述处理后,故障排除。

例19 夏普XV-310P型投影机,屏幕上半部光栅比下半部亮

故障症状:机器工作时,光栅较暗,但上半部光栅比下半部亮,有图像及彩色。

检查与分析:根据现象分析,问题可能出在液晶板及驱动电路。检修时,打开机盖,先将液晶板插线头拔掉,使液晶板处于无电信号状态,此时开机光栅正常。用一台正常机器互换液晶板,开机一切正常,说明液晶板本身正常。分析可能是液晶板电路上某元件长期受高温影响损坏,将正常液晶板和故障液晶板小心拆开,对比测量两个流晶板各元件的电阻值,无异常现象,然后又将液晶板插在电路上,使两台机器同时开起,等工作一会儿后用手去摸液晶板的温度,发现坏液晶板里面的集成块温度比正常液晶板的温度明显要高,由此判断集成块内部不良。

检修结果:更换该集成块后,故障排除。

例20 夏普 XV-310P 型投影机,开机后不工作

故障症状:开机后机器不能工作。

检查与分析:该机为用户将前风扇滤尘罩取下除尘后,即不能开机工作,判断为操作不当所致。经检查除尘后未将滤网推到位引起的。该机在滤网槽的里有一只保护开关,只有将滤网推到位时,才能将开关压下,机器才能加电工作;如果滤网没有放进槽中或放进后没有推到位,机器就不能工作。

检修结果:经上述处理后,故障排除。

例21 夏普 XV-310P 型投影机,工作数十分钟后自动停机保护

故障症状:机器工作数十分钟后,自动停机进入保护状态,停机一段时间后再开机故障重复出现。

检查与分析:根据现象分析,故障原因一般为机内温度升高引起。经开机检查发现排风和引风电机工作一段时间后便停止工作,怀疑是三端稳压顺散热不良造成。经查稳压管前端已无电源输入,检查电机供电变压器工作正常,经用放大镜仔细检查,发现变压器到稳压管段的印刷电路上有一裂纹。分析原因是由于机内卤素灯产生高温使电路板受热,导致裂纹分离电机不工作,冷却一段时间后,裂纹恢复重合,故产生上述现象。

检修结果:重新补焊后,故障排除。

例22 夏普 XV-310P 型投影机,无光栅,不工作

故障症状:开机后无光栅,不工作。

检查与分析:根据现象分析,该故障一般发生在电源电路。检修时,打开机盖,用万用表检测 IC703、R727 等关键元件无损坏,在路测 R726、R728、R720、R721 阻值也均正常;用同规格正品光耦合器代换 PC701,故障不变;将 IC701 各引脚重焊一遍无效,再进一步检查,发现二极管 D726 开路。

由于 D726 开路,使稳压控制电路失去作用,导致开关电源电压失控。当其输出电压异常升高时,经 D709 整流、C720 滤波输出的电压也升高时(正常时应为13V)。该电压经 R729 使光耦合器 PC702 内的发光二极管发光变强,光敏三极管导通,IC701(8)脚的12V电压经光敏三极管、R719 加到晶闸管 D705 控制极,D705 导通,12V 电压经 D705 使 Q702 饱和导通,分流加强,致使 Q701 停振而保护了开关电源和负载不受过压损坏,因而开机无光栅,不工作。

检修结果:更换 D726 后,故障排除。

例23 夏普 XV-310P 型投影机,有图像无伴音

故障症状:开机后光栅及图像正常,无伴音。

检查与分析:根据现象分析,该故障一般发生在电源电路。由于同光栅图像正常,说明开关电源、IC2001 等工作正常,应重点检查伴音信号处理及供电电路。检修时,打开机盖,用万用表测 S3 绕组经 D709 整流、C720 滤波后的电压为13V正常;在路测 R735 的阻值正常;测 Q703c 极电压为0V,正常值应为12V。将 Q703 拆下检测未见异常,测 Q704b 极极电压为12V正常(该电压由 S5 绕组提供),将 Q704 拆下检测,发现其内部击穿。

分析其原因可知,机器正常时,IC2001(58)脚输出12V控制电压加到 Q704b 极,通过

Q704 的导通与截止,去控制 Q703 的导通与截止,从而控制 Q703 c 极输出 12V 电压的通/断。由于 Q704 损坏,导致 Q703 无 12V 电压输出,伴音功集成块 IC304 无供电而不工作。

检修结果:更换 Q704 后,故障排除。

例 24　夏普 XV - P300 型投影机,开机后无电源

故障症状:开机后无电源,整机不工作。

检查与分析:根据现象分析,该故障一般发生在电源电路。检修时,打开机盖,检查发现保险(125V、5A)烧断,换新后试机,2s 后再次烧断,怀疑投影灯推动电路有短路故障。查电源电路,用万用表检测,发现 Q701(K1180)、Q703 和 Q704(C4297×2)烧坏,R703(0.33Ω/1W)、ZD703(202)均已烧坏。

检修结果:更换所有损坏元件后,故障排除。

例 25　夏普 XV - PN200 型投影机,开机出现更换灯泡告警

故障症状:开机后出现更换灯泡告警,不久自动关机保护。

检查与分析:经开机检查,发现灯芯部分发黑,但灯罩良好。如果更换灯泡价格太贵,可购来同型号灯芯更换。其方法如下:

(1) 拆下灯泡组件,用尖头改锥将反光罩与灯芯之间的白色固封胶慢慢去掉。去除时一定要在灯芯尾端的尾座部与反光罩的尾端做下标记。

(2) 拿出灯芯后,在灯反光罩尾部做一个圆形薄纸模子,模子的大小与所要安装灯芯的金属尾端一致。

(3) 将要安装灯芯以原灯芯的位置放入。

(4) 将调配好的白色固封剂用注射针管抽入,再慢慢注入反光罩的中心。

(5) 检查灯芯时正极、负极切勿接反。

(6) 用脱脂棉球沾酒精将灯泡球体上的污物清洗干净,检查后整体安装即可。

换上新的灯泡后必须使机器内的计时器归零,以断开总电源开关。用一只手同时按住机器面板 VOLUME 键和 SELECT 键,另一只手按住遥控器上的 MENU 键,另一个人按下开关电源使整机通电即可。

检修结果:经上述处理后,故障排除。

例 26　夏普 XV - 101T 型投影机,开机后指示灯不亮

故障症状:开机后指示灯不亮,机器不工作。

检查与分析:根据现象分析,该故障一般发生在电源电路。经开机检查果然发现稳压调整块 MA1050 内部损坏。由于该机维修的资料极少,特别是一些元件参数不详,又无法购到原配件,给维修带来很大不便。代换时,主电源中的稳压调整块 MA1050 可用 STR10006 直接代换;高压开关电源中使用了一只特殊二极 F10KE40(高速、大电流),可用 C20-40、MUR1680、MUR304、MUR3010 直接代用。后三种为对管,用其中一半即可。

检修结果:用 STR10006 代换后,故障排除。

例 27　夏普 XV - 100ZM 型投影机,开机后不工作

故障症状:开机后,红色指示灯亮,机器不工作。

检查与分析:根据现象分析,该故障一般发生在电源及相关电路。检修时,打开机盖,用万用表测整流后的直流电压为 300V 正常。此时,按动电源启动按钮,电源无反应。该机的电源为并联自激式开关电源,测量开关模块 IC7001 各脚电压均正常。分别测开关变压器次级整流管 DS7001 的输出端及 IC7002 的输出端也均有 15V 和 12V 电压,但发现稳压 PA15V 和 PB10V

均无电压输出。由原理可知,此两组电压是降温风扇的供电电源。该电源的开启受控于微处理器(IX1634CE)的(36)CTL2、(39)CTL1。正常情况下,机器开启时微处理器(36)、(37)脚输出 5V 的高电平,而实测结果为低电平。通过对电路进行分析怀疑微处理器(IX1634CE)有问题。因此,检测微处理器 IC2001(IX1634CE)的各脚电压,结果发现各脚电压均不正常,并且(42)脚 +5V 供电端无电压,该电压是由 Q2007(2SC3198)供给,其作用是把开关电源送来的 12V 电压降为 5V。测量其基极为 0V,而正常为 5.9V,发射极也无 5V 电压,而集电极 12V 电压正常,检查 Q2007 无问题,查其外围 D2027、D2028、C2024 等相关元件,发现 D2027 内部损坏。

检修结果:更换 D2027 后,故障排除。

例 28 夏普 XV – 100 型投影机,开机工作不久即自动关机

故障症状:机器开机工作不久即自动关机保护。

检查与分析:根据现象分析,该故障可能为机内温度升高、温度检测电路保护动作所致。有关电路如图 5 – 3 所示。检修时,先用电风扇对投影机降温,工作一切正常,证明判断正确。由原理可知,该机电路主要由 IC301(NJM2508)4 运放及温度热敏电阻 TH3001 组成,其中一路输出通过 Q3005(2SC3402)、Q3004(2SC3399)送至 IC302(M5237L),由其控制 Q3001 的基极,使排风扇 FA702 根据机内温度改变转速,保证足够的排风量。另一路与风扇转速检测电路构成温度保护监控关系,如果风扇转速到极限而机内温度依然过高,则输出信号给 IC2001 的(8)脚,通过 Q2018(2SA1266)、Q2107(2SC3198)使其为低电位,使 IC2001 保护动作,关闭电源。

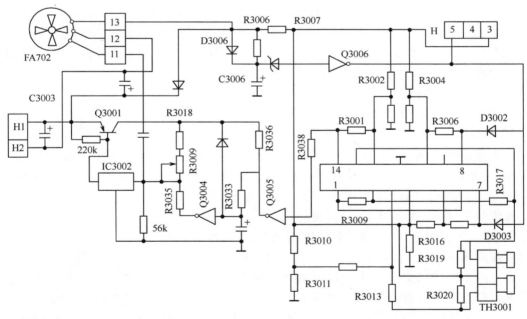

图 5 – 3

分析认为该故障的原因:一是测温电路不良,二是风扇控制电路有问题。试用电热吹风机对检测电路加热,当机器出现保护时测得风扇端电压为 0.5V。而调整管 Q3001(2SA1307)输入为 15V,该管受控于 IC3002 其控制端正常时为 1.3V,该端外接偏置电阻 R3018(27kΩ)、可调电阻 R3039(47kΩ)，其下端接 Q3004，而 Q3004 正受控于运放 IC3001 输出的温控信号，实测 IC3002 控制端为 0.6 伏，明显低于正常 1.3V。调整 R3039，风扇端电压有微小变化。于是将 R3018 改为 10kΩ，R3039 改用 22kΩ 的可调电阻，重新调整 IC3002 入端为 1.3V，使风扇端电压为 8V，则风扇转速加快，装机后故障不再出现。

检修结果：经上述处理后，故障排除。

例29　夏普 XV – T2Z 型投影机，三色不能重合

故障症状：机器重放时，图像红、绿、蓝三色不能重合。

检查与分析：根据现象分析，该故障为调整不当所致，一般是维修时将固定液晶板支架的底部螺丝松动，重装后调整不当。可采取下列方法调整：

打开机盖，先将绿色液晶板正确紧固，作为基准，然后用一遮光纸挡住红或蓝其中的一色，拧松液晶板的紧固螺丝，用手拨动液晶板，使其与绿色基本重合。随即拧紧螺丝，再松开液晶板上的两只内六角螺丝，用一字起子微调两只螺丝（一只调上下，另一只调倾斜），即可完全重合。再用此法调另一色即可。重影故障排除后，装上新灯泡，亮、色度仍不满意。细心拆下所有镜片，发现机内两块反射镜已脏污。清洗好所有镜片后重装，再微调三色，图像亮、色度均恢复正常。

检修结果：经上述处理后，故障排除。

例30　夏普 XV – H1Z 型投影机，开机后指示灯不亮

故障症状：开机后电源指示灯不亮，机器不工作。

检查与分析：根据现象分析，该故障一般发生在电源电路。检修时，先查看电源线输入处，发现标示为 100V。打开机盖检查，发现熔断器 F701 熔断。更换 F701 后用调压器将电压调至 100V，通电试机，两只绿色指示灯均亮，风机转，灯泡不亮，开机无高电压的放电声，分析整流电路还有故障。检查整流器组件 +300V 输入正常，Q701(S)、(G) 无 85V 电压，说明整流器未启动。经进一步检查，发现温度熔断器 TF701 已开路。

检修结果：更换 F701、TF701 后，故障排除。

例31　松下 TH – 1120WD 型投影机，开机后不工作

故障症状：开机后无任何反应，机器不工作。

检查与分析：根据现象分析，该故障一般发生在电源电路。检修时，打开机盖，用万用表检查 F701 熔断，Q701 完好，换上 F701 后，通电，电源不起振，进一步用万用表检测控制集成块 M51995，电源端(1)、(16) 脚为 140V，说明 IC 内部已开路。

检修结果：更换 M51995 后，故障排除。

例32　松下 PT – 102Y 型投影机，风扇不转，不工作

故障症状：开机后，电源指示灯亮，风扇不转，机器不工作。

检查与分析：根据现象分析，问题可能出在电源电路。由原理可知，该机有两组开关电源，P 板输出 P2、P3、P4 三组电压，主要供给灯丝、风扇、视放及其它部分工作电压，Q 板输出一组 115V 电压，供行扫描部分工作。两块板中的开关控制器件 TNH11505AZ 相同，经比较测试，证明 P 板中的电源厚膜组件已损坏，该组件一般无法购到。考虑到 P 板输出多组电压，而 Q 板只输出一组电压，先用 Q 板中的厚膜件替代，开机检测各组输出电压均恢复正常、风扇等均工作正常。再购或自制一块仿三洋 83P 机芯换上，自激开关电源，将原机 Q 板中的开关管 2SC3507 找上，先接一假负载调整电压输出为 115V，且在 120～260V，均稳定不变，证明电源工作正常，连好电路开机，一切正常。

检修结果:该机经上述处理后,故障排除。

例 33　视丽 SVT－150 型投影机,数秒后自动停机

故障症状:开机电源指示正常,数秒后停机保护。

检查与分析:根据现象分析,该故障一般发生在电源及保护电路。检修时,打开机盖,待故障出现时,用万用表测保护控制集成块 IC1604(LM339)(1)、(2)、(3)脚均为 0V,其中(3)脚为 IC1604 集成块电源供电端,正常时应为 15V。一般在 IC1604 供电正常时,一旦保护电路动作,机内 DL1601 应点亮,此时 1604 的(1)、(2)脚为 0V,而保护电路未动作时,IC1604 的(1)、(2)脚输出点为 8V。查 IC1604 供电回路,发现电阻 R1621、DZ1601 均已损坏。

检修结果:更换 R1621、DZ1601 后,故障排除。

例 34　视丽 120 型投影机,开机后即进入待机状态

故障症状:开机后显示 PR1,导向指示器的 3 个发光二极管齐亮,机器进入待机状态。

检查与分析:根据现象分析,问题可能出在电源负载及保护电路。检修时,打开机盖,先对各电路板进行除尘、清洗,用热风筒吹干后对自动保护电路进行检查。检查到行、场偏转保护电路时,发现行、场偏转检测比较器 CI1604(LM339M)电源供给端(3)脚与电路的连接切断后,用万用表测供电电路输出端电压仍为 4V。测降压限流电阻 R1621 前端 +18Vcc 电压正常,怀疑 DZ1601 稳压二极管或 C1622 漏电所致。焊下 DZ1601 测得其反向电阻很小接近于正向电阻,说明已严重漏电。

检修结果:更换 DZ1601 后,故障排除。

例 35　三洋 CVP721FT 型彩电投影机,工作时无彩色

故障症状:机器工作时无彩色,按饱和度"＋"、"－"钮均不起作用。

检查与分析:根据现象分析,该故障一般发生在色度信号处理及相关电路。检修时,打开机盖,用万用表测 IC1821(15)脚电压 Uc 恒为 6V,测直流放大器 Q1825 各级电压:$V_c = 2.5V$,$V_b \approx V_e \approx 10V$,显然该管呈截止状态,于是导致 IC201(19)脚电位固定不变,调副饱和度电位器 VR211 也无效。说明 Uc 偏高时,VR211 的变化不足以引起 IC201(19)脚电位的变化。查 Q1825 及外围有关电路元件无问题;直接短接 IC1812 的(5)脚与(8)脚,或短接(6)脚与(8)脚,亦均无反应,从而断定造成 Uc 恒为 6V 的原因是 IC1812 内部损坏。

因故障仅仅是色饱和度调控失灵,其它功能完好,说明 M58485P 属于局部损坏。故采取外配 Uc 的办法来补救。Uc 可用对 +12V 分压的方式获得。具体方法有:①如图 5－4 所示,断开相关处印刷电路,增加虚线方框内的 R1、R2、W1,W1 作为色饱和度调节用;②断开图中 × 处印刷连线,只增加饱和度,调节电位器 W2,此法更为简便。

检修结果:经上述处理后,故障排除。

例 36　Xeleco 三枪投影机,开机后无光栅

故障症状:机器开机后无光栅。

检查与分析:根据现象分析,问题可能出在投影管聚焦及加速极电路或相关部位。检修时,打开机盖,插上电源,按下 POWER 键,电源指示和数码管发光正常,散热风扇转动,遥控开关机器也正常。拨动面板 TEST(测试)开关至 ON 位置,三枪应发射彩色栅格投影,而故障机三个显像枪全黑。检查各电路板,发现电路和彩电相似,因通电瞬间有高压放电"叭叭"的声音,表明显像管阳极高压已建立;观察灯丝亮,用万用表测三个枪的显像管管座各极却无相对应的电压,估计故障在此。有关电路如图 5－5 所示,该机的 G2 电压可调,但现为 0V,进一步检查发现 220kΩ 电阻内部开路。

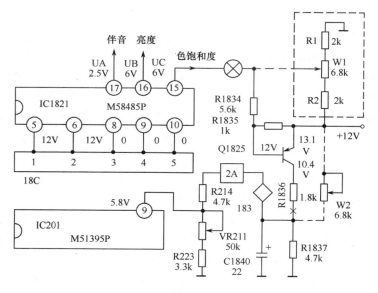

图 5 - 4

检修结果：更换 220kΩ 电阻后，故障排除。

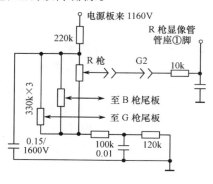

图 5 - 5

例37　罗兰士 CV - 203 型投影机，工作时无光栅

故障症状：机器工作时无光栅，伴音正常。

检查与分析：根据现象分析，开机后有伴音，说明整机的供电电源电路、行扫描电路、公共通道电路、伴音电路工作基本正常。无光栅，原因可能有以下几个方面：

①行输出变压器(3)脚输出的 $22V_{p-p}$ 行脉冲电压或其馈给电路异常，使三只投影管无灯丝供电电压；②阳极高压倍压整流电路异常，使三只投影管的阳极高压消失或偏低；③加速极电压提供电路损坏，使三只投影管无回速极电压；④场扫描电路有故障，使沙堡脉冲中的帧脉冲信号消失，从而造成解码集成块 TDA3562 内的亮度通道关闭(实现场保护)。

检修时，打开机盖，按以下步骤进行检查：

(1) 通电开机，观察投影管的灯丝亮，说明灯丝供电电路无问题。

(2) 用高压表测得加速极电压正常，且会随三只电位器(R1106、R1107、R1108)的调整而变化；投影管的阳极高压约 27kV 左右，基本正常。说明加速极电压及高压整流电路也无故障。

132

（3）检查场扫描电路。先用万用表检查场扫描集成块 TDA2653A 的供电电压输入端(9)脚无电压;进而检查行输出变压器(11)脚外接场扫描的 26V 直流电压供给电路中的各元件,发现 +26V 供电的保险电阻 R522 烧断。该机的场扫描集成块 TDA2653A 损坏率较高,故先对其进行检查。用万用表电阻档测 TDA2653A 的各脚对地电阻,发现其(6)脚对(8)、(9)脚的阻值不正常。正常情况下,该阻值为典型的 OTL 电路中点对正、负两端的阻值,而实测(6)脚与(8)脚之间正、反向电阻均只约 85Ω 左右。检查其外围相关元件,未发现异常。切断 TDA2653A 的(6)、(8)脚与外电路的连接铜箔,再测两脚间的电阻,仍然如故。判定为 TDA2653A 内部损坏。

检修结果:更换 TDA2653A 后,故障排除。

第 2 节　AV 功放机故障分析与维修实例

例 1　湖山 AVS1080 型功放机有交流声及噪声

故障症状:机器工作时,有交流声及噪声。

检查与分析:根据现象分析,该故障一般由以下原因引起:①受到强劲放射干扰,应检查线路或更换听音环境。②电网污染严重,应加入电源净化设备。③输入信号线接触不良,应检查并接好信号线。

检修结果:经上述处理后,故障排除。

例 2　湖山 AVK200 型功放机,低音电位器旋动过快自动保护

故障症状:低音电位器旋动过快时,机器自动保护关机。

检查与分析:根据现象分析,问题可能出在音调部分。检修时,打开机盖,用万用表测 5N5 的(1)脚和(7)脚对地压降,在快速旋动线路低音电位器时发现(7)脚有直流出现。经检查发现低音电位器内部接触不良。这是因为电位器出现接触不良情况时,如果旋动过快,会造成瞬间电位器开路或短路,使音调网络失去平衡而出现直流漂移,导致功放输出端出现直流而使保护电路起控。

检修结果:更换电位器后,故障排除。

例 3　湖山 AVK200 型 AV 功放机,重放时无声音输出

故障症状:机器开机后有显示,重放时无声音输出。

检查与分析:根据现象分析,该故障可能发生在保护及功放电路。开机观察,无继电器的吸合声。打开机盖,用万用表测保护电路 3N1(TA7317P)的(6)脚电压为高电平不正常,正常情况下应为低电平,再测量(8)脚电压为高电平正常,(1)脚电压为高电平也不正常,说明由于(1)脚电压为高电平,使 3N1 保护,其(6)脚输出高电平,使得继电器断电处于释放状态。检查 3N1 的(1)脚外围元件,发现 3V16 内部短路。

检修结果:更换 3V16 后,故障排除。

例 4　湖山 AVK200 型功放机,开机即发声

故障症状:开机后立即发出声音,无延时功能。

检查与分析:根据现象分析,该故障一般发生在开机延时保护电路。检修时,打开机盖,用万用表重点检查开机延时保护电路各元件是否正常。该机经逐一检查 3R41、3R43、3C8 等相关元件,发现电容 3C8 内部失效。

检修结果:更换 3C8 后,故障排除。

例 5　湖山 BK2×100JMKⅡ-95 型功放机,开机烧 5A 保险

故障症状:机器开机后烧 5A 保险,不工作。

检查与分析:根据现象分析,问题一般出在功放及电源保护电路。检修时,打开机盖,用万用表欧姆档测 A、B±55V 两处对地电阻均有充放电现象。从 3、4 及 5、6 四处断开电源变压器的次级绕组。换上 6A/250V 电源保险管。再次开机,亦出现同样现象。故判定为变压器自身有匝间短路,导致电流过大而烧坏保险管。变压器主输出为交流 2×37.5V,副输出为交流 10V。

检修结果:更换电源变压器后,故障排除。

例 6　湖山 BK2×100JMKⅡ-95 型功放机,一声道故障指示灯常亮

故障症状:开机后一声道故障指示灯常亮。

检查与分析:根据现象分析,该故障一般出在功放及保护电路。可按下列步骤进行检查:①打开机盖,用万用表检测,如 H 点电压为 10.7(正常值),D 点电压 24.2V(正常值),T 电压高于 2V,则为 V124、V125 放大倍数变小所致。②如测 H 点电压 0.7V,K 点电压为 0V,则多为 C117 短路所致。③如测 H 点电压为 1.2V,K 点电压 0.5V,多为 V118、V119 损坏(在过载情况下,V118 的工作电流过大引起 V118、V119 损坏)。该机经检查为 V118 内部损坏。

检修结果:更换 V118 后,故障排除。

例 7　湖山 AK100 型功放机,左声道无声

故障症状:机器工作时,左声道无声。

检查与分析:根据现象分析,问题一般出在左声道功放及保护电路。检修时,打开机盖,经检查左声道的功放电路的工作状态正常,输入信号检测,左声道功入输出端也有信号输出。进一步检查发现保护继电器内部不良。

检修结果:更换继电器后,故障排除。

例 8　湖山 AVK100 型功放机,重放时无声

故障症状:机器重放时,所有声道均无声。

检查与分析:根据现象分析,问题可能出在电源及功放电路。检修时,打开机盖,先用万用表检查电源电路是否正常,观察显示屏是否显示正常。如显示屏正常显示,说明电源变压器基本正常。再检测主声道功放和中置、环绕声道电源是否正常。由于该机保护电路是由一片 TA7317P 完成的,只要任一声道的 输出端出现直流电压,保护电路即可动作。常见故障为电源不良(如某一个滤波电容失效、整流二极管断路)使正、负电源不对称,造成功入输出端电位偏移,导致保护电路不工作。该机经检查为电源变压器内部短路。

检修结果:更换电源变压器后,故障排除。

例 9　湖山 AVK100 型功放机,关机时有冲击声

故障症状:机器在关机时左声道有冲击声,右声道正常。

检查与分析:根据现象分析,该故障可能发生在扬声器保护电路。有关电路如图 5-6 所示,两个扬声器保护用的继电器均受 TA7317P(6)脚控制,正常情况下,两个继电器动作应该完全一致。该机右声道正常而左声道不正常,问题应该在继电器上。检修时,打开机盖,揭下两个继电器塑料外壳,开/关机,仔细观察两个继电器支触点动作的一致性。发现开机时一致性很好,关机时则不一致。轻轻按压左声道继电器的衔铁片,发现其不灵活,有沾滞现象。

检修结果:更换继电器后,故障排除。

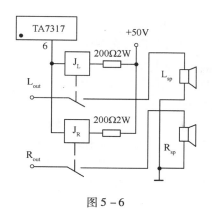

图 5 - 6

例 10　湖山 AVK100 型功放机,重放时声音时有时无

　　故障症状:机器重放时左、右声道声音输出时有时无。

　　检查与分析:经开机观察,机器置于 PRO. LOGIC(定向逻辑)状态时,中置和环绕输出始终正常,说明解码及解码之前的电路应正常,问题可能出在左右声道信号切换电路。有关电路如图 5 - 7 所示,解码出来的 L、R 信号经过音调部分,再经一只继电器切到平衡控制器后到音量控制、运放、功放输出。

　　检修时,打开机盖,关机用万用表测量这一流程中的连接,没有接触不良情况。除连接线外,机械性接触的只有继电器 2J1(用于 CD 直通选择控制)。CD 直通有效时,继电器常开触点接通,只能接入 CD/LD 信号,解码和音调被切断。CD 直通取消时,继电器常闭触点接通。按前面板上的 CD 直通键(CD DIRECT),能清楚听到 2J1 动作的声音,但在故障出现时,2J1 的常闭触点处于开路状态。经查 2J1 内部不良。

　　检修结果:更换继电器 2J1 后,故障排除。

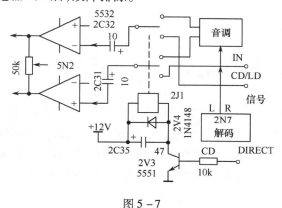

图 5 - 7

例 11　湖山 BK100JMK 型 AV 功放机,右声道无信号输出

　　故障症状:机器工作时,右声道无信号输出。

　　检查与分析:根据现象分析,问题可能出在右声道功放电路。检修时,打开机盖,用万用表测右声道末级功放的中点电压,发现该电压由正常的 0V 变为 8.5V,怀疑是直流零偏压伺服运放集成块 LP356 不良。更换新品后,故障不变。经分析电路,判断故障可能出在恒流源电路。分别检查恒流源电路中的 V136、V137 和稳压二极管 VD101、VD102 等相关元件,发现 VD101 内部击穿。

检修结果:更换 VD101 后,故障排除。

例 12　湖山 AKV100 型功放机,开机时有冲击声

故障症状:机器开机时,扬声器有冲击声。

检查与分析:根据现象分析,问题一般出在延时保护电路,因为在正常情况下,功放应在开机时延迟接通扬声器,以避免冲击噪声。

有关电路如图 5-8 所示,正常情况下,3N1 的(9)脚在接通电源后应为 2.9V,(8)脚在通电后 5s 左右从 0V 增加到 1.2V。这时 3N1(6)脚输出 0.9V 低电平,使继电器吸合,接通扬声器。检修时,打开机盖,用万用表实测 3N1(8)脚在通电瞬间即上升到 1.2V,继电器很快吸合,无延时效果。经仔细检查,发现电容 3C8 内部失效。

检修结果:更换 3C8 后,故障排除。

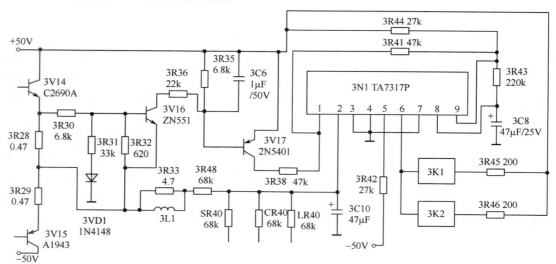

图 5-8

例 13　湖山 PSM-96 型功放机,放音时有交流声

故障症状:机器放音时有交流声。

检查与分析:根据现象分析,该故障一般发生在电源滤波电路,且大多为交流纹波过大所致。常见原因为滤波电容失效或容量减小。检修时,打开机盖,可断开电源输出端与负载之间的连线,用万用表检测电源电压。正常情况下前级电源电压为 +60V,后级电源电压为 +57V。若电压与正常值相差较大时,则是相应的滤波电容失效。该机经检查为 +57V 电源滤波电容不良。

检修结果:更换滤波电容后,故障排除。

例 14　湖山 PSM-96 型功放机,开机即烧保险 FU501

故障症状:开机即烧保险 FU501。

检查与分析:根据现象分析,该故障一般发生在电源及功放电路。检修时,打开机盖,先检查电源电路。若电源部分正常,再检查功放电路。该故障大多数是输出管击穿造成的,可先用万用表仔细检测每一个输出管,找出击穿的管,并换上新管。在通电前应先断开后级电源电路,分别在正、负电源电路中串联一只 510Ω、20W 的限流电阻,以避免再次烧毁输出管。通电后还应检测各工作点的电压是否正常。若基本正常,再取下限流电阻后通电即可。该机经检查为两只功放输出管击穿。

检修结果：更换功放管后，故障排除。

例15　湖山 PSM－96 型功放机，市电低于 185V 时不能工作

故障症状：市电低于 185V 时，机器不能工作。

检查与分析：根据现象分析，问题出在电源电路。由于该机不是宽电源设计，当市电降至 180V 左右时，功放后级电源电压仅 +45V。此时继电器的实际工作电压 40V，不能吸合，故重放时无声。可采用应急办法解决，将 R139 的阻值减少到 130Ω，使继电器能吸合即可。

检修结果：经上述处理后，故障排除。

例16　湖山 TMK－95Ⅱ功放机，右声道故障灯亮

故障症状：机器开机后，右声道故障指示灯亮，继电器不吸合。

检查与分析：根据现象分析，该故障一般发生在功放电路。检修时，打开机盖，用万用表测右声道输出中点电压为 +45V。测功率管 V134(2SC3201)内部损坏，测 V110 射极对地电压为 5V，说明是前级放大部分损坏（正常值为 0V），因为 V134 是正半周信号放大管，所以重点检测 V109、V110，结果发现 V109 内部损坏，换管后再测 V110 射极对地电压已恢复 0V 正常值，用万用表交流 50V 挡测 V110 射极对地电压值，仍为 0V，用手触摸功放输入端，电压迅速上升为 15V 左右，松手后恢复 0V，说明电路已恢复正常。

检修结果：更换功率管 V134 后，故障排除。

例17　湖山 SH－05 型功放机，左、右声道噪声较大

故障症状：机器工作时，左、右声道均有噪声，关断所有电位器也不能消除。

检查与分析：根据现象分析，该故障可能发生在电源滤波及功放电路。检修时，打开机盖，可通过噪声的频率来判断，若为交流声大并夹杂自激声则多半是电源滤波电容 1000μF/35V 失效或引脚虚焊。若噪声为"沙……"声则应检查 N5、N6、N8 是否性能变差或噪声变大。检查时可分别断开 N5、N6 和 N8 各级运放的输出端，即可判断出噪声发生在哪级。该机经检查为滤波电容内部不良。

检修结果：更换滤波电容后，故障排除。

例18　湖山 SH－03 型功放机，音源切换指示灯不亮

故障症状：机器工作时，音源切换指示灯不亮。

检查与分析：根据现象分析，该故障一般发生在音源切换及供电电路，且大多为 －15V 和 －7.5V 电源短路不良所致。检修时，打开机盖，用万用表先检测 N16(7915)三端稳压电路的输出电压(－15V)是否正常。若不正常则可能是 N16 损坏或 －15V 电源短路。这时可先检查 －15V 电源是否短路，常见故障为 1C70、1C78 或 1C79 有短路或引线短路。若 －15V 电压正常，－7.5V 不正常则可能是 7.5V 稳压管 1VD4 或 1R71 断路。该机经检查为稳压管 1VD4 内部不良。

检修结果：更换 1VD4 后，故障排除。

例19　湖山 SH－03 型功放机，重放无音，话筒声正常

故障症状：机器重放时无声音输出，话筒声音和混响正常。

检查与分析：根据现象分析，该故障一般发生在音源切换及控制电路。检修时，打开机盖，先按音源转换按钮，若相应指示灯能正常转换，说明音源转换控制电路正常。再在相应的状态下，用万用表检测电子开关电路 CD4066 的对应开关脚是否导通。例如，当(13)脚为高电平时，(1)、(2)脚应导通；(5)脚为高电平时，(3)、(4)脚导通；(6)脚为高电平时，(8)、(9)脚导通;(12)脚为高电平时,(10)、(11)导通。当测到某一 IC 不正常时,则应更换。

若检查证实音源转换电路正常,可进一步检查信号通路的运放电路是否损坏。可测 NE5532(1)、(7)脚是否有直流电压。若有直流电压,则可能为 NE5532 内部不良或信号通路中的耦合电容 1C28、1C29、1C31、1C32 等失效。该机经检查为 IC32 内部不良。

检修结果:更换 IC32 后,故障排除。

例 20　湖山 SH – 03 型功放机,左、右声道均有噪声

故障症状:机器工作时,左、右声道均有噪声。

检查与分析:根据现象分析,该故障一般发生在消歌声电路。检修时,打开机盖,应重点检查消歌声电路通道的耦合电容 1C9、1C10 和 1C13 是否有漏电、短路。N3(1642)也可能造成此故障,该机经检查为 1C10 内部不良。

检修结果:更换 1C10 后,故障排除。

例 21　天逸 AD – 6000 型功放机,中置声道失真

故障症状:机器工作时,中置声道声音失真。

检查与分析:根据现象分析,问题可能出在中置声道信号处理及功放电路。检修时,打开机盖,将该机设于直通状态下,将连接整机主板的 A1 线的第一根接到第二根线的功放输入端,第二根的另一头使其开路。若开机试听声音仍旧,则说明故障在后级功放上。该机经检查中置功放电路,发现两只 0.25Ω 水泥电阻两端压降有 100 多毫伏,测水泥电阻其中一只阻值增大。

检修结果:更换水泥电阻后,故障排除。

例 22　天逸 AD – 5100A 型 AV 功放机,重放时有交流声

故障症状:机器重放时有交流声。

检查与分析:经开机检查电源正常,判断故障出在信号前级电路。检修时,打开机盖,将 A4 – 10 和 A4 – 11 信号断开,故障不变,说明交流声是从前面的左、右声道输出电路过来的。分别检查左、右声道的静音控制电路 Q12、Q13 及 IC12,发现 IC12 的 18V 电源电压极不稳定(在 15 ~ 17V 之间摆动)。该电压是取自变压器 16.5 交流电压,经 D8、C11 整流滤波后得到,经检查发现 D8 内部不良。

检修结果:更换 D8 后,故障排除。

例 23　天逸 AD – 5100A 型功放机,手接近面板即有"嗡"声

故障症状:机器开机后,手接近面板即有"嗡"声。

检查与分析:根据现象分析,该故障一般因功放电路有关元件接地不良造成。经开机检查发现面板上的电位器外壳均未接地,将面板上的各个电位器外壳接地后交流声即可消失。

检修结果:经上述处理后,故障排除。

例 24　天逸 AD – 5100A 型功放机,主功放保护

故障症状:机器工作时,旋转低音提升电位器时,主功放保护。

检查与分析:根据现象分析,该故障一般发生在音调控制电路及相关电路。检修时,打开机盖,先断开后级功放,用万用表测音调控制电路 IC5(7)、(8)脚,测得(8)脚约有 2V 直流电压,旋转低音提升电位器,此电压可上升到 10V 左右。检测音调控制电路的各元件,发现平衡控制电位器接右声道的一脚已断裂。因平衡电位器断路后,造成 IC5b(12)脚悬空,使 IC5b 输出端电位偏移。此电位经音调控制网络的电阻加到 IC5d 输入端。调整低音提升电位器时使 IC5d 的输出端电位上升到 10V 左右。此电压耦合到主功放电路,会造成主功放输出端短时间

出现电位偏移使保护电路动作。

  检修结果:更换平衡控制电位器后,故障排除。

  例 25 天逸 AD‑5100A 型功放机,工作时出现"嗡"声

  故障症状:机器工作时,主声道出现"嗡……"交流声。

  检查与分析:根据现象分析,问题可能出在电源及相关电路。检修时,打开机盖,仔细检查,电源电路正常。断开主声道功入输入线 A2‑1,试听时无任何交流声,说明问题在前级。接好 A2‑1,再断开 A4‑10 和 A4‑11,交流声依旧,说明交流声从"前方左、右声道输出电路"来的,进一步断开静音开关管 Q12 和 Q13 的控制端 A,交流声消失,说明交流声可能来自防冲击电路。仔细检查该电路相关元件,发现 C111(470μF)内部失效。据分析,防冲击电路的电源直接取自电源变压器的交流 16.5V 绕组,经 D8 半波整流和 C111 滤波后供给 IC12C。由于 C111 失效后,IC12 的电源纹波极大,从而使主声道混入电源的交流声。

  检修结果:更换 C111 后,故障排除。

  例 26 天逸 AD‑3100A 型功放机,DSP2 模式时,话筒 MIC1 无声

  故障症状:机器工作于 DSP2 模式时,话筒 MIC1 演唱无声。

  检查与分析:根据现象分析,问题可能出在卡拉 OK 功能转换及相关电路。检修时,打开机盖,先重点检查 MIC1 插座。正常情况是话筒插入 MIC1 插座后,插座内的转换开关应输出转换控制电压,但实际用万用表检测发现 MIC1 插座上输出的控制电压为低电平。经检查发现 MIC1 插座内转换开关失效。

  检修结果:更换 MIC1 插座后,故障排除。

  例 27 天逸 AD‑3100A 型 AV 功放机,工作各声道均有交流声

  故障症状:机器工作时,各声道均有交流声。

  检查与分析:根据现象分析,问题一般出在各声道的公共电路,且大多为电源电路滤波不良所致。检修时,打开机盖,用示波器分别检查电源各组电压的纹波情况,发现 IC5 的(3)脚电压不稳定,且呈现纹波较大。分别检查各滤波电容,发现 C116 内部失效。

  检修结果:更换 C116 后,故障排除。

  例 28 天逸 AD‑780 型功放机,话筒 1 无输出

  故障症状:机器工作时,话筒 1 无输出。

  检查与分析:根据现象分析,问题一般出在话筒输入电路及相关部位。检修时,打开机盖,用示波器在话筒 1 输入一个小信号,测 IC1(1)脚有信号输出;再在 R1 与电位器 W1 的公共点测试,发现无信号。说明故障出在 IC1 第 1 脚与 R1 之间,经仔细检查发现 W1 内部损坏。

  检修结果:更换 W1 后,故障排除。

  例 29 天逸 AD‑780B 型功放机,左右声道无输出

  故障症状:机器开机后无继电器的吸合声,左右声道无输出,电源指示灯亮。

  检查与分析:根据现象分析,问题可能出在功放后级电路。检修时,打开机盖,用万用表先测保护集成块 C1237,在路测量正常。对阻容元件测量发现电阻 R68(0.25Ω/2W)开路。推动管、输出管(Q13~Q14、Q8~Q9)的 be 极短路,输出级偏置电路 Q11(8050)的 be、bc 极全部短路,对损坏的元件进行拆除更换。开机,继电器还是不吸合。再测量中点电位为 1.2V,偏离正常值很多。测 Q2(2N5551)发现其内部短路。

  检修结果:更换 Q2 后,故障排除。

例 30　天逸 AB－580KMII 型功放机,话筒输入信号无声

故障症状:开机后重放声音正常,话筒输入信号无声。

检查与分析:根据现象分析,该故障可能发生在话筒信号混合电路。由原理可知,话筒混响信号是通过开关管 Q312、Q313 分别送入左、右声道的。而 Q312、Q313 都是由 K2－7 输出的电平控制(卡拉 OK 状态为高电平,两管应导通)。检修时,打开机盖,用万用表测 Q312 和 Q313 的基极电压均为 0V,进一步检查发现 K2－7 接插件接触不良。

检修结果:重新处理后,故障排除。

例 31　天逸 AB－580KMII 型功放机,卡拉 OK 演唱无混响效果

故障症状:机器放音正常,但卡拉 OK 演唱无混响效果。

检查与分析:根据现象分析,该故障一般发生在延时混响电路。检修时,打开机盖,用万用表测 IC216(M65831)(24)脚和(1)脚电压应为 5V 左右。若正常,再测其它脚的正常工作电压:(19)脚为 2.3V,(17)脚为 0.9V,(18)脚为 0.9V。若这几脚电压正常,一般可认为 M65831P 未损坏,应进一步检查混响电路。

检查混响电路的方法为:用一只耳机,一端接地,另一端串接一个 1μF/50V 电容器,手持摄子触 A1－4 端,然后依次将耳机串接 1μF 电容的一端接到 IC216(22)、(21)、(15)、(13)和 IC204(1)、(7)脚,耳机中能听到感应交流声为正常。若(22)无声应查(22)、(23)脚的外围元件;若(21)脚无声应查 R222、C214、以及 2MHz 晶振是否正常;若(15)脚无声,应检查(15)脚外围元件,常见为 VR205 接触不良。在外围元件正常的情况下仍无声也可能为 M65831P 损坏;若(13)脚有声,而 IC204(7)脚无声,应先检查 IC204 的外围元件。若证实外围元件均正常,可能为 IC204 损坏。该机经检查为 VR205 内部接触不良。

检修结果:更换 VR205 后,故障排除。

例 32　天逸 AB－580MKII 型功放机,变调状态,音乐信号变小

故障症状:机器在按了变调按钮后音乐信号变小,且有高频自激声。

检查与分析:根据现象分析,问题一般出在变调电路。由原理可知,由于变调工作时,只对音乐信号的中、低音信号进行变调处理,处理后再与原信号的高音成分混合,合成完整的变调音乐信号。该机故障可能是经 M65847SP 处理的变调信号失真造成的。经开机检查发现 C321 短路,造成了 IC307 的工作点偏离正常状态,造成变调输出降低并严重失真。

检修结果:更换 C321 后,故障排除。

例 33　天逸 AD－480 型功放机,话筒回声短有自激

故障症状:机器工作时,话筒回声短,且轻微自激。

检查与分析:根据现象分析,该故障一般发生在混响延时及相关电路。检修时,打开机盖,用万用表检测延时电路 M65831P 电源电压正常,信号输入也正常,用示波器测(1)、(2)脚间的时钟信号振幅较小。经查发现外接 2MHz 晶振内部漏电。

检修结果:更换晶振后,故障排除。

例 34　天逸 AD－66A 型 AV 功放机,开机即自动保护

故障症状:机器开机后即自动保护。

检查与分析:根据现象分析,该故障一般因机内电路有元件短路引起。检修时,打开机盖,先查公共通道无问题,用万用表检测为左声道故障引起该机保护。测 V16(2SD66P)c、e 极有无倍压,正常为 2.8V,而该机为 0V,说明故障在本级或末级放大电路;查 V16 的 c 极为 1.5V,e 极也为 1.5V(正常),说明倍压电路出故障。进一步检查,发现 C13(47μF/16V)内部短路。

检修结果:更换 C13 后,故障排除。

例 35 天逸 AD-66A 型功放机,开机即自动保护

故障症状:机器开机后即自动保护。

检查与分析:根据现象分析,问题可能出在功放及保护电路。检修时,打开机盖,用万用表分别测 L、R 声道的 out 有直流输出。经检查为 L 声道引起的保护。再测 Q16(2SD669)c、e 有无倍增电压,正常时应为 2.8V 左右。实测倍增电压为 0V,故障在本级或后级放大电路。测 Q16c(1.5V)、e(1.5V),电压正常,但无倍增电压,进一步检查发现 C13 内部短路。

检修结果:更换 C13 后,故障排除。

例 36 奇声 757DB 型 AV 功放机,主声道无声

故障症状:机器工作时,主声道无声,其它均正常。

检查与分析:根据现象分析,问题可能出在功放及延时保护电路。检修时,打开机盖,用万用表测量功放的 ±45V 电源电压正常,测功放末级中点电压为 0V 也正常。分析电路,估计为主声道延时保护电路不良而引起误动作。检查继电器控制管 Q405 集电极为高电平,说明 Q405 已截止,继电器释放。将 Q405 焊下测查,发现内部击穿。

检修结果:更换 Q405 后,故障排除。

例 37 奇声 AV-757DB 型功放机,开机有交流哼声

故障症状:开机后有明显的交流哼声。

检查与分析:根据现象分析,问题出在电源电路。检修时,打开机盖,经检查发现为前级放大电路供电电源的桥式整流器有一臂电阻明显增大。

检修结果:更换桥式整流器后,故障排除。

例 38 奇声 AV-737 型功放机,重放时 S 声道音小

故障症状:机器重放时,S 声道音小,且失真。

检查与分析:根据现象分析,问题一般出在 S 声道功放及电源电路。检修时,打开机盖,用万用表先测功放 IC(LM1875),前置电压放大器 IC(4558)的静态工作电压正常。开机输入信号,检查发现 16V 供电严重下跌约为 8V。动态时电压下跌原因有:电源电路有问题;LM1875、4588 软击穿。先查电源电路,发现一整流二极管开路,原先的桥式整流方式变成半波整流方式。静态时,工作电流不大,滤波大电容的充放电电压无变化;动态时电流大增,电压下跌严重。这个上下波动电压使 S 声道工作异常。

检修结果:更换整流二极管后,故障排除。

例 39 奇声 AV-737 型功放机,噪声测试功能及指示灯不正常

故障症状:机器工作时,噪声测试功能、指示灯均不正常。

检查与分析:根据现象分析,问题可能出在指示灯电路和多谐振荡器之前电路。有关电路如图 5-9 所示。检修时,打开机盖,用万用表测 CD4013 的(3)脚的触发电平,按动 TEST 键,这时测试功能、测试指示均正常,拿开 CD4013(3)脚与地端的表笔,后故障又重现。由此分析,CD4013 的(3)脚的下拉电阻可能失效开路。该下拉电阻失效开路,使防误动作电容上的电荷因无泄放回路,而始终保护在高电位,致使触发无效,故无法实现指令状态(只处在原始的某种状态)。搭上万用表笔,万用表的自身内阻,刚好充当了下拉电阻的作用,因而能正常地按指令工作。经检查果然下拉电阻内部失效。

检修结果:更换下拉电阻后,故障排除。

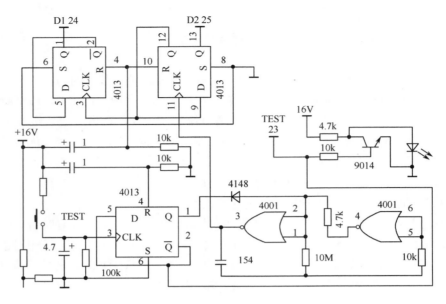

图 5 - 9

例 40　奇声 AV-737 型 AV 功放机,开机无显示

故障症状:开机后,显示屏不亮,不工作。

检查与分析:根据现象分析,该故障一般发生在显示屏及控制电路。由原理可知,显示屏正常工作的条件是:CPU(9800)时钟振荡信号正常;两路 5V 复位电压正常;显示屏栅极电压-33V 正常;AC 3V 灯丝电压正常。

检修时,打开机盖检查,发现 CPU(30)无复位电压。经进一步检查,发现(30)外接控制三极管内部开路。

检修结果:更换该三极管后,故障排除。

例 41　奇声 AV-737 功放机,所有按键失效

故障症状:先开 VCD 电源,后开功放,则功放所有功能键均失效(包括遥控)。

检查与分析:根据现象分析,问题可能与 VCD 机有关。检修时,先用示波器查 VCD 音频输出端,在开机瞬间有较大幅度的尖锋脉冲输出。拔除 VCD 到该机所有的信号连线,试机果然正常。于是,检查功放的输入选择电路,如图 5-10 所示。打开机盖,仔细检查,发现电子开关集成电路 TC4052 的电源地与音频信号地相连,同时又通过其 A、B 电平控制线的屏蔽线与CPU 的地相连。拔下 SIPA-3 插头,试机,没有出现上述故障,说明干扰信号是通过此屏蔽线窜入 CPU 电路的。由原理分析,此屏蔽线只是起 A、B 控制线的屏蔽作用,避免控制电平受到干扰而自动切换输入选择。于是,在图中的"×"处断开屏蔽线怀音频信号地相连接的铜箔,插好 SIPA-3 插头,故障消除。

检修结果:经上述处理后,故障排除。

例 42　奇声 AV-713 型功放机,音量加大时主声道即无输出

故障症状:机器开机后,音量稍加大时,主声道即无输出。

检查与分析:根据现象分析,该故障一般发生在功放及保护电路。有关电路如图 5-11 所示,T1 与相关的阻容件构成过流检测器;T2、T3 与相关阻容件构成中点检测器;IC(CD4011)的另二个或非门构成多谐振荡器。正常时,在开机瞬间,电源的正脉冲通过 C2 加到 T7 的基

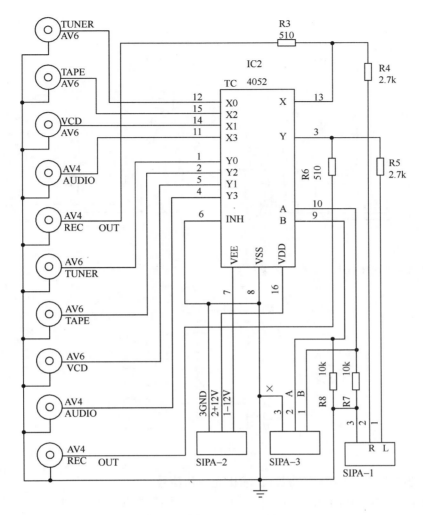

图 5 - 10

极,使其饱和导通,将 OCL 输出的开机噪声短路到地,C2 充电(J = C2 × R2),使 T7 反向而截止;同时,正脉冲加到 IC(CD4011)的(1)脚,使 IC(CD4011)的(11)脚置高电位,T5 饱和导通,通过 D1 将 IC(CD4011)的(7)脚的电位拉低,使 IC(CD4011)的(10)脚置高电位,T6 导通、发光管亮。当 OCL 输出端的电流、电压不正常时,保护电路工作,继电器断开。

根据上述分析,打开机盖,待故障出现时,缓慢旋转音量电位器加大,用万用表测 T1 集电极的电压和 OCL 中点的电位,未发现异常,说明主声道 OCL 电路正常,故障确在保护电路。关机后,仔细检查该电路检测部分元件,发现电容 C1 内部失效。

检修结果:更换 C1 后,故障排除。

例 43　奇声 AV - 671 型功放机,左、右声道均发出"扑、扑"声

故障症状:机器开机后,左、右声道均发出"扑、扑"声。

检查与分析:根据现象分析,问题可能出在主声道前级部分。检修时,打开机盖,检查后级各点电压均正常,且左、右声道同时出现相同故障的可能性极小。用万用表前置放大器 IC 各脚电压,发现运放无 +12V 电源,而 -12V 电源正常。检测到 R101 已断路,如图 5 - 12 所示,正常应为 150Ω。

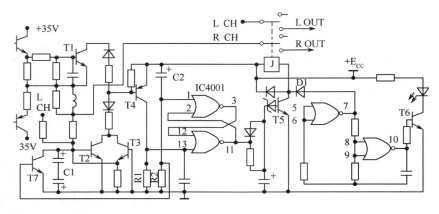

图 5 – 11

检修结果:更换 R101 后,故障排除。

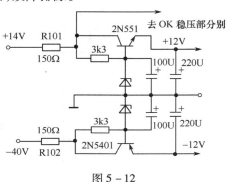

图 5 – 12

例44 奇声 AV –388D 型功放机,输出无任何信号

故障症状:机器工作时,输出无任何信号,音量开到最大时,喇叭中也无"噪声"。

检查与分析:因该机电源、显示均正常,判断问题可能出在功放电路。检修时,打开机盖,取一收音机信号,用耳机线串接 820kΩ 电阻和 1μF/100V 电容,将双线头分别焊在主板地和 V22c 极处。打开收音机电源后接通功放电源,缓缓加大收音机音量,而音箱中无任何反应。用万用表50V 交流挡测输出中点,发觉表针在动,而测输出端子无反应,说明信号在线路走线或继电器处未能传过来。经检查发现继电内部不良。

检修结果:更换继电器后,故障排除。

例45 健伍 A –85 型 AV 功放机,音量开大时自动关机

故障症状:机器工作时,音量开大后自动关机。

检查与分析:根据现象分析,问题一般出在过流或过压保护电路。检修时,打开机盖,先用万用表检查过流保护电路,过流取样是在末级功率管射极电阻两端,所以逐个测量各个射极电阻压降。当测到 Q10 的射极电阻 CP2 时,只要将音量开大,其取样电压便异常升高,若继续拧大音量即保护关机,此时测得电压为1V。测 Q10 的 U_{be} 电压却正常。仔细检查发现 CP2 已由原来的 0.22Ω 变大到 3.6Ω。如果保护管 Q16 的起控电压为1V,则流经 CP2 变值为 3.6Ω 后,随着音量的开大,其末级射极电流只要一达到 0.3A,电路就起动保护。

检修结果:更换 CP2 后,故障排除。

例46 达声 DS-1000N 型功放机,无规律性关机

故障症状:机器工作时,无规律性自动关机。

检查与分析:根据现象分析,该故障一般发生在电源控制电路。如图 5-13 所示,该机使用了边沿 D 触发 TC4013,该 IC 中集成了两个 D 触发器,其中第二个用作开机、关机控制。由原理可知,TC4013(9)脚与(12)脚相联,使 D 触发器接成了具有翻转功能的触发器。当来自遥控器或轻触开关产生的触发信号送至(11)脚时,(13)脚输出的控制信号经 R8(10k)送至T4,再经 R9 加至 T6 的基极,同时经 R17 送至 T10。当控制信号为高电平时,T10 导通,继电器 REL3 吸合,功放电路使得 T4、T6 导通,接通其它小信号处理电路电源。当控制信号为低电平时,实现关机的控制。

根据上述分析,检修时,打开机盖,用万用表测 IC4(11)脚电压,遥控或按键开机、关机时,均出现脉冲电压,但自动关机时,万用表指针并没有摆动,这说明故障不是由 IC4 之前电路产生错误触发信号引起的,故障范围应在 IC4 及之后的电路。经进一步检查发现该电路电容C38 内部漏电。

检修结果:更换 C38 后,故障排除。

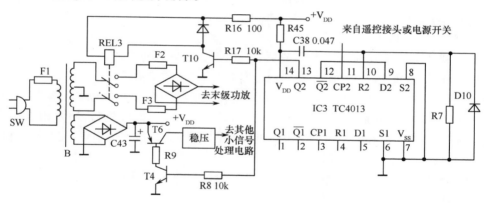

图 5-13

例47 达声 DS-968 型 AV 功放机,开机显示屏不亮

故障症状:开机后显示屏不亮,其它功能正常。

检查与分析:根据现象分析,该故障一般发生在显示屏及供电电路,且大多为主板左下角电阻 R173(560Ω)、R179(560Ω)断路,或 D84(1N4750A)27V 稳压管击穿引起。该机经检查为电阻 R179 内部开路。

检修结果:更换 R179 后,故障排除。

例48 达声 DS-968 型 AV 功放机,开机无任何反应

故障症状:开机后无任何反应。

检查与分析:根据现象分析,问题一般出在电源电路。检修时,打开机盖,用万用表检查发现机内小变压器初级断路。小变压器次级接法是红、白、白、红、蓝、蓝。次级红线正常阻值是11.3Ω,次级白线正常阻值是 0.18Ω,次级蓝线正常阻值是 0.16Ω,初级红线正常阻值是220Ω。

检修结果:更换变压器后,故障排除。

例49 达声 DS-968 型 AV 功放机,R 声道无输出

故障症状:机器工作时,R 声道无输出,其它均正常。

检查与分析:根据现象分析,问题应出在 R 声道相关电路及部位。检修时,打开机盖,经检查主板左上脚的 PLY1(12V 继电器)局部损坏,应急时可将 R 路触点短接。这时也要看一下 R 路输出管是否虚焊,经检查 R 路输出管未虚焊,问题为 PLY1 损坏。

　　检修结果:更换 PLY1 继电器后,故障排除。

　　例 50　达声 DS -968 型 AV 功放机,开机后指示灯均不亮

　　故障症状:开机后电源指示灯不亮,SPA、SPB 灯不亮,无信号输出。

　　检查与分析:根据现象分析,该故障可能发生在电源控制及相关电路。检修时,打开机盖,检查发现面板上的 87CC70F -6501 集成块内部损坏。

　　检修结果:更换该集成块后,故障排除。

　　例 51　绅士 DSP E1080 型杜比解码器,中置、环绕状态无声

　　故障症状:机器工作时,中置、环绕状态无声,但相关指示灯亮。

　　检查与分析:根据现象分析,有输出指示说明中置、环绕有信号输出,故障一般出在功放开关机缓冲或功放电路。检修时,打开机盖,人为将输出继电器短接通,喇叭有输出,说明功放无问题,无声为继电器未吸合。用万用表检查继电器驱动晶体管 T1 基极有电压,说明驱动信号正常,T1 损坏可能较大,取下 T1 果然内部损坏。

　　检修结果:更换 T1 后,故障排除。

　　例 52　绅士 DSP E1080 型杜比解码器,杜比档位时,有严重交流声

　　故障症状:机器置于杜比解码档位时,扬声器中均有严重交流声。

　　检查与分析:根据现象分析,该故障一般发生在杜比解码板及供电电路。该机杜比解码电路共有三个工作电压,分别为 +12V、+15V、-12V。检修时,打开机盖,用万用表测发现 +15V 电压偏高达 19V,经查为 +15V 稳压集成块 LM7815(IC12)接地脚虚焊,使其无法稳压。

　　检修结果:重新补焊后,故障排除。

　　例 53　绅士 DSP E1080 型杜比解码器,各音效模拟效果不明显

　　故障症状:机器工作时,各音效模拟效果不明显。

　　检查与分析:根据现象分析,该故障一发生在 DSP 音效电路。检修时,打开机盖,用万用表先检查 C1819A 的各脚直流电压是否正常。该机经查发现(16)脚电压偏低仅 1V,取下电容 C310,检查已漏电。

　　检修结果:更换 C310 后,故障排除。

　　例 54　新科 HG -5300A 型功放机,所有声道均无声

　　故障症状:开机工作时,所有声道均无声。

　　检查与分析:根据现象分析,该故障可能发生在静音控制电路。如图 5 -14 所示,该机左、中、右声道的静音均由 5Q3 控制。检修时,打开机盖,先用万用表测 5Q3 的工作电压,实测 5Q3 的 b、e、c 极电压几乎全为 0V。拆下 5Q3 测量,发现 5Q3 内部击穿。

　　检修结果:更换 5Q3 后,故障排除。

　　例 55　新科 HG -5300A 型功放机,重放时无声音输出

　　故障症状:开机后,电源指示灯亮,重放时无音频信号输出。

　　检查与分析:根据现象分析,该故障可能发生在静音控制及相关电路。检修时,打开机盖,用万用表测静音电路中的 5Q3 基极电压为 0.71V,说明电路处于静音状态。断开 CZ17 和 C29,再测量 5Q3 的基极电压仍为 0.71V;检查 5Q3 的供电电路,测 5D41 的正极电压为 1.5V,正常应低于 0.7V;检查控制管 5Q8 及外围元件,发现 5Q8 内部击穿。

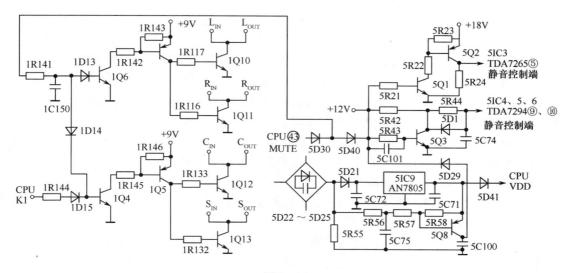

图 5 – 14

检修结果：更换 5Q8 后，故障排除。

例 56 新科 HG – 5300A 型功放机，开机后无反应，电源指示灯不亮

故障症状：开机后无反应，电源指示灯不亮。

检查与分析：根据现象分析，问题可能出在电源电路。检修时，打开机盖，用万用表故障，开盖检查电源输出排插 CZ12 ~ CZ15 均无电压输出，说明电源交流进线电路存在故障。检查发现电源总保险丝 F1 已烧断，试断开负载，换上新保险丝，加电试机，F1 又烧断。进一步检查变压器和抗干扰电容 C1，发现 C1 内部击穿。

检修结果：更换 C1 后，故障排除。

例 57 新科 HG – 5300A 型功放机，环绕声道无输出

故障症状：机器工作时，主声道正常，环绕声道无输出。

检查与分析：根据现象分析，问题可能出在环绕声解码及相关电路。检修时，打开机盖，用万用表测中置和环绕声输出端无音频信号输出，同时测解码块 1IC8 的（72）、（73）脚有信号输入，说明故障在解码电路及其之后电路。由于主声道正常，解码电路应无故障，测解码块 1IC8 的（7）脚有音频信号输出，运放块 1IC11 的（3）脚无信号输入。检查 1IC8 的（7）脚外围元器件 IC101、IC149、1R129 及 1Q12，发现 1R129 内部损坏。

检修结果：更换 1R129 后，故障排除。

例 58 新科 5200 型功放机，开机后有显示，无输出

故障症状：机器开机后显示器显示正常，无输出。

检查与分析：根据现象分析，该故障产生原因有以下几个方面：

① 功放电源未加上；② 静音电路动作；③ 保护电路动作；④ 功放电路不良。

检修时，打开机盖，用万用表检测控制集成块（11）、（9）脚正负电压，正常。测静音端子（6）脚，也在正常工作状态（为正电压，此脚为负压时静音）。测保护控制端（8）脚为正电压（此脚为正电压时集成块内部保护）。于是首先断开保护电路，测（8）脚仍为正电压。再查负压供给电路，发现电阻 1R191 内部开路。

检修结果：更换 1R191 后，故障排除。

例 59　新科 HG－530A 型功放机,用遥控器不能调小音量

故障症状:机器工作时,用遥控器不能调小音量。

检查与分析:根据现象分析,问题一般出在音量调节电位器旋转的电机的控制电路。由原理可知,当微处理器(22)脚输出音量控制电压通过 CT7(2)脚加至驱动块 BA6209(2)脚时,该电机便做顺时针旋转,从而使音量增大;当微处理器(23)脚输出音量控制电压通过 CT7(1)脚加至 BA6209(3)脚时,该电机便做逆时针旋转,从而使音量降低。

检修时,打开机盖,按动遥控器上音量下降键,用万用表测微处理器(23)脚有音量控制电压输出,但测 CT7(1)脚却无音量控制电压,经查发现 CT7 内部损坏。

检修结果:更换 CT7 后,故障排除。

例 60　海之声 PM－9000 型功放机,无指示,不工作

故障症状:开机后电压表无指示,机器不工作。

检查与分析:根据现象分析,问题可能出在电源电路。检修时,打开机盖,检查保险丝 F1 已烧断。断开 ±50V、±36V、AC12V 输出端,更换 F1,用万用表电阻挡测电源插头两端的电阻值约为 4Ω,正常;通电后测变压器 T 初、次级电压均正常。测 ±50V、±36V、AC12V、±15V 供电电压正常,但测得 −15V 电压为 0V,查相关元件 C46、C54,发现 C54 内部击穿。

分析其原因有:±15V 电压由有源伺服稳压电源提供,它是一种能在瞬间对电源电压进行补偿调节的稳压电源。由于 C54 被击穿,−15V 电压对地短接变为 0V,A1 停止工作,且电流增大,F1 也被熔断。

检修结果:更换 F1、C54 后,故障排除。

例 61　海之声 PM－9000 型功放机,重放时声音失真

故障症状:机器重放时声音失真。

检查与分析:经开机观察,机器音量调大时,声音正常。由此判断故障出在功放电路,且大多为功放输出管 V10、V11 的静态电流过小引起的"交越失真"。检修时,打开机盖,用万用表在路测 R16～R21 的电阻值均正常;将 V8～V11 拆下逐个进行检换无异常。再调节 VR3,同时测 R20 或 R21 两端的压降,发现电压表上无反映。正常时,此压降应在 0.02～0.04V 变化,经查为 V7 内部软击穿。由于 V7 被击穿,使功放输出级的偏置发生变化,导致静态电流过小,产生交越失真。

检修结果:更换 V7,适当调整 VR3,故障排除。

例 62　飞跃 NA－1250 型功放机,开机烧 5A 保险

故障症状:机器工作时,5A 保险管烧断。

检查与分析:根据现象分析,问题可能出在功放及电源电路。检修时,打开机盖,先查功放管和阻尼二极管是否击穿,焊下输出变压器初级两推挽臂线头 A、B,对地测量 A、B 的正反向电阻,用万用表测功放两边的对地电阻。黑笔接地、红笔测应为 65Ω 左右;红笔接地,黑笔测应为 ∞。正反向电阻异常时先开路阻尼二极管,再测量正反向电阻正常,则为阻尼二极管击穿,换阻尼二极管。如正反向电阻仍异常则是功放管击穿损坏,逐个检查该侧的推动管和功放管。该机经查 2BG8 功放管击穿,热敏电阻 R5 变值。

检修结果:更换功放管(2BG8)和 R5 后,故障排除。

例 63　飞跃牌 NA－1250 型功放机,重放时声音失真

故障症状:重放时,声音严重失真。

检查与分析:根据现象分析,该故障一般发生在电源及功放电路。检修时,打开机盖,用万用表测 B + 为 40V,比正常值 60V 低 20V,交流 45V 正常,关机后检查桥堆有一臂开路;换新桥堆后开机仍然是 30V 噪声输出,B + 仍是 40V。再关机焊开电源滤波电容检查,发现两只电容呈开路状态。

检修结果:更换电源滤波电容后,故障排除。

例 64 飞跃 R50 -1 型功放机,输出时有超音频干扰

故障症状:机器输出时有超音频寄生干扰。

检查与分析:根据现象分析,该故障一般发生在信号处理电路,且大多与负反馈元件的变质有关。该机的防振元件有 C31、C30、R26、R21、R24、R25、R13。检修时,打开机盖,用万用表仔细检测上述元件,发现电阻 R13 内部开路。

检修结果:更换 R13 后,故障排除。

例 65 狮龙 RV - 60 30R 型功放机,30s 后自动关机

故障症状:开机 30s 左右自动关机保护,待机灯亮。

检查与分析:根据现象分析,问题可能出在功放及保护电路。检修时,打开机盖,用万用表先检测空载通电至保护关机。期间主功放电源 ±62V 电压正常,接入音箱、音源在保护关机的时间内放音也正常,故分析可能为保护电路本身问题。在检查主功放中点直流保护功能时,发现由 Q117、Q118 并联组成的检测输入端电位在开机后缓慢升至 200mV 左右,随即保护电路动作。而 Q117、Q118 集电极 +15V 正常,故判断其中之一损坏,焊下检测,发现 Q117 反向漏电流较大,致使控制电路误动作。

检修结果:更换 Q117 后,故障排除。

例 66 狮龙 RV -5050R 型功放机,开机后无显示

故障症状:开机后显示屏无显示,喇叭保护继电器不吸合。

检查与分析:根据现象分析,该故障可能发生在显示驱动及相关电路。检修时,打开机盖,用万用表测显示屏驱动集成电路 VPD78043 工作电压为 5.5V,正常;AC5V 也正常,但无 -27V 电压。查主板相关部分,测 R353(1kΩ)电阻及 D374(-27V)稳压管,均已损坏,进一步检查发现 4.19MHz 晶振也已失效。

检修结果:更换上述损坏元件后,故障排除。

例 67 高士 AV -338E 型功放机,开机后无输出

故障症状:机器开机后,延时继电器不吸合,无信号输出。

检查与分析:根据现象分析,问题一般出在延时继电器回路。检修时,打开机盖,用万用表测功放对管 2SC3280 和 2SA130 均正常,进一步检测发现三极管 5551 基极的上偏置电阻已由 330kΩ 变为无穷大,从而使 5551 基极无偏置电流,5551 不导通,导致三极管 TIP41C 不导通,继电器吸合。另外,改变电阻 R1 的阻值也可改变延时继电器的动作时间。

检修结果:更换上偏置电阻后,故障排除。

例 68 高士 AV -112 型功放机,主声道无输出

故障症状:机器工作时,主声道无输出,其它正常。

检查与分析:根据现象分析,问题可能出在主声道电源及功放后级输出电路。检修时,打开机盖,检查发现两个 5A 的保险管已经熔断,用万用表实测主声道 ±40V 电压脚无明显短路,换 5A 保险管后开机,保险管又被熔断。在路测量发现整流硅桥交流输入端到电源输出正端已经短路。

检修结果:更换整流硅桥后,故障排除。

例 69　三强 502 型 AV 功放机,SL、SR 声小

故障症状:机器工作时,SL、SR 声小,其它正常。

检查与分析:根据现象分析,该故障一般发生在环绕声电路。检修时,打开机盖,用万用表检查,发现环绕板上的 47μF/100V 电解电容断路。

检修结果:更换该电容后,故障排除。

例 70　厦新 DH9080 AC-3 型功放机,开大音量自动保护

故障症状:机器在 PROLOGIC 状态下,开大音量自动保护。

检查与分析:根据现象分析,该故障一般发生在自动保护电路及相关部位。检修时,打开机盖,在输出正常时,用万用表测 JN01 各脚电压均正常,各脚电压并不随音量的变化而变化。(1)脚电压变化是瞬间出现的,并立即引起自动保护。这是该机特有的功能,一般是输出短路引起的。再检查 P754 SPK 输出端子,测得环绕 L 与地端短路,查出端子接地片与一信号输出脚相碰。这是由于端子品质不良,接地螺钉将接地片顶出所致。

检修结果:更换新的 SPK 输出插座后,故障排除。

例 71　先驱 AV-860 型功放机,话筒输入信号无声

故障症状:机器工作时,话筒输入信号无声,其它功能正常。

检查与分析:根据现象分析,问题一般出在话筒插孔及运放块和外围电路。一般两个话筒插孔同时损坏的可能性不大。试断开功放输入耦合电容 C148,从功放输入端注入干扰信号,输入正常。将 C148 焊好,断开运放块 4558 的(5)脚输入端,从其注入干扰信号,扬声器无声;但改从其(7)脚注入干扰信号时,扬声器则有正常干扰信号声,说明运放块 4558 工作不正常。查其外围元件无异常,判定其内部不良。

检修结果:更换运放块 4558 后,故障排除。

例 72　星辉 AV-769 型 AV 功放机,话筒输入信号无声

故障症状:机器工作时,话筒输入无声。

检查与分析:根据现象分析,该故障一般发生在话筒信号输入及相关电路。检修时,打开机盖,先重点检查 ±9V 电源和 IC1 信号放大,IC2 混响电路。经用万用表检测 ±9V 电源电压正常。从 IC2(7)脚输出端输入万用表 R×10Ω 触击信号,喇叭能发出相应感应声;再对 IC2(16)脚输入端加注触击信号,喇叭也有声音,证明 IC2 混响电路工作正常。用相同检验方法,当检查到 IC1(1)脚信号输出端时,喇叭无反应,说明故障元件在 IC1(1)脚和 IC2(16)脚之间的信号输送电路元件中。仔细检查该电路相关元件,发现一只耦合电容(47μF)内部开路。

检修结果:更换该电容后,故障排除。

例 73　威马 A-936 型功放机,L 声道有"喳喳"声

故障症状:机器工作时,L 声道有"喳喳"声。

检查与分析:根据现象分析,问题可能出在功放电路及相关部位。检修时,打开机盖,用万用表测输出端中点电压,发现有直流飘移现象。测正、负电源电压对称,测量推动管及差分管的基极与发射极的结电压和 R 声道对比,则 L 声道基极、发射极结电压在随中点电压而波动,估计为某对管性能变坏或是 β 值飘移。试将 L 声道 T101 板上两只对管与 R 声道对应两只三极管互调,试机几分钟后 R 声道果然也出现 L 声道所出现的噪声,判定 T101 板上两只三极管中有一只性能变坏。

检修结果:更换新对管后,故障排除。

例 74　ZBO(中宝)KB −18A 型功放机,开机后无信号输出,有"嗡嗡"声

故障症状:机器开机后指示灯正常亮,无信号输出,有"嗡嗡"声。

检查与分析:根据现象分析,问题一般出在功放电路。检修时,打开机盖,用万用表测功放客输出中点电压为 0.1V 左右,正常。拔下前级放大器到后级功放的信号线插头,"嗡嗡"声消失。用镊子往后级功放左、右声道输入端注入干扰信号,均有较大的干扰声,说明后级功放正常,故障在前级放大电路,有关电路如图 5 −15 所示。

用万用表测前置放大 JRC082D 各脚电压,正、反向输入引脚(2)、(3)、(5)、(6)脚为 0.55V,正电源(8)脚为 12V,负电源(4)脚为 −12V,都正常;但输出引脚(1)、(7)脚为 3V 左右,查外围元件无损坏,判定其内部损坏。

检修结果:更换 JRC082D 后,故障排除。

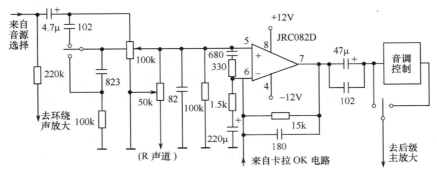

图 5 −15

例 75　蚬华 AV2 型功放机,遥控器音量" +""−"键反应不灵

故障症状:机器工作时,按遥控器音量" +""−"键,反应不灵敏。

检查与分析:经检查遥控发射器正常,说明问题在机内遥控接收电路,如图 5 −16 所示。检修时,打开机盖,先用示波器测信号波形已到达 CPU 输入口(CPUPIN8),因其它人机对话功能正常,故 CPU 坏的可能性较小。再用示波器监测发现 8MHz(Y1)晶振不良,更换晶振后,故障依旧;怀疑系 Y1 旁的两上个滤波电容 C4、C5 漏电所致。经检测果然如此。

检修结果:更换 C4、C5 后,故障排除。

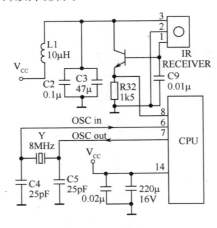

图 5 −16

151

例76　索尼 CA－3000 型功放机,无混响效果

故障症状:机器工作时,无混响效果。

检查与分析:根据现象分析,该故障一般发生在延时混响电路。器件主要有延时电路 MN3207、时钟电路 MN3102、低通滤波器及它们的外围元件。MN3207 损坏会使电路失去延时功能,MN3102 损坏将不能提供延时时钟开关信号。BG11～12 低通滤波器等损坏会使信号不能通过。

检修时,打开机盖,先把混响控制电位器 W4 开到最大混响音量位置。用 1kHz、－20dB 的音频振荡信号从 BG4 基极注入,把示波器接到 MN3207(3)脚,测得信号正常。再观察 MN3107(7)脚无振荡波脉波形,怀疑时钟振荡电路外接 R60、W10 和 C34、C35 变质或虚焊。经仔细检查,发现 C354 内部不良。

检修结果:更换 C35 后,故障排除。

例77　歌王 K－9000 型功放机,左声道音量突然变小

故障症状:机器工作时,左声道音量突然变小且不清晰。

检查与分析:根据现象分析,问题可能出在功放后级电路,如图 5－17 所示。检修时,打开机盖,用万用表 R×1 挡测推动、输出管和 0.5KΩ/1W 电阻均无开路。再通电检测。测得 AB 点电压为正常值 1.4V,AC 和 CB 两点间压差都为正常的 0.7V。插入信号,接上音箱(在音箱接线中串连一只 10μF/400V 电容),动态测量各管工作状态。在测量中发现 BG9 的 eb 间直流电压在 0.1～0.5V 之间跳动,而 BG8 的 be 间电压始终不动。拆下 BG8,用 R×k 挡测出 BG8 的内部已击穿。

检修结果:更换 BG8 后,故障排除。

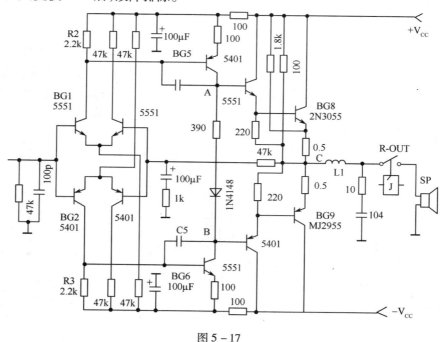

图 5－17

例78　雄鹰 FD－66AV 型功放机,左、右声道无声

故障症状:机器工作时,左、右声道无声。

检查与分析:根据现象分析,问题一般出在左、右声道末级功放电路。检修时,打开机盖,检查发现功放电源保险丝已熔断,两只330Ω的退耦电阻有烧焦痕迹,说明电路中有元器件严重短路。进一步检查发现负电源的两只滤波电容(22μF、63V)也已击穿。

检修结果:更换滤波电容及保险电阻后,故障排除。

例79 天龙AVR-2600AV型功放机,指示灯闪烁,不工作

故障症状:开机后面板指示灯频闪,不工作。

检查与分析:根据现象分析,问题可能出在功放后级电路。该机主声道和中置声道为三对大功率对管2SC3855/2SA1491,环绕声道为厚膜集成块SK18752。检修时,打开机盖,用万用表测三对大功率对管都正常,而SK18752(IC655、IC656)的输出脚(3)脚为-27V,显然已与负电源(4)脚短路损坏。更换后开机面板显示正常并自动切换到收音状态,但此时左声道无声。输入50Hz信号,用示波器测得左声道信号已输入到左声道信号耦合电容C401处。因此说明问题出在功率放大部分,有关电路如图5-18所示。经查发现电阻R413内部断路,造成末级功放因无激励信号而使电流大增导致保护。

检修结果:更换R413后,故障排除。

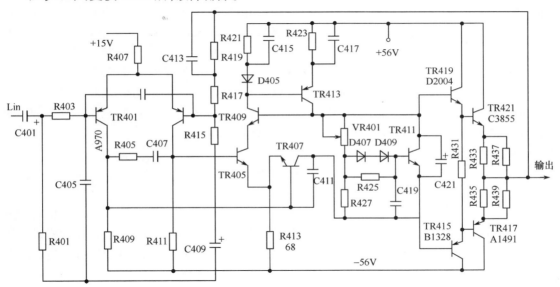

图5-18

例80 马兰士PM480AVK功放机,左右声道均无声

故障症状:开机后,电源指示灯亮,两个声道均无声。

检查与分析:根据现象分析,该故障一般发生在功放及保护电路。检修时,打开机盖,按下列步骤进行检修:

(1)用万用表测量左、右两声道功率对管的中点电位。如中点电位偏离正常值,则表明这个声道有故障。

(2)用万用表在路测量有故障声道的晶体管的好坏,如推动管、功率管、电源调整管等。

(3)寻找代换管。一般进口功放用的晶体管在市面上较难买到,可用其它型的晶体管代换。例如,该机的推动对管B1353/D2033可以用TIP41C/TIP42C、A940/C2073、B649/D669、B647/D667等对管代换;电源调整管A970用9012代换,C2240用9014代换;功率对管A1265/C3182可用A1301/C3280、A1320/C3281、A1215/C2921、A1216/C2922等对管代换。

该机经检查为功率对管 A1265 损坏。

检修结果：更换 A1265 后，故障排除。

例 81　八达 BD - 931 型功放机，开机后有交流声

故障症状：机器工作时，有很大交流声，且扬声器保护电路频繁动作。

检查与分析：根据现象分析，问题一般出在电源及功放电路。检修时，打开机盖，用万用表测两组电源的 8 只整流管均有不同程度击穿。由于整流管紧靠线路板焊接，造成长时间工作不能及时散热而损坏。另外，整流管的电流容量也偏小，在开机瞬间，流经滤波电容的大电流也易将整流管损坏。故选用 6A/400V 的二极管代用，焊接时应远离线路板 1cm 以上。

检修结果：经上述处理后，故障排除。

例 82　JVC A662XBK 型功放机，开机后重放无声

故障症状：机器开机后重放无声，且无延迟保护继电器吸合声。

检查与分析：根据现象分析，问题一般出在功放及保护电路。由原理可知，机器正常时，开机经延迟后，IC921（6）脚电位由高变低，Q922 导通，使继电器 RY401、RY402 分别或同时吸合（由开关 S703 选择），负载（喇叭）接入电路，避免了开机的浪涌电流对喇叭的冲击。当功放发生故障使功放输出中点零电位偏移，此电压经 Q912 加至 IC921（2）脚；或功率管过流，IS 点电压下降，Q921 导通，IC921（1）脚电压上升。这两种情况将使 IC921 内部保护检测电路动作，在（6）脚输出高电平，Q922 截止，继电器失电释放，从而保护喇叭等元件不被损坏。

检修时，打开机盖，在故障出现时，用万用表测 IC921（1）、（2）脚电压均为 0V，说明放大器正常，而是保护电路误动作。再测量 IC921 其它脚位工作电压，发现（4）脚电压在 0.3 ~ 0.6V 间波动，检查 C923、912 等外围电路元件，发现 C923 内部漏电。

检修结果：更换 C923 后，故障排除。

例 83　健龙 PA - 830 型功放机，左、右声道均无声

故障症状：机器工作时，左、右声道均无声。

检查与分析：根据现象分析，该故障一般发生在功放电路。检修时，打开机盖，开机后用万用表测左、右功率对管 2SC3280、2SA1301 的中点直流电压均约为 50mV 正常，用镊子碰触后级功放左、右输入端，扬声器均有较强的"嘟嘟"声，由此说明后级功放电路基本正常，问题出在前级功放电路。

该机为合并式前后级功放，其中前级功放电路采用双三极电子管 6N2 作电压放大管，有关电路如图 5 - 19 所示（只画出其中一个声道）。观察发现，两只 6N2 灯丝在通电后均不亮，用万用表测电子管灯丝供电电压（12.8V 左右）正常。分别拔下 6N2 用万用表检查，发现左声道用的 6N2 灯丝绕组（4）、（5）脚之间已开路。用同型号电子管更换后试机，观察两管灯丝已点亮，但左、右声道仍无声，说明机内还有故障。测两只 6N2（1）、（6）脚屏极均无电压（正常分别为 80V、110V 左右），而检查其它元件和相关印板走线未见异常。该机供 6N2 屏极的电源电压由电源环形变压器次级绕组约 95V 交流电压经整流及滤波后（约 130V）提供，检查变压器有关绕组和屏极电源整流二极管均未见损坏，进一步检查发现屏极电源两节 RC 滤波元件的一只 470Ω 电阻一端脱焊。

检修结果：重新补焊后，故障排除。

例 84　华声 2188 型 AV 功放机，重放时无声音输出

故障症状：机器重放时无声音输出，电源指示灯与中点保护指示灯不亮。

检查与分析：根据现象分析，问题可能出在电源及相关电路。检修时，打开机盖，用万用表

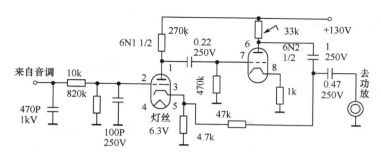

图 5 – 19

先查电源变压器线圈、保险管及电源正、负保险丝均正常,再时一步检查整流滤波电路,发现整流二极管 D1 及 D2 均已烧断。

检修结果:更换 D1、D2 后,故障排除。

例 85　爱威 DSP2092 型 AV 功放机,话筒输入无声

故障症状:机器工作时,话筒输入信号无声。

检查与分析:根据现象分析,问题可能出在话筒信号输入及放大电路。检修时,先将话筒分别插入插孔 1 和插孔 2,均无声音输出,说明插孔 1 和插孔 2 的公共前置放大电路有故障。用万用表测前置放大电路 IC501A、IC501B 各脚电压均正常,故怀疑耦合元件有故障,逐一检查 C501、C504、C506、C508 等相关元件,发现 C504 内部损坏。

检修结果:更换 C504 后,故障排除。

例 86　凯迪 100 型功放机,开机后有"嗡嗡"声

故障症状:开机后喇叭出现"嗡嗡"声。

检查与分析:根据现象分析,该故障一般发生在功放后级电路,如图 5 – 20 所示。检修时,打开机盖,用万用表 R×1 挡检测各功放管基本正常。瞬间测 A、B、C 点电压,AB 两点压差为 0V,显然不正常。C 点电压为 –23V。由于该机为单差分输入,形成 AB 两点压差的电流流向为 +25V→BG3 的 e 极→BG3 的 c 极→A→B→R7→R8→ –25V。c 点电压为 –23V,说明正电源未从 BG3 过来。测 BG3 基极偏置电阻 R2 上无 0.7V 左右电压,说明 BG1 未导通或开路。拆下 R1 检查,发现 R1 内部开路。

检修结果:更换 R1 后,故障排除。

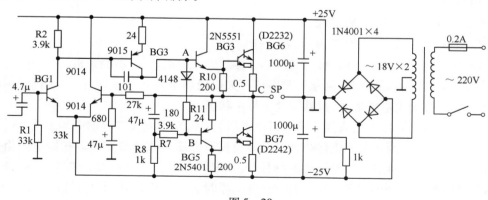

图 5 – 20

例 87　先锋 SX205 型功放机,开机无显示,不工作

故障症状:机器开机后无显示,按面板各按键无反应,不能工作。

155

检查与分析:根据现象分析,该故障可能发生在电源及控制电路。由原理可知,该机通电后电源电路输出±50V电压供给后级功放电路,±12V供给音源切换IC、各运放IC及调谐电路,还输出交流2V、-30V和+5V经CN4座送至面板VFD屏灯丝及CPU,CPU经复位后驱动VFD显示所选音源输入的名称,数秒后其(15)脚电位变为高电平,使Q404导通,RY402得电吸合而音箱有声。

根据上述分析,检修时,打开机盖,用万用表先测电源:变压器次级输出的3组交流电压双3V、双40V及双16V电压正常,主电路板上整流后的±50V、±12V也很稳定,但测CN4座(6)脚供给面板电路的+5V主电源电压仅为0.3V左右,重点查+5V稳压电路,发现+5V稳压管D408内部击穿。

检修结果:更换D408后,故障排除。

例88　TEAC AG-V3020型功放机,重放时无环绕声

故障症状:机器工作时无环绕声,其它功能正常。

检查与分析:根据现象分析,该故障一般发生在环绕声及杜比解码信号处理电路。检修时,打开机盖,将环绕模式指示打到杜比PRO-LOGIC挡位,按下TEST键,主声道与中置声道依次发出粉噪测试声,而环绕无此声。如果信号通道阻塞,杜比解码部位损坏,环绕功放模式缺电,均有可能造成环绕无声。根据以上操作,整机可以通电开启电源,说明环绕处理部分以及功率放大部位基本正常,应重点检查杜比解码环绕信号处理输出后的电路。经检测发现环绕功率模块电源脚缺+25V电压,查F102熔断丝开路。

检修结果:更换F102后,故障排除。

例89　天胜AV-8100B型功放机,R声道比L声道声音小

故障症状:机器工作时,R声道比L声道声音小。

检查与分析:根据现象分析,问题可能出在R声道功放后级电路。检修时,打开机盖,用万用表检查共用±40V电源电压正常。分析故障可能是后级三极管放大倍数下降,阻容漏电、变质等原因造成的。用感应法从后向前逐渐感应信号,发现在触及T1和T4的基极时,扬声器发出的声音明显比触其集电极(T2和T5的基极)时要小得多,说明故障就在这一级。把T1和T4与左声道的两个管子更换后,故障不变。进一步检查该电路C1、C2、R1~R7等相关元件,发现C2内部漏电。

检修结果:更换C2后,故障排除。

例90　RS-300型功放机,无显示,不工作

故障症状:接电源开关后,约色指示灯熄灭,显示屏无显示,整机不能开机。

检查与分析:根据现象分析,问题一般出在开关机控制电路。由原理可知,该机采用软电源开关控制。只要插上电源插头,机器便处于待机状态。

检修时,打开机盖,用万用表测显示屏灯丝电压为0V,功率放大部分的电压也为0V,说明环型变压器没有工作,测环型变压器初级输入端也没有电压。该环型变压器初级电源由一继电器控制,如图5-21所示。继电器通断受控于三极管V200,而V200受来自主控板CPU电压(POWER)的控制。测量POWER电压,接通电源时为0V,按电源开关后指示灯熄灭时,POWER上升为4.3V,属于正常。但测量V200基极无电压,断电后测量R1电阻正常。经进一步检查发现V200内部开路。

检修结果:更换V200后,故障排除。

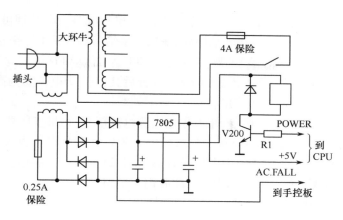

图 5 – 21

例 91　远达 TLK – 150 型功放机，信号中断，发出"嘟嘟"声

故障症状：机器工作时，信号突然中断，扬声器发出"嘟嘟"叫声。

检查与分析：根据现象分析，问题可能出在功放及相关电路，如图 5 – 22 所示。检修时，打开机盖，用万用表先检测 2BG11 的集电极电压为 79V 且稳定，再测两推挽管中点 C 电压，为 39V（基本正常）。逐级往前查，2BG11 的 be 结为 0.65V，2BG12 的 eb 极为 – 0.01V，显然该管导通不工作；再往前查 2BG9 的 be 结为 0.24V，基本处于截止状态；2BG8 的 eb 结为 0.45V 左右，且随"嘟嘟"声有跳动。调整 2R34，2BG8 的 eb 结偏压无明显变化。

用示波器检测 B 点信号波形，呈频率为 50Hz 的矩形方波，A 点波形也相同。仔细分析，该干扰信号只能来源于电源。经仔细检查供电电路，发现电容 2C16（220μF/63V）内部不良。

检修结果：更换 2C16 后，故障排除。

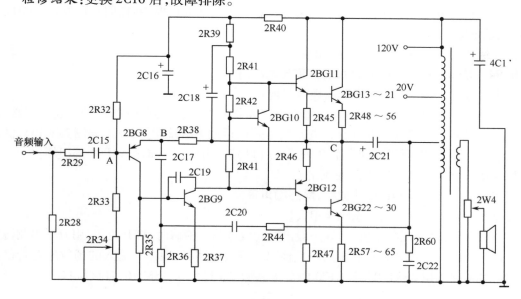

图 5 – 22

例 92　先锋 SX205 型功放机，开机后，无显示，不工作

故障症状：开机后，无显示，机器不工作。

检查与分析:根据现象分析,问题一般出在电源及控制电路。由原理可知,该机在正常情况下,电源输出±50V电压供给后级功放电路,±12V供给音源切换IC、各运放及调谐电路,还输出-30V、+5V及交流2V电压经插座CN4送至CPU及面板VFD屏灯丝。CPU(29)脚经复位电路复位后,驱动VFD显示所选音源的名称,数秒后其(16)脚电位变为高电平,使Q404导通,RY402加电吸合使音频信号通路接通。

根据上述分析,检修时,打开机盖,用万用表先测电源部分,结果变压器次级输出的双3V、双40V及双16V电压正常,测主电路板上整流后的±50V、±12V电压也很稳定,但测CN4插座(6)脚供给面板显示电路的+5V主电源电压仅为0.2V左右,有关电路如图5-23所示。重点检查+5V稳压电路,发现+5V稳压管D408内部短路。

检修结果:更换D408后,故障排除。

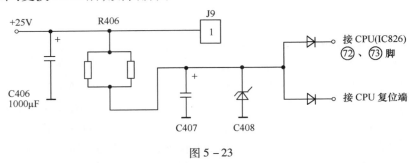

图5-23

例93 雅马哈RX-V590型功放机,开机2s自动保护

故障症状:开机2s后,机器自动保护。

检查与分析:根据现象分析,该故障一般发生在功放及相关电路。检修时,打开机盖,检查发现L声道功放电路有过流现象。用万用表检测L声道功放电路中各功放管,发现上功放管c、e极间已击穿。

检修结果:更换一对功放管,故障排除。

例94 华乐CH-358功放机,右声道出现啸叫

故障症状:机器工作时,右声道出现啸叫现象。

检查与分析:检修时,打开机盖,先将磁头放大器输出直接接到功放输入处,放音正常,说明问题出在音调电路部分。该机音调电路核心是四运放KIA324P,用万用表测其±15V供电电压已下跌许多,而电源是直接供给IC的(4)、(11)脚,由此判定KIA324P内部损坏。

检修结果:更换KEA324P后,故障排除。

例95 中联F-9300B型功放机,静态噪声很大

故障症状:机器工作时,静态噪声很大。

检查与分析:根据现象分析,问题一般出在功放电路。检修时,打开机盖,用万用表测输出中点电位为30mV,证明该机存在配对不良情况。观察电路,发现差分输入的场效应对管已被换成2SK246(原机用2SK170),2SK170的放大系数gm远大于2SK246,且该机换上的对管有很大配对误差。

检修结果:更换配对管后,故障排除。

例96 向东牌50W功放机,开机后无声

故障症状:开机后无声,常烧功放管。

检查与分析:根据现象分析,问题一般出在功放电路。检修时,打开机盖,用万用表先测功放管 3TV7～3TV10,已全部损坏。测输入、输出变压器,阻值正常。各电阻电容器均完好。据用户反映,该机接有 1 只 25W 的扬声器,显然功率不匹配,负载比较轻,所以当音量开足时,会使电压升高,功率增大,加之晶体管过载能力差的弱点,即会常烧坏功率管。为了增大电流和过载耐压值,更换了 4 只耐压高且价廉的 BU326 大功率管,再将负载重新配置,在输出端并接一只 30W、16Ω 的线绕电阻即可。

检修结果:经上述处理后,故障排除。

例 97　天宝 SV－MA 型功放机,开机无声

故障症状:开机后无声。

检查与分析:根据现象分析,问题一般出在功放电路。检修时,打开机盖,检查发现功放对管 Q12(2SC2921)和 Q13(2SA1215)均已损坏。这两种型号的大功率管市场上不易购到,可采用易于买到的 2SC3280 代替 2SC2921、2SA1301 代替 2SA1215。2SC2921 和 2SA1215 均是双固定孔的大功率三极管,而 2SC3280 和 2SA1301 均是单固定孔大功率三极管。实际代换时,可将 2SC3280 和 2SA1301 固定于原两固定孔中任一位置。引脚不能与焊接孔对齐,可用软线与线路板相连。

检修结果:更换功放对管后,故障排除。

例 98　派乐多功能便携式功放机,话筒演唱失真

故障症状:机器工作话筒演唱声音失真。

检查与分析:根据现象分析,该故障一般发生在话筒及信号处理电路。检修时,打开机盖,先把话筒插好试唱,无失真现象。用振荡器 1kHz、－50dB 正弦信号注入 T1 基极,然后用示波器观察各放大器输出信号波形来判断故障部位。一般放大器负反馈电阻 R5、R9、R15 等断路,都会引起声音失真。该机经检查发现电阻 R9 内部断路。

检修结果:更换 R9(1.5MΩ)后,故障排除。

例 99　凌宝 LB3280D 型功放机,中置声道无输出

故障症状:机器工作时,中置声道无信号输出。

检查与分析:根据现象分析,问题可能出在中置声道功放电路。检修时,打开机盖,用万用表测中置声道功放块 TDA2030 各脚电压,发现除(5)脚(Vcc 端)电压为 15V 正常外,其余各脚电压均为 0V,查外围元件无损坏。判断该集成块内部不良。

检修结果:更换 TDA2030 后,故障排除。

第 3 节　卫星电视接收机故障分析与维修实例

例 1　万利达 NSR－200PA 型卫星接收机,开机后无显示,无输出

故障症状:开机后无显示,无输出。

检查与分析:根据现象分析,该故障可能发生在电源负载及相关电路。检修时,打开机盖,用万用表测开关电源次级电压均为零,查初级开关电路、整流滤波元件无损坏。开关管 b 极电压开机瞬间为 0.3V 左右,后升为 0.5V;次级电压在刚开机时为低电压值,后降为零。该现象说明开关电路能够起振,但因保护电路动作或负载过重而停振。测开机时可控硅 3V4 G 极电压为 0,保护电路并未动作。再进一步检查,发现次级电源 ＋18V 支路整流二极管 3D10 内部击穿。

检修结果:更换 3D10 后,故障排除。

例2 万利达 NSR-200P 型卫星接收机,收不到信号,显示控制正常

故障症状:开机后收不到电台信号,显示、控制功能均正常。

检查与分析:根据现象分析,问题可能出在调谐电路。检修时,打开机盖,在改变接收频率时,用万用表实测调谐器 TSU2 VT 端电压为 0V,而正常状态下 VT 端电压应在 0~22V 之间变化。仔细检查 VT 端外围电路,确认调谐电压形成电路芯片 LC7215 内部损坏。LC7215 是一块频率/电压变换专用集成电路,市场上较难购到。该机音频通道使用了两只 LC7215,分别用于左、右声道伴音副载波频的调谐,但在实际应用中往往是接收单声道信号,故可拆下其中一块来替换进行应急修复。

检修结果:经上述处理后,故障排除。

例3 万利达 NSP-200P 型卫星接收机,两通道均无伴音

故障症状:机器工作时,图像正常,两通道均无伴音输出。

检查与分析:根据现象分析,问题一般出在伴音通道及相关电路。检修时,打开机盖,用万用表测 6IC1(12) 脚电压,并进行调谐,电压无变化;检查 6V7、6V8 各脚的工作电压均正常;测量锁相环回路 6R69、6C46,发现 6R69 开路。由于 6R49 开路后,无反馈电压输入 6IC1(8) 脚,环路不能锁相,导致无伴音现象发生。

检修结果:更换 6R69 后,故障排除。

例4 万利达 NSR-200P 型卫星接收机,无信号输出

故障症状:开机后显示及各功能键均正常,但无信号输出。

检查与分析:根据现象分析,问题可能出在系统控制及相关电路。检修时,打开机盖,加电用万用表测量各输入电源电压,+18V、+15V、+18V 均正常,但测 7805 各端也正常,测 7812 时发现各脚均无电压。由原理可知,CPU(NSR-200P)的(14)脚是由 5V1、5V2 等组成的电子开关实现 +12V 的开和关。取下 7812、5V1、5V2、5R1、5R6、5R7 等测量均正常,+12V 负载亦未短路,按 SSANDBY 键,PCU(14)脚无变化,正常时开为高电平、关为低电平。由此判定 CPU 已局部损坏。应急使用也可将 5V2 的 c、e 两极短接即可。

检修结果:更换 CPU 芯片后,故障排除。

例5 万利达 NSR-99P 型卫星接收机,开机无显示,不工作

故障症状:开机后无显示,不工作。

检查与分析:根据现象分析,该故障一般发生在电源电路。当该机无任何显示时,可分为两种情况:一是开关电源次级三组低压直流电源均为零,其原因是 1A 保险管因内部元件损坏熔断,3R1(6.2Ω/5W)烧断,3CA(47μF/400V)、3V3(BU508A)、3V1(2SC2060)其中一件或两件同时击穿;二是三组输出电源电压均严重偏低,开关管发热严重,一般原因是由 3D5、3C4 和 3R3 组成的初级谐振回路中的 3D5(FR107)损坏,或者 3IC3(4N35)、3V2 变质损坏。该机经检查 3IC3 内部损坏。

检修结果:更换 3IC3 后,故障排除。

例6 万利达 NSR-99P 型卫星接收机,开机无图声输出

故障症状:开机后显示正常,无图像,无伴音输出。

检查与分析:根据现象分析,问题可能出在 PLL 调谐及供电电路。有关电路如图 5-24 所示。检修时,打开机盖,用万用表检测主板供给调谐器的两组电源 +5V 和 12V 正常,但送给第二本振的 VT 电压,在调谐状态下无论中频频率显示从低端到高端如何变化,始终为最高电压 +20V。进入伴音调谐状态,6IC1 的(12)脚的伴音调谐电压则能在 5~9V 范围内变化,

160

正常。

由原理可知,该机图像伴音的锁相调谐由两片数字集成电路 LC7215 配合 CPU 共同完成,最终调谐数据写入电可擦存储器 24C04 中。两块共用一组基准频率振荡器,由负责伴音调谐的 6IC1 完成。图像锁相调谐 4IC1(14)脚需要的基准信号由 6IC1 的(1)脚引入。经与调谐器反馈至(8)脚的 PSC 数据信号比较,产生精确的 128 或 256 分频的调谐电压去第二本振,完成 PLL 选台过程。

实测伴音 PLL 电压正常,说明主振荡器亦正常,故障元件在 4IC1 和 CPU 及其外围电路。与 CPU(6)(7)脚对应连接的 4IC1(5)、(6)脚为控制数据传输端,调谐状态测两脚电压均有变化,说明 CPU 已发出正常的控制数据。判定为 4IC1 内部不良。

检修结果:更换 4IC1(LC7215)后,故障排除。

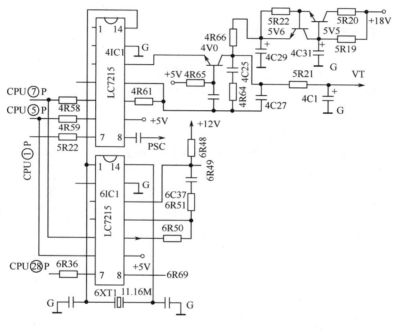

图 5 - 24

例7　万利达 CA -98S 型卫星接收机,工作 2h 后,图像消失

故障症状:机器工作 2h 后,图像消失。

检查与分析:根据现象分析,该故障可能发生在接收头及调制器的供电电路。检修时,打开机盖,用万用表检查电源的三个输出电压,15V、12、5V 正常;查接收头各集成块电压和三极管均正常;调制器输出电平达到 113dB,正常。再查电源滤波电容,发现长时间通电后,供接收头和调制器 12V 电源的滤波电容发热、漏电,该电容容量为 $2200\mu F/35V$,分析为容量和耐压不够所致。

检修结果:更换为 $3300\mu F/35V$ 电容后,故障排除。

例8　万利达 CA -98S 型卫星接收机,输出时无图无声

故障症状:调制器带卫星接收机 11CH,输出时无图无声。

检查与分析:根据现象分析,问题一般出在信号接收电路。检修时,打开机盖,用万用表检查 IC4(MC145152)集成块,它是频率合成 IC。晶体 11.60MHz 正常时,(26)脚为 5.5V,(28)

脚为 0V。测(26)脚为 0V,经检测晶体内部损坏。

检修结果:更换晶体(11.60MHz)后,故障排除。

例 9　万利达 NSR－5A 型卫星接收机,有伴音无图像

故障症状:机器开机后,接收信号时有伴音无图像。

检查与分析:根据现象分析,开机后有伴音,说明 CPU 控制信号存储及高中变频电路均正常,问题一般出在图像解调及输出电路。检修时,打开机盖,检查 AV 线及接插件、V 输出插座无问题,从 V 输出插座加入体干扰屏幕有反应,再从 V 插座顺电路板逐级查至解调电路输出集成电路 2IC1(NE592N14)(8)脚,期间由 2V3、2V4、2V5、2V6 三极管分立件组成直流视频信号放大输出电路,从 2V3 基极触发干扰信号,屏幕无反应,经进一步检查发现晶体管 2V3(C945)内部击穿。

检修结果:更换 2V3 后,故障排除。

例 10　万利达 NSR－C4PⅡ型卫星接收机,图像正常,无伴音

故障症状:机器工作时,图像正常,无伴音。

检查与分析:根据现象分析,问题一般出在伴音信号处理及放大电路。检修时,打开机盖,用万用表检测机器各组工作电压都正常。进一步检查中发现三极管 5V4 的基极与发射极之间击穿。

检修结果:更换 5V4 后,故障排除。

例 11　百胜 P－3500 型卫星接收机,有"吱吱"声,不工作

故障症状:开机后无任何显示,有"吱吱"声,不工作。

检查与分析:根据现象分析,该故障一般发生在电源及相关电路。检修时,打开机盖,先拔掉电源与主板连接插座 BP1 试机,只听到轻微的"吱"的一声,插座上的各组直流电压均恢复正常,证明开关电源无故障。断开电源,用万用表测主板端的对地电阻,发现 BP1 插座的(2)脚 28V 负载端阻值仅为 6Ω,该 28V 为高频头调谐电压。经仔细检查为高频头 VT 脚外接的片状电容 CL3 内部严重漏电。

检修结果:更换 CL3 或拆除该电容后,故障排除。

例 12　百胜 3500 型卫星接收机,开机后后显示,电源不启动

故障症状:开机后无显示,电源不启动。

检查与分析:根据现象分析,该故障可能发生在电源及相关电路。检修时,打开机盖,用万用表测各路电压均正常。当连接该主电路板后,再测电路电压时,发现 12V 变为 0,其它各路电压均低于正常值。这说明主板上 12V 负载有短路现象。将 12V 的各负载点分别开路检查,当断开调制盒时,短路现象消除。检查调制盒,发现 12V 稳压块内部损坏。

检修结果:更换 12V 稳压块后,故障排除。

例 13　百胜 P360 型卫星接收机,开机无图像无伴音

故障症状:开机后无图像无伴音。

检查与分析:经开机观察,按遥控器,显示器能改变,但始终无图像无伴音。再用"SEEK"键自动搜索频道能找到图像,用"R/L"和"AUDIO"键能恢复伴音。判定问题出在信息存储电路,经检测为 E2PROM 芯片内部不良。

检修结果:更换 E2PROM 后,故障排除。

例 14　百胜 P－350S 型卫星接收机,工作时有图无声

故障症状:开机后有显示,工作时,有图像无伴音。

检查与分析:根据现象分析,该故障可能出在伴音部分的 PLL 调谐回路,有关电路如图 5-25所示。检修时,打开机盖,用万用表检查变容二极管 D1 的非地端电压,始终为 1.6V,而正常值应为 5.2～14.52V(将伴音设置在 6.5MHz 时为 8.58V),顺电路查找,发现 U10(JRC2904D)的(5)、(6)、(7)脚电压值均不正常(为 0V、0.3V、0V),与正常值 2.9V、2.9V、8.58V 相差甚远。仔细检测外围元件,发现 R32(100kΩ)内部开路。

检修结果:更换 R32(100kΩ)后,故障排除。

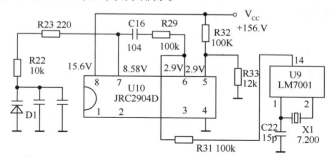

图 5-25

例 15　百胜 P350 型卫星接收机,工作时有图像无伴音

故障症状:机器工作时,有图像无伴音。

检查与分析:根据现象分析,问题出在声音通道或其相关电路。经检查声音通道正常,怀疑故障在动态扩展电路。检修时,先将 U4(13)与(12)脚短接时出现声音,而与其它脚短接均无声,动态扩展输入无信号。测 U2(13)脚电压无规律性,测其静态时的正负电阻值,与正常值比较,相差很大,判定 U2 内部损坏。

检修结果:更换 U2(NE570)后,故障排除。

例 16　百胜 P-350 型卫星接收机,不能调谐,收不到信号

故障症状:机器开机后,不能调谐,收不到信号。

检查与分析:根据现象分析,问题可能出在调控制电路。检修时,打开机盖,经检查发现CPU 芯片内部不良。由原理可知,机器工作时,调谐器的调谐电压(VT)是由插座 CN208(3)脚提供,变化范围在 0.2～12V。该电压亦受 CN207(4)脚控制,变化范围 0.1～4V。CPU 损坏后,CN207(4)脚电压为 0.5V,使 CN208(3)脚电压在 6V 左右,此时该机即使处于调谐状态(SC),显示数码在 0～67 之间变化,但 VT 不变化,故不能调谐并收不到信号。

检修结果:更换 CPU 芯片后,故障排除。

例 17　TSR-C4 型卫星接收机,部分频道收不到信号

故障症状:机器工作时,部分频道收不到信号。

检查与分析:根据现象分析,该故障一般为频道调谐不准或跟踪不良所致。由于该机采用的 E2PROM 在一些人为或偶然因素的影响下会使存储器中的第二本振频率数据丢失或改变,导致部分频道不能正常工作。

判断该故障的方法为:将机器接收频道置于有故障的频道上,再将机器后面板上的接收方式开关置于"程序"位置,按下并按住"预置调谐"键或△,使其搜索一遍。若搜索中有正常图角出现,则说明第二本振频率调谐不准。

重新预置调谐频率的具体频骤如下:①将接收机后面板上的接收方式开关置于"PRO-GRAM"(程序)位置。②选择需要校准频率的频道。③按下并按住"PRESET TUNE"或△,使

163

其达到所需频率后将接收方式开关拨回"NORMAL"位置即可。

检修结果:经重新预置频率后,故障排除。

例18 TSR－C4型卫星接收机,图像信号极弱

故障症状:机器工作时,图像信号极弱。

检查与分析:根据现象分析,问题一般出在视频信号处理及相关电路。检修时,打开机盖,用在路电压法测得Q270基极和发射极电压极为0V,Q269集电极电压接近12V。检查Q270、Q269PN结及外围电阻均正常,但D261(稳压管)正反向电阻均极大,管压降达12V,经焊下检测,发现其内部开路。

检修结果:更换D261后,故障排除。

例19 TSR－C4型卫星接收机,左声道有噪声输出

故障症状:机器工作时,左声道有时有噪声输出。

检查与分析:根据现象分析,该故障可能出在PLL或音频解调电路。检修时,打开机盖,先将ICV02和ICW02(15)脚的音频线断开,使ICV02(15)与ICV30和ICW30的(5)脚接通,通电后左声道伴音恢复正常。由此说明故障出在左声道的PLL或音频解调电路。根据有噪声这一现象,先调节TV02的磁芯(调整前应记下磁芯原始位置),部分位置可听到沙哑声音。进一步将TV02与TW02交换,证明TV02内部不良。

检修结果:更换TV02后,故障排除。

例20 神州ST－9900B型卫星接收机,开机无电压输出

故障症状:开机后显示屏无显示,无电压输出,机器不工作。

检查与分析:根据现象分析,该故障一般发生在电源电路。检修时,打开机盖,用万用表测C3两端无300V直流电压,但R1左端有300V的直流电压,说明限流电阻R1开路,引起R1烧断的原因有C3或V1击穿短路,有的机型因V1击穿还会引起R10烧断。经进一步检查,发现V1内部击穿,R10也已损坏。值得注意的是,有的机型中开关管V1使用C5207,因其功率较小,损坏后,建议用BU508替换。

检修结果:更换V1、R10后,故障排除。

例21 神州ST－9900B型卫星接收机,各功能键失效

故障症状:指示灯亮,各功能键均失效,机器不工作。

检查与分析:根据现象分析,问题一般出在电源及微处理器控制电路。检修时,打开机盖,用万用表测开关电源各组输出电压+18V、+5V、+12V均正常,说明故障不在电源部分。由于该机数字显示屏是由微处理器ICA2(GC28)直接驱动,测微处理器ICA2电源输入脚(1)、(2)、(28)的+5V电压正常;测ICA2各脚电压,发现(10)、(11)、(12)、(13)脚的电压比正常值高0.2V左右,(18)至(25)脚数据信号电压也与正常电压不符;再测外围电路无元件损坏,分析为微处理器ICA2内部电路损坏。

检修结果:更换微处理器ICA2后,故障排除。

例22 神洲ST－9900型卫星接收机,开机无显示,不工作

故障症状:开机后无任何显示,不工作。

检查与分析:根据现象分析,该故障一般发生在开关电源电路。检修时,打开机盖,用万用表测电源滤波电容(47μF/450V)两端,无电压指示,说明电源未整流工作,电阻挡测限流电阻(6R2/5W)无穷大。造成限流电阻损坏原因是滤波电容、电源调整管等元件损坏而引起,用万用表检测发现滤波电容内部击穿。

检修结果:更换滤波电容和限流电阻后,故障排除。

例 23　神洲 ST－9900 型卫星接收机,工作 10min 后自动停机

故障症状:机器开机工作 10min 后,自动关机,过一会儿再开机,故障重复。

检查与分析:根据现象分析,问题一般出在开关电源电路。检修时,打开机盖,先用电烙铁给元件加温检查,当电烙铁靠近可控硅(BT1690)元件时,突然接收机指示全无,此时用万用表测量开关电源稳压输出的三组电压为零。再用冷却法检查,当用镊子夹酒精棉球放至 BT1690 可控硅上时,故障立即消失。由此判定是 BT1690 内部热稳定性变差。

检修结果:更换 BT1690 可控硅管后,故障排除。

例 24　神洲 ST－2000 型卫星接收机,开机有显示,无图无声

故障症状:开机后显示屏有待机、频道指示,无图像无伴音。

检查与分析:根据现象分析,问题可能出在信号接收电路或其供电电源。检修时,打开机盖,用万用表测电源各路输出电压正常,至接收机的各路电压也正常。当测到 +10V 输出下接三端稳压块 7812 时(+10V 为机内标注电压,实测为 +17V),其输入脚有电压,而输出端却无 +12V 输出。该机经检查为稳压块 7812 内部不良。

检修结果:更换稳压块 7812 后,故障排除。

例 25　神洲 ST－2000 型卫星接收机,开机后输出电压不稳定

故障症状:开机后输出电压过高或过低,不稳定。

检查与分析:根据现象分析,该故障一般发生在电源电路,且大多为取样电压反馈网络不良所致。检修时,打开机盖,应重点检查 R109、R110、R111、R112、IC101、IC102 等相关元件,D106 特性不良及 C109、C111 漏电也会导致输出电压异常。

该电源损坏一般发生在电压升高的情况。例如上述元件损坏时,Q101 可用 BU508A、2SD1403 代换,IC102 可用 KA431、μPC1093J 直接代换,IC101 可用 PC817C、PC617 直接代换,次级所用二极管均应用高频整流二极管代换。该机经检查为 IC102 内部不良。

检修结果:更换 IC102 后,故障排除。

例 26　神州 ST－2000 型卫星接收机,开机无电压输出

故障症状:开机后,无电压输出,机器不工作。

检查与分析:根据现象分析,问题可能出在电源启动电路。检修时,打开机盖,经检查 F1 未断,说明 Q101 未损坏,分析原因可能是启动电阻 R103 断路,反馈回路元件损坏造成电源不起振,重点应检查 D105 是否短路和 C107、IC101、IC102 是否损坏。该机经检查发现 R103、D105 均已损坏。

检修结果:更换 R103、D105 后,故障排除。

例 27　金泰克 KT1288 型卫星接收机,不能开机,无图无声

故障症状:机器不能自动开机,无图像、无伴音、待机指示灯亮,按"POWER"键无效。

检查与分析:根据现象分析,问题可能出在电源及控制电路,如图 5－26 所示。检修时,打开机盖,用万用表测开关电源输出端 +24V、+18V、+12V、+5V 电压分别降为 +22V、+13V、+8.5V、+3.2V,明显偏低,调整 R720 变化不大。各组电压有输出,说明开/关机控制管 Q707b 极有 CPU 送来的 STD 开/关机信号,且 Q707 及其外围元件完好,故障应出在稳压控制及相关电路。

由于该机调整 R720,输出电压有少许变化,说明 PC701(光耦 PC817)、Q703(A1015)基本完好,怀疑取样比较电路中的稳压管 D715(稳压值为 9.1V)性能变差。将 D715 焊下后测其稳压值仍为 9.1V,再测取样比较电路的各阻容元件均正常,于是怀疑 D715、Q703、PC701 其中有性能不良者,但逐个更换后,故障不变。进一步分析原理,怀疑是否因为开关振荡电路工作或立电回路不良所致,逐一检查开关管 Q701(C3152)、振荡管 Q702(C3246)等相关元件无异常,再查充放电路,发现电容 C705(220μF/16V)内部失效。

检修结果:更换 C705 后,故障排除。

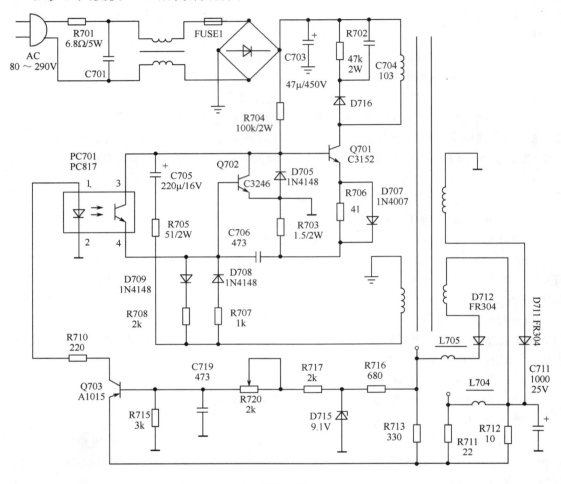

图 5-26

例 28　金泰克 KT-828KP 型卫星接收机,开机不工作,有"吱吱"声

故障症状:开机后无任何显示,机内有"吱吱"声,不工作。

检查与分析:根据现象分析,问题一般出在电源及相关部位。检修时,打开机盖,用万用表测开关电源输入回路的电压正常,测开关电源输出的电压极低。分析其原因,多数为开关电源输出部分过载所致。断电后,用万用表电阻挡,在路测量开关电源输出部分的高频整流二极管的正反向电阻,发现 D712 内部击穿短路。

检修结果:更换 D712 后,故障排除。

例 29　金泰克 KT-A300S 型卫星接收机,有图像无伴音

故障症状:机器工作时,有图像,无伴音。

检查与分析:根据现象分析,该故障一般发生在伴音解调及前置放大电路。检修时,打开机盖,用干扰法触碰拌音前置放大集成块 U302(LM358)输入、输出端,喇叭中均有明显的"嚓嚓"声,说明前置放大正常,故障范围可限定在伴音解调集成块 U301(KA2245)及外围电路。更换 U301,故障不变,说明故障在外围电路。在路用万用表检测外围电路元件,无明显故障。因 U301(7)脚音频输出后,有一级由 Q308(2SC1815)组成的缓冲放大器,有关电路如图 5-27 所示。当用改锥触碰 Q308 b 极时,喇叭无声;测 Q308 各极电压,只有 c 极为 12V,其余各极电压均为 0V,说明 Q308 处于截止状态。焊下 Q308 检测无异常。再查相关阻容元件,发现 R341(22kΩ)内部开路。

  检修结果:更换 R341 后,故障排除。

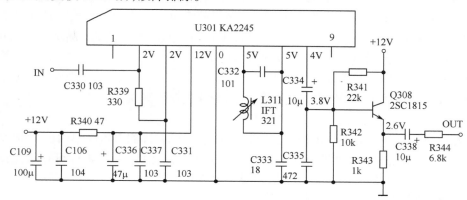

图 5-27

例 30 九洲 DVS-398H 型卫星接收机,开机指示灯不亮

  故障症状:开机后,指示灯不亮,机器不工作。

  检查与分析:根据现象分析,该故障一般发生在电源及相关电路。检修时,打开机盖,先检查保险丝是否烧断。若保险丝烧断,应先检查电源电路中有无短路(如整流器击穿、滤波电容漏电等)。若保险丝未烧断,则检查 +4.5V、+7.5V、+20V 和 +30V 输出电压是否正常,若电源单元只有 1 路电压无输出,其余电压均正常,则说明该路整流器或稳压电路损坏;若各路电压均无输出,则说明故障发生在输入电路或逆变器中。可先检查整流器有无直流电压输出,无直流电压输出则检查整流器是否击穿、滤波电容有无漏电。有直流电压则说明故障发生在逆变器中,逆变器由开关管、脉冲变压器和脉宽调制器组成。该机经检查为逆变器中开关管损坏。

  检修结果:更换开关管后,故障排除。

例 31 九洲 DVS-398H 型卫星接收机,工作时有伴音无图像

  故障症状:机器工作时,有伴音无图像。

  检查与分析:根据现象分析,该故障一般发生在视频编码及相关电路。检修时,打开机盖,先检查视频电缆是否接错或折断,如正常,再检查机内的视频编码器及后续滤波电路是否不良,可用示波器检查视频编码器的输入时钟、输入信号及输出信号,若输入正常而无信号输出,则可判断视频编码器损坏。若视频编码器输出的信号正常,则应检查后续的滤波电路。该机经检查为视频编码器内部不良。

  检修结果:更换视频编码器后,故障排除。

例 32 高斯贝尔 GSR-5000B 型卫星接收机,自动开关机

  故障症状:机器在市电偏高时,频繁自动开/关机。

检查与分析:因该机交流电源范围为 100~240V,判断问题可能出在稳压控制电路。检修时,打开机盖,检查发现开关电源的开关集成块(IM0380)散热器发热严重,因一时无元件可换,可将它拆下重新安装在机壳底板上(该集成块为塑封元件),并用引线接回电路,盖上机盖,试机工作恢复正常。

　　检修结果:更换集成块或采取上述方法后,故障排除。

例33　高斯贝尔 CTSR-3000 型卫星接收机,开机无电压

　　故障症状:开机后,无输出电压,机器不工作。

　　检查与分析:根据现象分析,该故障一般发生在电源电路。检修时,打开机盖,检查发现电阻 R804、R814(2.2Ω/1W)均已开路;开关管 Q801、D805 也分别击穿。更换上述元件后,通电试机,仍无电压输出。用万用表测 U801(KA3842B)无供电压,断开 R805 测量 R805 的 +16V 电压正常,拆下 U801 测量其(7)脚对(5)脚内部短路。

　　检修结果:更换 KA3842B 后,故障排除。

例34　高斯贝尔 GSR-3000 型卫星接收机,操作失误而死机

　　故障症状:机器因操作失误而不能正常开机。

　　检查与分析:检修时,先断开电源,打开机盖,在电路板上找到 U404(24C16)集成块,将它从 IC 座上取下,然后通电,机器即有显示。此时再重新安装上 U404,机器即可正常操作,但此时 U404 内存贮的所有信息已是一片混乱,需要逐项修正。

　　检修结果:经上述处理后,故障排除。

例35　东芝 TSR-C3 型卫星接收机,图像上有横点干扰

　　故障症状:机器工作时,图像上有横点干扰、伴音失真。

　　检查与分析:根据现象分析,问题可能出在高频头及第二中放组件。经检查高频头正常,说明问题出在第二中放组件。打开机盖,先调整 AGC 微调电阻 R151,无法消除上述故障。进一步分析,问题可能出在第二中放的电源电路。该机第二中放电路组件的电源是由整机的 12V 电压经过三极管 Q167 降压后输出 8V 电压供给,并由 C113(47μF/16V)担任 8V 电压的去耦滤波作用。在检查该电容时发现其容量已大大降低。

　　检修结果:更换 C113 后,故障排除。

例36　东芝 TSR-C3 卫星接收机,图像横条干扰,伴音失真

　　故障症状:机器工作时,图像出现横条干扰、伴音失真。

　　检查与分析:根据现象分析,问题可能出在射频单元。检修时,打开机盖,用万用表检测第二中频的 +12V 电源、LNB 电源以及第二变频的调谐电压均正常。但第二变频的 AGC 电压只有 5V,正常应为 6.7V,调整 AGC 电位器 R15 不起作用。为此,在 P102 的(5)脚(12V)与(7)脚之间连接一只 7.5kΩ 的可调电位器,调整该电位器使(7)脚的 AGC 电压由 5V 提升到 6.7V 后,故障排除。

　　检修结果:经上述处理后,故障排除。

例37　东芝 T2 卫星接收机,工作时无图像

　　故障症状:机器开机工作时无图像有噪波点。

　　检查与分析:根据现象分析,问题一般出在中放板 W4728 等相关部位。检修时,打开机盖,在右下角可找到该板,从屏蔽盒的 3 个圆孔中可看到 3 个电位器,分别是 R707、R319 和 R336。用小起子先调 R319,可收到某个电视信号;再调 R707 即可图像清晰;然后调整 R336。反复细调这 3 个电位器,可以接收到某一星上的所有节目。

检修结果:经上述调整后,故障排除。

例38 二菱 ESR - 2020 型卫星接收机,有图像无伴音

故障症状:机器工作时,有图像,无伴音。

检查与分析:根据现象分析,问题一般出在音频信号处理及静音控制电路。检修时,打开机盖,用信号寻迹法从音频信号处理电路前级往后级逐级检查,检测到集成电路(MC14053)的(1)脚有伴音信号输入,而(15)脚无伴音信号输出。怀疑故障出在静音控制电路。

用万用表及示波器检查微处理器(PIC16C57)的(11)脚输出的静音控制信号正常,静音控制三极管(U315)和基极限流电阻(R320)无问题。测 MC14053 的(6)脚在静音时为12V,在消除静音时为0V,说明静音控制电路基本正常,问题应出在 MC14053 内部,查其外围元件无异常,判定其内部不良。

检修结果:更换 MC14053 后,故障排除。应急使用也可将其(1)、(2)与(15)脚短接。

例39 二菱 ESR - 2020 型卫星接收机,所有功能键失效

故障症状:插上电源后无显示,所有功能按键失效。

检查与分析:根据现象分析,该故障可能发生在微处理器控制及其相关电路。该机微处理器集成块为 PIC16C57。检修时,打开机盖,用万用表测(1)、(2)脚电源输入端的5V电压及(17)、(18)脚的5V电压均正常。测(13)、(14)脚电压为0V,正常应为高电平。仔细检查其外围相关元件,发现 4.0MHz 晶振内部失效。

检修结果:更换晶振后,故障排除。

例40 帝霸 201H 型卫星接收机,无伴音信号输出

故障症状:机器工作时,图像正常,无伴音信号输出。

检查与分析:根据现象分析,问题一般出在音频信号处理及音频数模转换电路。检修时,打开机盖,用万用表检测音频输出端 C810 集成块工作电压正常,外围元件也无损坏。再检查音频数/模转换电路 TDA1311A,发现无电压输出,查 +5V 供电正常,外围电路也正常,判断为集成块内部断路。

检修结果:更换集成块 TDA1311A 后,故障排除。

例41 帝霸 201S 型数字卫星接收机,开机指示灯不亮

故障症状:开机后,面板指示灯不亮,机器不工作。

检查与分析:根据现象分析,问题可能出在电源及相关电路。检修时,打开机盖,检查发现开关管限流电阻断路。观察该机设计时,开关电源板与机壳底板距离太近,加之又无绝缘垫层,经长途运输后,电路元件脚刺破底板喷漆造成短路。仔细检查发现电路板上一只 2.2Ω 电阻也已损坏。

检修结果:更换两电阻后,故障排除。

例42 GT - 500 型卫星接收机,开机后无任何反应

故障症状:开机后无任何反应,也无显示。

检查与分析:根据现象分析,该故障一般发生在电源及相关电路。检修时,打开机盖,检查发现电源保险丝熔断,开关管 TR600 短路。更换保险丝、开关管,并检查开关变压器次级输出端无短路后试机,只听"吱"一声,保险丝及开关管又损坏。由于测量负载在路阻值均正常,因而判断问题为稳压部分失控引起。对稳压部分进行检查,未发现异常。再对开关管周围的元件逐个测量也无异常。经进一步检测发现 IC600 内部损坏。

检修结果:更换 IC600 后,故障排除。

例 43　HSS – 100 型卫星接收机,开机烧保险,不工作

故障症状:开机即烧保险,机器不能工作。

检查与分析:根据现象分析,该故障一般发生在电源电路。检修时,打开机盖,先断开 300V 电压跳线 I002、J001,用万用表测 CN01 两端的电阻,几乎为 0Ω。经查发现整流桥堆 BD01 内部损坏。更换后,焊好 J002、J001 后,测 C001 两端的正、反电阻,正常用调压器低压启动,慢慢升高至 220V 后,测各组输出已恢复正常。

检修结果:更换整流桥堆 BD01 后,故障排除。

例 44　HSS – 100CT 型卫星接收机,开机无显示,不工作

故障症状:开机后显示屏无显示,机器不工作。

检查与分析:根据现象分析,该故障一般发生在电源电路。检修时,打开机盖,用万用表检测,发现供微处理器 5V 电压为 0。由原理可知,该机电源电路由两路组成,其中一路是 300V 直流电压经开关管(场效应管)、脉宽调制芯片(KA3884)及两个光电耦合器(PC123)、开关变压器(TS – 035B)等元件组成的开关电源电路,提供 5V、17V、11V、– 11V、2V、33V 六组电压,而另一路则由开关管(IOP200YA1)和三极管(KSP290A)及开关变压器(PS – 030 SI)等组成的开关电源电路提供 5V 电压,为整机微处理器提供工作电压。有关电路如图 5 – 28 所示,300V 直流电压经开关变压器一绕组到 R1 为 T1 提供偏置电压,T1 加电导通,300V 电压经 R2 降压 →T1c 极→T1e 极→T2b 极,则 T2 导通,开关电源工作。根据上述分析,仔细检查上述相关元件,发现 10P200YA1 复合管内部损坏。

检修结果:更换复合管 10P200YA1 后,故障排除。

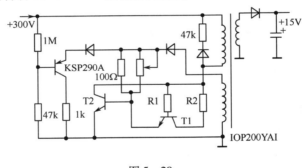

图 5 – 28

例 45　休曼 318A 型卫星接收机,开机有显示,无图无声

故障症状:开机后有显示,无图像无伴音。

检查与分析:根据现象分析,问题可能出在 LNB 供电电路。检修时,用万用表先测量高频头上是否有供给 LNB 的输出电压(13V/18V),实测输出电压为 0V,说明机内 LNB 供电有问题。也可用该机的输出电压保护功能来检测是否有 LNB 输出电压。将接收机高频头输出孔内外瞬间短路,若能听到机内继电器发出"嗒嗒"声,说明保护电路动作,有 LNB 电压输出。该机经检查 LNB 的供电支路,发现一只整流管开路。

检修结果:更换整流管后,故障排除。

例 46　休曼 SR – 306 型卫星电视接收机,开机后面板无显示

故障症状:开机后,面板无显示,机器不工作。

检查与分析:根据现象分析,问题可能出在电源及相关电路。检修时,打开机盖,用万用表检测电源板各输出电压均比正常值严重偏低,即 12V 为 5.5V,24V 组为 15.2V,LNBV 为 9V,

5V 组为 2.3V。试调整输出电压微调电阻,输出电压不变化。查稳压电路的光电耦合器 PC817 导通程度,发现三极管 Q3(2SA1015)的 b 极电位比 e 极高,说明问题出在振荡电路反馈部分的耦合电容 C06(220μF/25V)。拆下 C06 检测,发现其内部已失效。

检修结果:更换 C06 后,故障排除。

例 47 Amstrad 卫星接收机,开机无任何显示,不工作

故障症状:开机后,显示屏无任何显示,机器不工作。

检查与分析:根据现象分析,该故障一般发生在电源电路。有关电路如图 5-29 所示。检修时,打开机盖,用万用表测 IC600 的(7)脚无 11.4V 电压。检查发现 IC600 的(7)脚与(5)脚短路,故判定集成电路损坏。

检修结果:更换 IC600 后,故障排除。

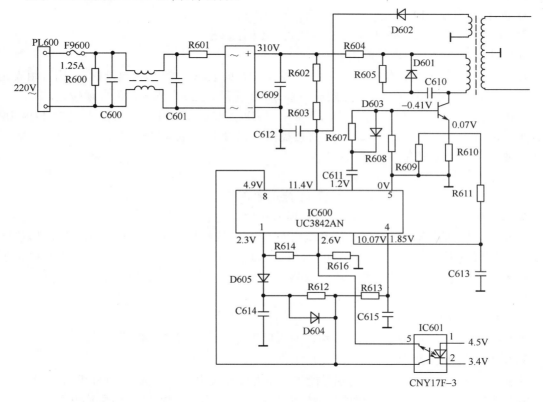

图 5-29

例 48 GT500 型卫星接收机,开机后指示灯不亮(一)

故障症状:开机后,电源指示灯不亮,不能工作。

检查与分析:根据现象分析,该故障一般发生在电源电路。检修时,打开机盖,检查保险丝未断,但开关电源无电压输出。用万用表测 C609 上有 300V 直流电压,拔掉电源插头后,300V电压放电很缓慢。断电后先对 C609 短路放电,再检查发现 R602 开路。

检修结果:更换 R602 后,故障排除。

例 49 GT500 型卫星接收机,开机后指示灯不亮(二)

故障症状:开机后,电源指示灯亮,不能工作。

检查与分析:根据现象分析,问题一般出在电源电路。检修时,打开机盖,用万用表测

C609 上无 300V 直流电压,经检查发现 R601 内部开路。

检修结果:更换 R601 后,故障排除。

例 50 伟易达 ASR - 250 型卫星接收机,无显示,有交流声

故障症状:开机后无任何显示,且有交流声。

检查与分析:根据现象分析,该故障一般发生在电源电路。检修时,打开机盖,用万用表检查发现电源电路 C141(2200μF/35V)、U14(M34063)均已损坏。由原理可知,变压器次级为交流 27V,经桥式整流、滤波后,受 CPU(22)脚电平控制,经 U14 开关稳压输出 +14V 或 +17V,供电压切换型的双极性 LNB 使用。如无法购到 M34063 集成块,可将一支 LM7812 对应接入原 U14 的(6)脚(Vcc 供电端)、(4)脚(GND)和(2)脚(+14/17V 输出端),并加散热片后即可恢复正常工作。

检修结果:更换 C141 并经上述代换后,故障排除。

例 51 同洲 CDVB - 891B 型卫星接收机,无电压输出

故障症状:开机后,无电压输出。

检查与分析:根据现象分析,该故障一般发生在开关电源。检修时,打开机盖,用万用表先检查 C6 两端有无 +300V 电压,如无则应检查 BTH1、BTH2 是否断路,如正常则检查 T1(1) ~ (2)绕组是否断路。检查以上电路正常后,再检查 D6、C8、C9、R3、R2、PC1 是否正常,以及 U2 及其附属电路是否正常。另外 S3(2)端所接稳压二极管 D14 也容易击穿,同样可引起无输出电压的故障。该机经检查为 D14 内部损坏。

检修结果:更换 D14 后,故障排除。

例 52 长虹 WS5352 型卫星接收机,不能正常开机

故障症状:插上电源后,不能正常开机,所有按键均失效。

检查与分析:根据现象分析,问题可能出在 CPU 及待机控制电路。检修时,打开机盖,用万用表测 CPU 芯片 D801(AT89C51)(6)脚(POWER)电压,为 5V,说明 CPU 已发出开机指令但电路未工作。查待机控制电路 +5V、+28V、+12V 三组电压, +5V 仅为 +1.5V。进一步检查发现 V705 内部开路。

检修结果:更换 V705 后,故障排除。

例 53 时智 CSR1000 型卫星接收机,开机后显示"日日日"不工作

故障症状:开机后显示屏显示"日日日",不工作。

检查与分析:根据现象分析,问题可能出在电源及相关电路。检修时,打开机盖,用万用表测电源各组输出电压均正常,断开负载测量仍如此。怀疑不是电源故障,但更换电源板试机一切正常,说明问题仍在电源。估计是开关管性能变坏、放大倍数变化较大等原因引起,但更换开关管 C1545,故障仍未排除。再进一步检测稳压部分元件,在路检测发现 Q955 三极管(C3198B)内部严重漏电。

检修结果:更换 Q955 后,故障排除。

例 54 夏普 Tu - AS2C 型卫星接收机,屏幕显示为蓝底状态

故障症状:开机后屏幕显示始终呈蓝底状态。

检查与分析:根据现象分析,该故障一般发生在蓝背景控制及相关电路。检修时,先按动蓝底开关,屏幕上无任何反应。用万用表检测 CPU,始终为低电平,检查蓝底开关正常。进一步检测 Q1501、Q1502 等相关电路,发现 Q1501 内部损坏。

检修结果:更换 Q1501 后,故障排除。

例 55　NSR - 200P 型卫星接收机,通电后显示屏不亮

故障症状:通电后,显示屏不亮,也不能工作。

检查与分析:根据现象分析,问题可能出在电源及相关电路。检修时,打开机盖,用万用表测电压输出端,+8V 只有 2.5V,+12V 只有 4.3V,开关管比平常测升高,怀疑是电源输出端有短路情况。断电测负载电阻正常。由原理可知,问题可能为正反馈绕组的反馈信号弱而造成电压低的。当用 100Ω 电阻换下 3R5(180Ω)后,显示屏亮了。但很快发现 3BG3 发热厉害,说明问题并不在此,立即恢复 3R5 为 180Ω。进一步检查 3D5、3R3、3C6 等相关元件,发现 3D5 内部不良。

检修结果:更换 3D5 后,故障排除。

例 56　PBI - 1000B2 型卫星接收机,开机后指示灯不亮

故障症状:开机后,电源指示灯不亮,机器不工作。

检查与分析:根据现象分析,该故障一般发生在电源电路。检修时,打开机盖,发现 2A 保险管内壁烧黑,说明电路中有短路存在。仔细检查发现压敏电阻 ZNR(TN431K)击穿损坏,再进一步检查整流二极管及场效应管发现场效应开关管内部损坏。K2645 场效应管损坏后,可用 K1198 代换,压敏电阻 ANR(TN431K)可用 10D431 代换。

检修结果:更换场效应管和压敏电阻后,故障排除。

例 57　TX - 800 型卫星接收机,开机后指示灯不亮

故障症状:机器开机后,电源指示灯不亮,不工作,面板上指示灯也不亮。

检查与分析:根据现象分析,该故障一般发生在电源电路。检修时,打开机盖,用万用表测 Q101D 极电压为 300V 正常,测 U101(7)脚电压在 11 ~ 17V 之间摆动,测其(6)脚无电压输出,判定为 U101 内部损坏。

检修结果:更换 U101 后,故障排除。

例 58　艾雷特 ESR - 200 型卫星接收机,开机无任何反应

故障症状:开机无任何反应,机器不工作。

检查与分析:根据现象分析,该故障一般发生在开关电源。检修时,打开机盖,检查发现 T1 烧变形,2A 保险已烧断。用万用表检查 Q1、Q2 也已击穿,更换以上元件后,机器恢复正常。分析其原因为:该故障系输入市电在 110V 以下造成开关电路输入回路功耗过大所致。

检修结果:更换损坏元件后,故障排除。

例 59　富士达 FR960 型卫星接收机,记忆存储功能有时失效

故障症状:机器工作时,记忆存储功能有时失效。

检查与分析:根据现象分析,问题一般出在信息存储电路。检修时,打开机盖,用万用表测量存储集成块 93C36(8)脚电源 +5V 电压有时正常,有时不正常。经查发现有关引脚存在虚焊现象。

检修结果:重新补焊后,故障排除。

例 60　三星 APSTAY 卫星接收机,开机无显示,不工作

故障症状:开机后显示屏无显示,机器不工作。

检查与分析:根据现象分析,该故障可能出在电源及相关电路。检修时,打开机盖,用万用表检查发现开关管(TE840)内部击穿,集成块 UC3844 的(6)、(7)脚短路,SR1、SR3、SR5、SR6 均已烧断。分析其损坏原因为:UC3844 为开关电源的脉宽调制集成块,(7)脚为集成块供电,(6)脚输出为开关管供电,(6)、(7)脚短路后,300V 直流电压经 SR1、SR6 直接加到开关管 G

极,致使开关管击穿短路,300V 电压全部加到 SR3 上,SR3 立即烧断,之后 300V 电压加到 SR5 上,SR5 也立即烧断。

检修结果:更换所有损坏元件后,故障排除。

例 61　三菱 ESR－2020 型卫星接收机,有图像无伴音

故障症状:机器工作时,有图像、无伴音。

检查与分析:根据现象分析,该故障一般发生在伴音电路。检修时,打开机盖,用镊子触击 C235、C234 正端,喇叭里发出"嗡嗡"低频声,说明伴音放大电路无故障。再触击伴音信号处理电路 KA2245 输入端(1)、(2)脚时,喇叭无反应,逐一检查其外围元件,未发现问题,用一只 0.01μF 电容跨接在 KA2245(1)脚和(6)脚之间,喇叭里有很轻微的电视伴音,由此判断 KA2245 内部放大电路损坏。

检修结果:更换 KA2245 后,故障排除。

例 62　正大 APS－2000 型卫星接收机,图像中有细横条干扰

故障症状:机器工作时,图像中有细横条干扰。

检查与分析:根据现象分析,该故障可能发生在电源及调谐电路。检修时,打开机盖,用万用表检测各级供电电源均正常,再用示波器观察 TUN(调谐)电压时,发现有纹波干扰,判定为调谐电路故障。测 IC 的各脚电压均正常,用电阻检测法检测也无异常,怀疑电容漏电造成故障。焊下 C143、C136 检测,发现 C136 内部漏电严重。

检修结果:更换 C136 后,故障排除。

例 63　现代 HSS－100C 型卫星接收机,图像出现负像,噪声大

故障症状:机器工作时,图像呈负像状,噪声大。

检查与分析:经开机观察,发现机内温度偏高,用万用表检查风扇电机电压,发现较正常值低 2.2V。当用手接触散热风扇的骨架时,图像即刻转为正常,松手时故障如旧。进一步仔细观察,发现风扇的金属骨架与主板电路有短路现象。

检修结果:清除短路点后,故障排除。

例 64　皇视 9928 型接收机,输出电压太低

故障症状:开机后无显示,输出电压太低,机器不工作。

检查与分析:根据现象分析,问题一般出在电源电路。检修时,打开机盖,用万用表检测发现电源输出的四组电压(28V、18V、12V、5V)均为其正常值的一半左右,仔细检查电源相关元件,发现 Q230(BT169D)内部开路。

检修结果:更换 Q230 后,故障排除。

例 65　中大 WS－3000 型卫星接收机,开机无电源

故障症状:开机后无电源,机器不工作。

检查与分析:根据现象分析,问题一般出在电源及相关电路。检修时,打开机盖,检查发现保险熔断,在路用万用表测量环节关管 Q403、保护及控制管 Q401 均已击穿,R408 也已开路,进一步检查又发现电阻 R401 内部开路。

检修结果:更换损坏元件后,故障排除。